交通土建研究生工程计算实训系列教材

结构工程
数值计算及工程应用

余志祥 许浒 齐欣 罗楠 龙丹冰 / 编著

西南交通大学出版社

·成都·

图书在版编目（ＣＩＰ）数据

结构工程数值计算及工程应用 / 余志祥等编著.—
成都：西南交通大学出版社，2017.4
交通土建研究生工程计算实训系列教材
ISBN 978-7-5643-5353-7

Ⅰ. ①结… Ⅱ. ①余… Ⅲ. ①结构工程 – 数值计算 –
研究生 – 教材 Ⅳ. ①TU3

中国版本图书馆 CIP 数据核字（2017）第 061752 号

交通土建研究生工程计算实训系列教材

JIEGOU GONGCHENG SHUZHI JISUAN JI GONGCHENG YINGYONG

结构工程数值计算及工程应用

| 余志祥　许　浒　齐　欣 | /编　著 | 责任编辑／姜锡伟 |
| 罗　楠　龙丹冰 | | 封面设计／墨创文化 |

西南交通大学出版社出版发行
（四川省成都市二环路北一段 111 号西南交通大学创新大厦 21 楼　610031）
发行部电话：028-87600564
网址：http://www.xnjdcbs.com
印刷：四川煤田地质制图印刷厂

成品尺寸　185 mm × 260 mm
印张　12.75　字数　301 千
版次　2017 年 4 月第 1 版
印次　2017 年 4 月第 1 次

书号　ISBN 978-7-5643-5353-7
定价　38.00 元

课件咨询电话：028-87600533
图书如有印装质量问题　本社负责退换
版权所有　盗版必究　举报电话：028-87600562

序

工程结构数值分析（Numerical Analysis）是结合计算机和计算力学方法求解工程（产品）结构的强度、刚度、稳定性、动力响应、热传导、多体接触、弹塑性变形、绕流现象、流固耦合及性能优化等问题的分析技术，是集合了多种学科知识的工具，也是庞大的科学知识体系的整合。因此，工程结构数值分析技术的应用，也是知识深化、学习的快捷过程。

时至今日，结构数值分析已经形成了独立的学科范畴，涵盖了计算数学、计算力学和计算几何等多个复杂的学科领域。可以预测，随着科学的发展，结构数值分析对各行各业的影响将会进一步加大，并且可能上升到国家科技发展的战略高度。对广大科技工作者而言，数值分析将会成为科研和生产的强大助力和催化剂。本书面向典型结构工程问题，结合结构数值分析技术的实际应用，必将对工程师、研究生和科研工作者提供强有力的帮助。

本书作者长期结合研究工作开展工程结构数值分析，具有丰富的经验、娴熟的技巧和扎实的理论功底。本书既是数值分析技术的应用学习教程，也可作为广大结构工程专业的理论学习参考书。本书的出版必将对提高工程师、研究生解决结构专业复杂问题的数值分析能力起到助推作用。

作　者

2017 年 3 月

目　录

01　第 1 章　并行计算方法

1.1　并行计算概述 /001
   1.1.1　计算平台的变革 /001
   1.1.2　并行计算的基本概念 /002
1.2　并行计算的性能分析 /004
   1.2.1　性能损失的原因 /004
   1.2.2　相关性与粒度 /005
   1.2.3　性能的评价 /006
   1.2.4　认识并行计算机 /007
1.3　有限元法中并行计算的基本框架 /008
参考文献 /009

02　第 2 章　有限元基础理论

2.1　基于位移的有限单元法的基本概念及有限元列式 /010
   2.1.1　变分原理 /010
   2.1.2　可变形固体静力问题的控制方程的一般表达式 /011
   2.1.3　等效积分弱形式 /012
   2.1.4　基于位移的有限单元法 /013
2.2　有限元分析的离散方式与单元选择 /014
   2.2.1　梁杆结构 /014
   2.2.2　连续体结构 /016
2.3　有限元方法的并行性 /020
   2.3.1　空间上的并行 /020
   2.3.2　时间上的并行 /021
参考文献 /022

03　第 3 章　建筑结构抗震分析

3.1　常用的建筑结构抗震分析方法及原理 /024
   3.1.1　底部剪力法 /024
   3.1.2　反应谱分析法 /025
   3.1.3　动力分析法 /027
   3.1.4　静力弹塑性分析 /029

3.2 静力弹塑性分析的分析控制参数 /030
  3.2.1 静力弹塑性分析原理 /030
  3.2.2 荷载工况 /031
  3.2.3 加强层的设置 /032
3.3 塑性铰的定义与设置 /032
3.4 侧向荷载加载模式 /033
3.5 能量谱曲线及性能点 /033
3.6 工程实例 /034
  3.6.1 工程背景 /034
  3.6.2 计算模型的建立 /035
  3.6.3 加载方式的选择 /036
  3.6.4 Pushover 分析结果 /036
  3.6.5 结论及建议 /042

04 第 4 章 结构损伤和破坏分析

4.1 工程结构损伤和破坏分析的应用背景 /044
4.2 非线性分析中常用的数值算法 /047
  4.2.1 结构非线性分析 /047
  4.2.2 静力分析 /048
  4.2.3 动力分析 /050
4.3 边界条件 /052
  4.3.1 接触边界 /052
  4.3.2 混尺度模型的建立 /053
4.4 工程实例 /053
  4.4.1 复杂节点的混尺度分析 /053
  4.4.2 构件的滞回分析 /059
  4.4.3 桥梁墩柱受落石撞击分析 /060
  4.4.4 多层生土房屋的地震倒塌分析 /071
参考文献 /077

05 第 5 章 建筑结构风致振动

5.1 风对结构的作用 /078
5.2 作用于结构上的风荷载 /079
  5.2.1 平均风荷载 /079
  5.2.2 动态风荷载 /082
5.3 建筑结构风振计算及等效静力风荷载 /083
  5.3.1 建筑结构风振响应 /083
  5.3.2 等效静力风荷载研究 /085
  5.3.3 建筑结构风振控制 /086
5.4 工程实例 /087
  5.4.1 研究对象 /087

5.4.2 风洞试验 /087

5.4.3 风振响应分析 /089

5.4.4 等效静力风荷载计算分析 /089

参考文献 /092

06 第6章 结构风工程 CFD 模拟与流固耦合

6.1 结构风工程 CFD 概述 /094

  6.1.1 引言 /094

  6.1.2 复杂建筑工程 /094

  6.1.3 复杂外形的风致作用 /095

  6.1.4 建筑群的风场干扰 /096

  6.1.5 列车风影响 /097

  6.1.6 几何非线性与流固耦合效应 /098

  6.1.7 风工程研究的数值方法 /099

  6.1.8 计算风工程（CWE）/100

6.2 CFD 模拟方法与技术 /104

  6.2.1 引言 /104

  6.2.2 黏性流动控制方程 /105

  6.2.3 湍流模型 /108

  6.2.4 网格生成技术 /115

  6.2.5 边界条件 /118

  6.2.6 N-S 方程离散 /122

  6.2.7 多重网格方法 /124

  6.2.8 准稳态时步逼近技术 /125

  6.2.9 计算误差与控制 /134

  6.2.10 计算结果的工程应用 /135

  6.2.11 小结 /136

6.3 CFD 案例应用 /136

  6.3.1 引言 /136

  6.3.2 经典案例 /137

  6.3.3 特征体分析方法在铁路客站风荷载计算中的应用 /161

  6.3.4 小结 /170

6.4 流固耦合——以张弦结构为例 /170

  6.4.1 引言 /170

  6.4.2 FSI 分析的关键理论问题 /172

  6.4.3 弦支结构 FSI 模型的构建 /181

  6.4.4 分析案例 /185

  6.4.5 小结 /192

参考文献 /193

第1章 并行计算方法

1.1 并行计算概述

1.1.1 计算平台的变革

在我国,土木工程领域大规模科学与工程计算越来越重要,如奥运工程设计中火灾模拟技术应用,杭州湾大桥和浦东机场二期航站楼等大跨工程设计中数值风工程技术应用,央视大楼等重大结构设计中抗震性能分析,以及上海磁悬浮工程温度应力分析,等等。由这些工程案例可以看到,计算需处理的信息量越来越庞大,要解决的问题越来越复杂,因而计算量剧增。对于大型工程问题来说,保证数值解的精度非常不容易,即使使用目前速度最快的串行计算机也难以满足要求。这就是说,依靠单机结构几乎不可能大幅度提高计算规模与计算速度以赶上工程计算需求的增长。因此,要实现超大规模计算,国内外普遍认为,必须充分发掘计算并行性[1-4]。提高计算并行性的主要途径,除充分利用单处理器内部可执行的并行性之外,是充分利用处理机之间的并行处理。这种途径的优点是可扩展性很强,并且不受投资昂贵的微电子工艺的限制。不管是过去还是现在,采用并行和集中式计算技术来构建的高性能计算系统(High-Performance Computing, HPC)的应用在大规模科学计算中都占据主要地位。但在今天,随着互联网络通信速度与带宽的大幅提高,普遍的计算趋势是平衡共享网络资源,采用并行和分布式计算技术构建的高吞吐量计算系统(High-Throughput Computing, HTC)及其支持的云计算将有可能成为大规模工程计算的又一助力[5]。图1-1阐述了HPC系统与HTC系统的演化。

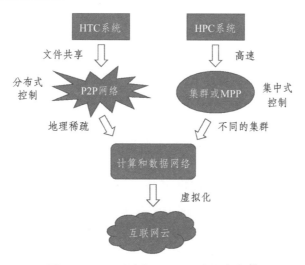

图 1-1　HPC 系统与 HTC 系统的演化 [5]

关于集中式计算、并行计算、分布式计算、云计算的精确定义，一些高科技组织已争论了多年。通常来说，它们互有关联，其简单的基本概念表述如下：

集中式计算：在集中式计算中，所有计算资源都集中在一个物理系统之内。所有资源包括处理器、内存、存储器是全部共享的，并且他们紧耦合在一个集成式的操作系统中。许多数据中心和超级计算机都是集中式系统，但它们都被用于并行计算、分布式计算和云计算中。

分布式计算：一个分布式系统由众多自治的计算机组成，各自拥有其私有内存，通过计算机网络通信。分布式系统中的信息交换通过消息传递的方式完成。运行在分布式系统上的程序称为分布式程序。

并行计算：在并行计算中，所有处理器或是紧耦合于中心共享内存或是松耦合于分布式内存。处理器间的通信通过共享内存或通过消息传递完成。通常称有并行计算能力的计算系统为并行计算机，运行在并行计算机上的可并行运行的程序称为并行程序。

云计算：一个互联网云的资源可以是集中式的也可以是分布式的。云可以在集中的或者分布式的大规模数据中心之上，由物理或虚拟的计算资源构建。云采用分布式计算或者并行计算，或两者兼有。云计算常被认为是一种效用计算或者服务计算形式。

效用计算（Utility Computing），简单地说就是通过互联网资源来实现企业用户的数据处理、存储和应用等问题，企业不必再组建自己的数据中心，改变目前传统数据库软件侧重于离线和后台应用的局面。效用计算的具体目标是结合分散各地的服务器、存储系统以及应用程序来立即提供需求数据的技术，使得用户能够像把灯泡插入灯头一样来使用计算机资源。效用计算理念发展的进一步延伸，使云计算技术正在逐步成为技术发展的主流。

需要指出，虽然在解决问题时都是将大任务化为小任务，但分布式计算和并行算法是不同的。分布式的任务包互相之间有独立性，上一个任务包的结果未返回或者是结果处理错误，对下一个任务包的处理几乎没有什么影响。因此，分布式的实时性要求不高，而且允许存在计算错误。分布式要处理的问题一般是基于"寻找"模式的。而另一方，并行程序并行处理的任务包之间有很大的联系，而且并行计算的每一个任务块都是必要的，没有浪费的分割的，就是每个任务包都要处理，而且计算结果相互影响。这就要求每个计算结果都要绝对正确，而且在时间上要尽量做到同步。由此可见，大规模工程计算使用的是并行计算。

1.1.2　并行计算的基本概念

并行计算的发展得益于人类的两方面认识[6]：一是如上提到的，单机性能不可能满足大规模科学与工程计算的需要，而并行计算机是实现超大规模计算的唯一途径；二是同时性与并发性是客观存在的普遍属性，具有实际物理背景的计算问题在许多情况下都可划分为相互独立，但又彼此存在一定联系的若干个能够并行的子任务，即这些计算问题多具有内在并行性。

如果将进程定义为顺序执行的一组操作或一段程序，那么并行算法则是一些可同时执行的进程的集合，这些进程互相作用、协调工作，从而完成一个问题的求解。那么要用并行机求解问题，必须把这个大问题分解成若干能够并行执行的小问题，对这些小问题的结果进行有效组合可以得到原问题的最后结果。但不幸的是，一个大问题的分解是非常困难的，通常一个问题中存在待求因素互相依赖的情况，这将可能导致小问题之间存在数据相关性。数据相关性越大,"沟通"与"等待"的时间需求越大,这时需要很好地规划并行方案、设计并行算法以获得较好的效率。

为了更浅显地解释并行算法里的概念,另以两个简单的例子来说明一个大问题的分解和并行执行[7]。

范例 1:假设一个房屋开发商要建造 6 幢相同的房子,而一个建筑承包商能在 5 个月内造出一幢,并且不能同时建造另一幢。如果房屋开发商只雇用一个建筑承包商,完成 6 幢房子的建造需要 30 个月(如图 1-2);如果将 6 幢房子分别交给 2 个建筑承包商负责,则完成建造只需要 15 个月(如图 1-3);而如果将 6 幢房子分别交给 6 个建筑承包商负责,则完成建造只需要 5 个月。由于每幢房子的建造是独立的,因而这是一个工作容易分解的例子,整个问题具有直观的并行性。

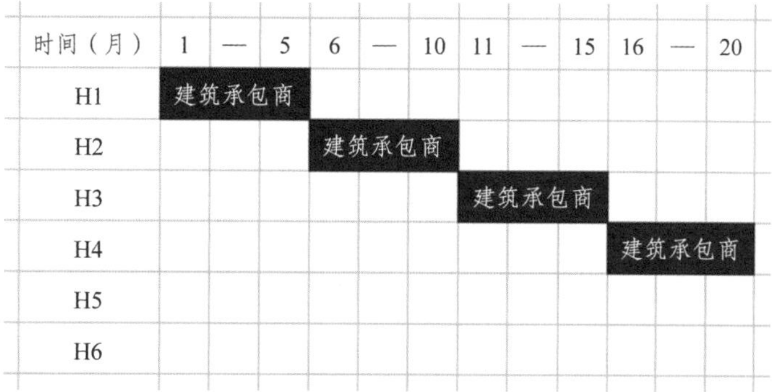

图 1-2 一个建筑承包商建造 6 幢相同的房子

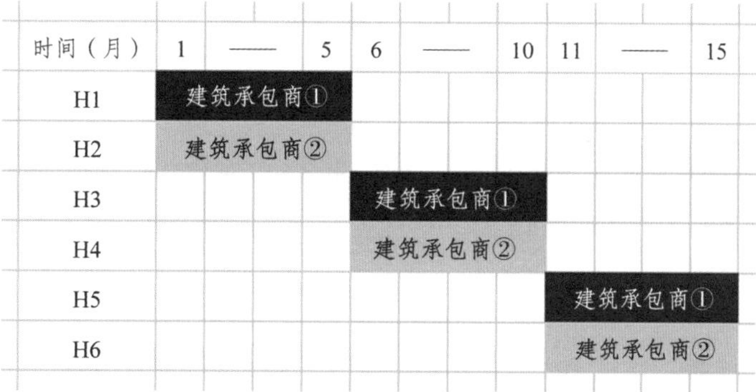

图 1-3 两个建筑承包商建造 6 幢相同的房子

范例 2:假设一个建筑承包商要建造 6 幢相同的房子,建造能力同上例。如将一幢房子的建造工作分为 5 个部分 ——①地基、②地上结构、③木工部分(如安装门窗等)、④安装电气系统、⑤装饰,显然每部分的工作都是在前一部分的基础上进行的,5 个部分必须顺序执行。在这种情况下,把工作分解且并行执行是困难的,但是经过有效的规划亦可以实现。流水操作就是一个很好的并行规划:假设建筑承包商将施工人员分为 5 组,每组可单独在一个月内完成一部分任务。当第一组完成第一幢房子的第一部分时,第二组可立即开始第一幢房子的第二部分。与此同时,第一组将开始第二幢房子的第一部分工作。整个流水线如图 1-4 所示,第 5 个月结束时,第一幢房子已经完成,而后每月完成一幢房子,工期从原来的 30 个月缩短到 10 个月。由于各步骤之间存在依赖性,因而这是一个可分解性较差的例子。

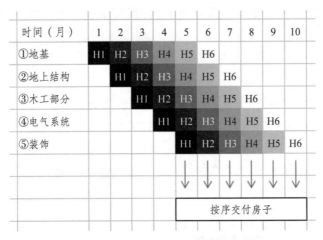

图 1-4 一个建筑承包商建造 6 幢相同的房子的流水线 [6]

1.2 并行计算的性能分析

理想情况下，应如范例 1，在一个处理器上用 T 时间完成求解的问题，在 P 个处理器上应能用 T/P 时间完成。换句话说，P 倍并行性至少是存在的。然而情况并不会如理想情况一般，并行计算通常会引入串行计算中不存在的开销，即使有良好设计的程序，满足 T/P 目标的挑战随着 P 的增加也会变得越加困难。

1.2.1 性能损失的原因

以下是 4 个导致并行性能损失的基本原因，本节将对它们进行简单的介绍 [7]。

（1）顺序计算不需要付出的开销。

（2）不可并行化的计算部分的比例。

（3）对资源的竞争。

（4）闲置的处理器。

1.2.1.1 开 销

并行计算中，建立线程和进程以并行执行，以及撤销线程和进程都存在开销。

除此之外，通常认可的并行开销来源有以下 4 种。

通信：进程之间的通信是开销的主要部分。由于在串行计算中，处理器并不需要与其他处理器进行通信，因此在并行计算中所有通信都是一种开销。

同步：当一个进程必须等待另一个进程中出现的事件时就存在同步开销。

计算：并行计算几乎总是要完成一些额外的计算，这些计算在串行求解时是不需要的。

存储器：并行计算常常导致存储器的开销，而计算的规模受制于存储器的容量。

并行的开销通常影响了处理器数 P 无限制增长所带来的好处。即使计算理论上可以分配一个处理器专门对一个数据点进行计算，但通常在 $P=n$ 之前也会因为开销过大而被迫放弃。

1.2.1.2 不可并行计算

如果一个计算在本质上是串行的, 那么适用再多的处理器也无法改进性能。换句话说, 不可并行计算部分的存在, 必将限制并行计算的性能。在固定应用规模的前提下, 阿姆达尔定律(Amdahl's law)描述了程序执行时间中串行和并行两部分的关系。如果一个计算在一个处理器上串行执行需要花费的时间是 T_s, 则当有 p 个处理器时, T_p 可表示为

$$T_p = xT_s + \frac{(1-x)T_s}{p} \tag{1-1}$$

式中: x 为不可并行计算部分的耗时在计算串行总时间中的比例。

1.2.1.3 竞 争

为争夺共享资源而引起的竞争常会降低系统的性能, 使得多处理器的计算性能甚至比单处理器的还要差。

1.2.1.4 闲置的处理器

理想情况时, 所有处理器在所有时间都忙于工作, 但实际上并非如此。一个进程由于缺少工作或因为正在等待某个外部事件的发生, 如来自其他进程的数据, 将无法继续执行。因此, 闲置时间通常是同步和通信造成的。但从程序设计层面来说, 闲置时间的一个常见来源是处理器负载的不均匀分布, 另一个常见来源是存储器的限制。

1.2.2 相关性与粒度

1.2.2.1 相关性

相关性的概念提供了一种推断低效来源的方法。

相关性是指两个计算间的排序关系。在不同的场合, 相关性以不同的形式表现出来。例如两个进程间, 当一个进程等待来自另一进程的消息到达时, 就出现了相关性。通常, 相关性也以读写操作加以定义, 对于线程计算来讲就相应于存储器的装载(读)和存储(写)。数据相关性是指对一对存储器操作的顺序, 为了保证正确性, 必须保持这种顺序关系。

遵从所有相关性的任何执行顺序的排列都将产生最初程序所指定的相同结果。因此, 相关性的概念允许我们描述和区别哪些执行顺序必须保证而哪些不必, 从而保证程序执行的正确性。另外, 它还提供了一种方法用以推断性能损失的可能原因。例如, 跨进程的数据相关性就要求两个进程间必须进行同步或通信。

1.2.2.2 粒 度

并行的粒度由线程或者进程间的交互频率所决定, 即跨越线程或进程边界的相关性频率。因此, 粗粒度是指线程和进程依赖于其他线程或进程的数据或事件的频率是较低的, 而细粒度计算则是那些交互频繁的计算。每次交互必将引入通信和同步, 因此粒度的概念需要引起重视。

减少相关性的一种方法是增加交互的粒度。最佳的粒度常常依赖于算法的特征和硬件的特征。在极端的情况下, 最粗粒度的计算含有巨量的计算而无交互。

1.2.3 性能的评价

1.2.3.1 时间性能

评价并行算法性能的因素主要包括：①计算时间；②处理器个数；③机器模型[8]。加速比和并行效率就是两个常用的并行算法时间性能和处理器利用性能的度量。

加速比：加速比反映的是并行执行后，程序运行时间减少的比率，能最为直观地反映并行带来的好处。实际加速比（Real Speedup）的定义[8]表达为

$$R.S_p(n,p) = \frac{\text{实际使用的串行算法执行时间}}{\text{用 } p \text{ 个处理器解决问题的时间}} = \frac{T_s}{T_p} \tag{1-2}$$

观察 1.1.2 小节范例 1 及范例 2，由上式可以计算得到：范例 1 的实际加速比为 6；范例 2 的实际加速比为 3。式中：T_s 又称为串行执行的时间复杂度，显然，它是问题的规模 n 的函数； 是并行执行的时间复杂度，可以看到它也是一个问题规模 n 的函数，同时它亦是处理器个数 p 的函数。固定 n，画出以 p 为 x 轴，以实际加速比为 y 轴的实际加速比曲线，可以用于在处理器数目增加时分析算法的性能；假如固定 p，画出以 n 为 x 轴的曲线，则可用于在问题规模增加时分析算法的性能。

对于固定规模问题，则引入阿姆达尔加速比模型[8]：对于一个给定的并行系统和一个固定规模的问题，设该问题的串行部分所占比例为 f，并行部分所占比例为 N，且 $f+N=1$，并行系统的规模即参与并行计算的处理器个数为 p，则固定规模问题的并行加速比定义为

$$S_p = \frac{f+N}{f+N/p} = \frac{1}{f+N/p} \tag{1-3}$$

显然，对同一规模的问题而言，理想情况下（排除并行带来的必要计算时间和通信时间等开销），并行部分所占比例越大，则加速比越大，并行算法的时间性能越好。

效率：效率（efficiency）是和加速比关系密切的时间性能度量，它是加速比和处理器个数 p 的比值[8]，写作：

$$E = \frac{T_s}{pT_p} \tag{1-4}$$

加速比最大不超过处理器个数，因此效率最大为 1。显然，1.1.2 小节中，范例 1 的效率为 1，而范例 2 的效率为 0.6。一般来说，只有很有限的问题的加速比与效率能达到范例 1 的水平，而设计一个并行算法的最终目的则是使算法的加速比与效率尽量向这一水平靠拢。

1.2.3.2 可扩展性能

首先要说明，尽管可扩展性能最理想的情况是使用越多的处理器就越能改善性能，然而这种想法是天真的，因为当增加 p 时，要达到高的并行效率就越加困难。用一个例子来说明这个问题。

范例 3[7]：假设一个计算在进行串行计算时所需的时间为 T_s，且全部可以并行。同时假设并行时存在 $0.2T_s$ 的开销，并且乐观地假设开销的总量不随处理器的增加而增加。因此在两个处理器上的并行求解将需时 T_2：

$$T_2 = \frac{T_s}{2} + 0.2T_s = \frac{7}{10}T_s$$

使用两个处理器的效率为：

$$E_2 = \frac{T_s}{2T_2} + 0.71$$

使用 10 个处理器时，执行时间和效率分别为：

$$T_{10} = \frac{T_s}{10} + 0.2T_s = \frac{3}{10}T_s$$

$$E_{10} = \frac{T_s}{10T_{10}} + 0.33$$

对于 100 个处理器则有：

$$T_{100} = \frac{T_s}{100} + 0.2T_s = \frac{21}{100}T_s$$

$$E_{100} = \frac{T_s}{100T_{100}} + 0.047$$

可以看到，处理器由 10 个增大到 100 个，计算用时并没有显著减少，但在 100 个处理器的情况下，每个处理器只有 4.7% 的时间在进行有效的工作。这一极低的效率表明增加更多处理器的好处随处理器数量的增加而减少，处理器数目不是越多越好的。

对于渐进时间复杂性为 $O(n^x)$ 的串行计算，时间与计算规模 n 的关系为

$$T = cn^x \tag{1-5}$$

如果我们希望得到的理想的可扩展性能表现为计算规模增加 m 倍，使用 p 个处理器可得到相同的计算时间，那么所需处理器数目 p 与计算规模增加的倍数 m 的关系为

$$p = m^x \tag{1-6}$$

由此可见，处理器数目 p 应由计算规模决定。

计算复杂性：以搜索这个计算任务为例。在搜索问题中，给定了一个具体的数 s 和长度为 n 的数组 A（数组中数的位置用 1 到 n 作标记），任务是当 s 在 A 中时，找到 s 的位置，而 s 不在 A 中时，需要报告"未找到"。这时输入的长度即为 $n+1$。下面的过程即是一个最简单的算法：我们依次扫过 A 中的每个数，并与 s 进行比较，如果相等即返回当前的位置，如果扫遍所有的数而算法仍未停止，则返回"未找到"。如果我们假设 s 在 A 中每个位置都是等可能的，那么算法在找到 s 的条件下需要 $(1+2+\cdots+n)/n = n(n+1)/2n = (n+1)/2$ 的时间。如果 s 不在 A 中，那么需要 $(n+1)$ 的时间。由大 O 表达式的知识，我们知道算法所需的时间即为 $O(n)$。

1.2.4 认识并行计算机

并行机存在相当大的差异，一个优质的并行程序不应过多受到硬件差异的影响。但作为使用者，应对硬件差异有所了解，以更好地分析计算性能，尤其是性能损失的原因。

这里比较 5 类并行计算机[7]。

芯片多处理器：**多核体系。每个处理器所见到的都是一个一致的共享存储器。**

对称多处理器（Symmetric Multiprocessor, SMP）：**一种所有处理器访问单一逻辑存储器的并行计算机，存储器的一部分在物理上邻近每一个处理器。**

异构芯片设计：**用一个或多个专用计算引擎来扩展一个标准的处理器，这些专用计算引擎称为附属处理器。其思想是由标准处理器完成通用、难以并行化的计算部分，而由附属处理器完成密集计算部分。比较熟悉的附属部件有图形处理部件（GPU）、为视频游戏设计的细胞处理器（cell）。异构芯片系统不为协同处理单元提供一致性存储器，但主处理器可对所有存储器进行全局访问。**

机群：**机群是由商品部件构成的并行计算机，如刀片服务器。每一个机群结点在刀片服务器中称为刀片，一个刀片含有一个或几个处理器芯片、一个 RAM 存储器、磁盘存储器和若干通信口以及几个冷却风扇。机群的一个主要特性是存储器不为各机器所共享，处理器只访问自己刀片的存储器，当要与其他处理器通信时，需要借助消息传递机制。**

超级计算机：**传统上，超级计算机由国家大型实验室和大公司所使用，具有许多不同的体系结构，包括机群。它拥有大规模并行处理器（Massively Parallel Processor, MPP），各并行处理器间同样需要借助消息传递机制通信。**

由上可见：芯片多处理器与对称多处理器实现的是一个共享地址空间，是所有处理器可访问的一致性存储器，可实现低时延通信，支持较细粒度的计算；机群和超级计算机实现的是一个分布式地址空间，每个处理器只能访问整个存储器的一部分，在分布地址中，不共享存储器的各个处理器通过消息传递进行相互之间的通信，适宜于粗粒度计算。异构芯片系统具有很高的性能价格比，是目前的"热门"。在异构芯片系统中，附属处理器可以视为当今求解密集计算任务的专用引擎。主处理器与附属处理器并发运行并不是并行性的主要来源，通常大量的并行性嵌入在附属处理器中。需小心处理主处理器与附属处理器之间的通信耗时。

1.3 有限元法中并行计算的基本框架

为实现并行计算，针对计算问题建立的数值算法应当充分利用其内在并行性。研究传统数值算法本身的并行性，并对其进行并行化改造，是实现并行计算行之有效的手段（如图1-5所示）：如果传统数值算法本身具备良好的、明显的并行性，则可直接进行并行算法设计；如果算法不具备良好的并行性，则应从数值分析的角度进行并行化改造。然而，要发展并行数值方法，将传统方法并行化并不是唯一手段，更应该鼓励为了并行计算的目的而建立全新的计算算法，以达成更有效快速的计算。

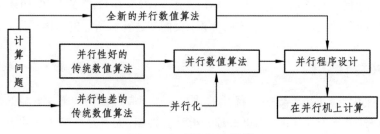

图 1-5 实现并行计算 [6]

传统有限元算法采用串行计算。但它是否可以改造成并行算法呢?

可以看到,求解一个大型复杂的连续体结构是一个分解相当困难的大问题。一个连续体结构内部各点之间不仅需要满足力的平衡关系还要满足变形的协调关系,这样一来,从空间域上看,各点紧密联系,不可分割。这种联系将导致出现阻碍问题分解的数据相关性。

用传统有限元方法求解时,这种数据相关性出现的原因为各单元节点之间必须满足平衡与协调。对于给定的静力线弹性问题,传统有限元方法的计算可以分为两个部分:① 单元局部级的计算;② 系统方程组的求解。单元局部级的计算包括: B 矩阵的计算;利用 Gauss 积分(或 Hammer 积分)计算单元刚度矩阵及单元荷载向量;由单元刚度矩阵集成系统刚度矩阵及由单元荷载向量集成系统荷载向量。很显然,各单元的计算是相互独立的,与范例 1 一样,单元局部级的计算具有良好的可分解性及直观的空间域并行性,可以改造。而集中了主要计算量的系统方程组的求解是一个线性方程组的求解问题。从数值计算的角度上看,这种无法分解的联系使得系统刚度矩阵中非零元素的分布为具有一定带宽的带状,而不是都分布在对角线上的块状,在对刚度矩阵求逆时很难分解、并行计算。为了将位移法有限元方法并行化,研究者研发出了一种有效的处理方法即子结构法 [9],它将一个大型结构分成若干个小结构,这些小结构即为大型结构的子结构。从数值计算的角度看,划分子结构后,特殊的编码方式使得在集成的系统刚度矩阵中,与子结构的边界条件相关的元素集中在大型矩阵的第一行块及第一列块,而其他元素以方块状分布在对角线上。采用静力凝聚的思想求解,对角线上方块状分布的元素可以并行求逆,这就成功地把大型矩阵求逆的问题分解了。而从另一个方面解释,子结构法用静力凝聚法求解时实际上是把待求未知量分为了两部分:一部分是对问题进行分解得到的子结构内部的内变量,各子结构的内变量之间相互无关;另一部分是反映各子结构之间相互的平衡、协调关系的边界变量。两个部分分别求解,并行考虑内变量的同时,在边界变量上考虑了问题的内在联系。这一部分亦可以改造。

参考文献

[1] 陈康,郑纬民.云计算:系统实例与研究现状 [J].软件学报,2009,5:1337-1348.

[2] 李三立.超级计算:人类认识世界的又一次革命 [J].中国计算机用户,1996,1:10-11.

[3] MAJUMDAR J. Development of parallel algorithms for computer vision[J]. Defence Science Journal, 1996, 46(4): 243-251.

[4] SCOY F L V. Developing software for parallel computing systems [J]. Computer Physics Communications, 1996, 97(1-2): 36-44.

[5] KAI HWANG, GEOFFREY C FOX, JACK J DONGARRA. 云计算与分布式系统:从并行处理到物联网 [M]. 武永卫,等,译.北京:机械工业出版社,2013.

[6] 张宝琳,谷同祥,莫克尧.数值并行计算原理与方法 [M].北京:国防工业出版社,1999.

[7] XAVIER C, IYENGAR S S. 并行算法导论(中译本)[M].北京:机械工业出版社,2004.

[8] LIN C, SNYDER L. Principles of Parallel Programming [M]. NewYork: Addison Wesley, 2008.

[9] 周绥平,刘西拉.结构矩阵析及 SMIS-PC 程序 [M].北京:人民交通出版社,1989.

第 2 章 有限元基础理论

2.1 基于位移的有限单元法的基本概念及有限元列式

2.1.1 变分原理

应用到力学中的变分原理除了最小势能原理,还包括最小余能原理以及它们的推广。具体到计算方法,则有基于最小势能原理的矩阵位移法、基于最小余能原理的矩阵力法、基于"推广的最小势能原理"的杂交位移元方法以及基于"推广的最小余能原理"的杂交应力元方法。

位移法以平衡方程为主,将协调关系与本构关系代入平衡方程求解。求解微分方程时,有限单元法将微分问题变换为变分问题,将连续问题离散化求数值解,是一个非常有力的数学工具。使用位移法有限元求解时,作为基本未知量,对于一个结构,节点位移是唯一确定的。通过应变插值,单元的应变可以用节点位移表示,因而协调方程易于确定;通过本构关系,应力可由应变确定;再引入边界条件,位移法将平衡、协调、本构三个方程糅合成一个系统控制方程——弱化的平衡方程;通过求解这个系统控制方程得到节点位移,进而可求出点的应变和应力。由上述可见,建立控制方程的每一步都是规范化的,控制方程是唯一的,并且系统刚度矩阵是一个带状对角矩阵,因此位移法很适合计算机的处理和求解[1-5]。发展至今,依靠计算机的基于位移法的有限元方法(Finite Element Method, FEM)已发展成为当今最通用、发展最完善的计算力学方法,在解决大量的工程问题方面展现了强大的生命力。

力法以协调方程为主,将平衡关系与本构关系代入协调方程求解。对于连续介质力学问题,平衡方程多为微分方程,为确定平衡关系,力法常引入由实验得出的基本假定降低平衡方程微分阶数以方便求解。由于引入假定简化,与位移法相比,力法计算强度较小。同时,由于力法的基本未知量是内力,因此通过分析求解的过程及结果,结构分析工作者可以直观地观察与了解结构在外部作用下的内部响应,这是位移法难以做到的。并且,力法对于结构设计、结构优化、应力集中以及材料非线性等问题都具有比位移法更优的特点[6-9]。但传统力法多适合手算,并不适合于计算机的处理。直到1973年,Patnaik等学者提出的基于力法的积分力法[7-9, 10-18](Integrated Force Method, IFM)突破了传统力法必须选取基本静定结构的桎梏,适合计算机的处理和计算。该算法选取结构的全部内力作为基本未知量,列出结构系统平衡方程组。很显然,当结构为超静定时,系统平衡方程组系数矩阵是一个非方阵,无法直接求逆,方程组有无穷多解。为此,算法将糅合了协调与本构关系的方程组作为平衡方程组的

补充项与之联立得到系统控制方程组如下

$$\begin{bmatrix} 平衡方程 \\ \cdots\cdots \\ 糅合在一起的 \\ 协调与本构方程 \end{bmatrix} \{未知内力\} = \begin{Bmatrix} 外力荷载 \\ \cdots\cdots \\ 初始变形 \end{Bmatrix}$$

此时方程组系数矩阵为方阵，即方程个数与未知量个数相等，可以求得唯一解。1994年，刘西拉、张春俊在第三届全国结构工程学术会议上提出了一种新的基于广义逆矩阵理论、以力法为力学概念基础的广义逆（Generalized Inverse Matrix, GIM）力法[19-23]。这种方法先通过平衡方程给结构系统假设一个广义内力，并由本构关系求结构系统广义变形，这样得出的广义变形一般不满足结构系统协调要求，需要修正；而这个修正信息可以通过本构关系写成结构系统的广义内力形式，再通过结构系统的平衡方程修正开始假设的广义内力，由此迭代，直至收敛。针对小变形情况下的材料非线性问题，算法在计算加载过程中每一步都无须依赖前一步结果，无须像传统的逐步增量法那样逐步递进求解。为了与逐步增量法区分，该算法又被命名为特大增量步算法（Large Increment Method, LIM）。这种算法由于计算步相互独立，理论上有很好的时间并行性；由于内力与变形均为单元内变量，本构计算在理论上有很好的空间并行性。

杂交应力元方法在计算时以边界力和支反力的平衡关系作为约束条件，将边界位移作为拉格朗日乘子引入余能方程，最终推导出结构整体刚度矩阵。计算时采用位移作为基本未知量，并将考虑边界力的平衡关系的应力试探函数的系数引入基本未知量，位移及应力试探函数的系数同时被求出。杂交位移元方法则是基于位移、应力、应变三个基本变量推导的广义变分原理的应用。

最小势能原理和最小余能原理都是极值原理，它们给出了能量的上界和下界：由最小势能原理推出的位移模型求得偏小的近似位移解，计算模型偏刚，计算弹性变形能是精确弹性变形能的下界；由最小余能原理推导的平衡模型求得偏大的近似应力解，计算模型偏柔，计算弹性余能是精确弹性余能的上界[24,25]。

2.1.2 可变形固体静力问题的控制方程的一般表达式

研究一承受平衡力系作用的可变形连续体，其体积域为 Ω，表面面域为 S。按照边界条件的观点来看，面域 S 可分为两部分（如图 2-1）：一部分为位移边界，该面域写作 S_u；而另一部分为外力边界，写作 S_σ。

用笛卡儿直角坐标系来定义容纳该可变形体的三维空间，则它的静力问题的控制方程的一般表达式为：

（1）平衡方程及力的边界条件。

$$\sigma_{ij,j} + \overline{b}_i = 0 \qquad (2.1a)$$

$$\sigma_{ij} n_j = \overline{t}_i \qquad (2.1b)$$

这组应力分量未必是真实的应力，真实应力的

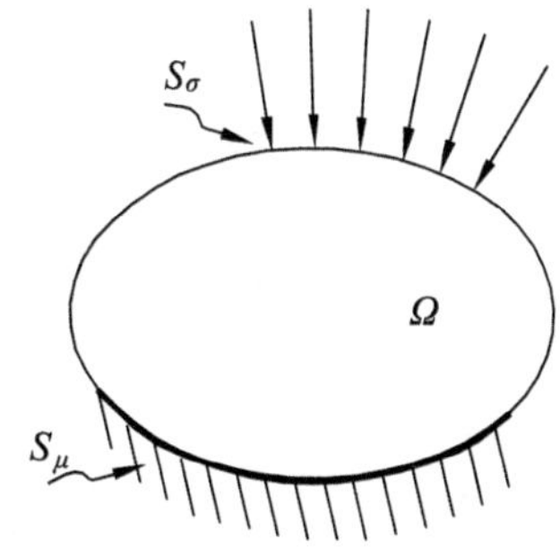

图 2-1 承受平衡力系作用的可变形连续体

响应变形需满足变形协调。

（2）几何方程及协调条件。

小位移理论中舍去非线性项，几何方程（应变-位移关系）及几何边界方程为

$$\varepsilon_{ij} = \frac{1}{2}\left(u_{i,j} + u_{j,i}\right) \tag{2-2a}$$

$$u_i = \overline{u}_i \tag{2-2b}$$

对于真实的位移，需要求 ε_{ij} 的响应应力满足平衡微分方程。

另外，由 ε_{ij} 求 u_i 时，为了保证几何方程的解存在，ε_{ij} 应满足协调条件

$$\varepsilon_{ij,kl} + \varepsilon_{kl,ij} - \varepsilon_{ik,jl} - \varepsilon_{jl,ik} = 0 \tag{2-3}$$

（3）本构方程。

由于应力-应变曲线多为非线性，可以用一个本构函数来表达

$$\varepsilon_{ij} = \phi_{ijkl}\left(\sigma_{kl}, \kappa\right) \tag{2-4}$$

而一些材料特性可进一步理想化为应力应变之间的关系为一一对应的模型，如弹性模型，那么这种材料的本构方程可写作

$$\varepsilon_{ij} = C_{ijkl}\sigma_{kl} \tag{2-5}$$

结构计算的主要任务为计算求解由平衡方程、协调方程及本构方程组成的力学控制方程组[26,27]（如图2-2所示）。

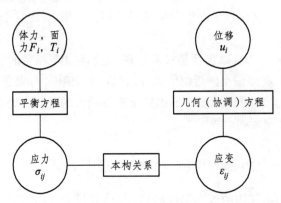

图 2-2 力学问题控制方程 [26,27]

2.1.3 等效积分弱形式

假设在某平衡位置对可变形体施加一组任意无限小的虚位移 δu_i，则平衡微分方程及力的边界条件的等效积分[28]可以写作

$$\iiint_{\Omega}\left(\sigma_{ij,j} + \overline{b}_i\right)\delta u_i \mathrm{d}\Omega - \iint_{S_\sigma}\left(\sigma_{ij}n_j - \overline{t}_i\right)\delta u_i \mathrm{d}S = 0 \tag{2-6}$$

δu_i 又可以看作真实位移的变分，它连续可导并且在位移边界上满足 $\delta u_i = 0$。在此条件下对 $\iiint_{\Omega}\sigma_{ij,j}\delta u_i \mathrm{d}\Omega$ 进行分部积分，并考虑到线性几何方程及几何边界条件，可将上述等效积分式改写为

$$\iiint_{\Omega} \left(\sigma_{ij} \delta \varepsilon_{ij} - \overline{b}_i \delta u_i \right) \mathrm{d}\Omega - \iint_{S_\sigma} \overline{t}_i \delta u_i \mathrm{d}S = 0 \tag{2-7}$$

改写后的积分式降低了对 σ_{ij} 的光滑性要求，所以它又被称作改写前的等效积分式的"弱形式"。显然，它是人们熟悉的虚功方程。

2.1.4 基于位移的有限单元法

应首先明确，可变形固体静力问题在数学上是一个边值问题。基于位移的有限单元法的核心思想就是把边值问题化为变分问题之后，再将原来的无限维问题降为有限维问题，从而求变分问题的近似解。近似解的精度依赖于所用的单元数目。

具体来说，基于位移法的逐步增量法的传统有限元法，在一个增量步内的材料模型中定义应力-应变存在线性关系

$$\sigma_{ij} = D_{ijkl} \varepsilon_{kl} \tag{2-8}$$

其中：D_{ijkl} 为材料刚度矩阵，弹性模型中写作 D_{ijkl}^{e}，而在逐步增量法中通常定义为局部线性化的切线弹塑性矩阵 D_{ijkl}^{ep}。那么与等效积分式弱形式第一项对应，系统应变能为

$$U = \iiint_{\Omega} \frac{1}{2} \varepsilon_{ij} D_{ijkl} \varepsilon_{kl} \mathrm{d}\Omega \tag{2-9}$$

外力做功产生的势能为

$$V = -\iiint_{\Omega} \overline{b}_i u_i \mathrm{d}\Omega - \iint_{S_\sigma} \overline{t}_i u_i \mathrm{d}S \tag{2-10}$$

因而，可变形体的总势能为

$$\Pi = U + V \tag{2-11}$$

由虚功原理推导的最小势能原理是这么叙述的：在给定的外力作用下，在满足变形协调条件和位移边界条件的所有可能位移中，真实的位移使总势能取得极小值。因而，可变形固体静力问题这一边值问题由此可转化为求使泛函 Π 取极值的可能位移解这一变分问题，得

$$\delta \Pi = \iiint_{\Omega} \varepsilon_{ij} D_{ijkl} \delta \varepsilon_{kl} \mathrm{d}\Omega - \iiint_{\Omega} \overline{b}_i u_i \mathrm{d}\Omega - \iint_{S_\sigma} \overline{t}_i \delta u_i \mathrm{d}S = 0 \tag{2-12}$$

对待求解区域进行剖分，并对每一单元的节点位移进行多项式插值

$$\boldsymbol{\varepsilon}^{\mathrm{e}} = \boldsymbol{L} \boldsymbol{u}^{\mathrm{e}} = \boldsymbol{L} \boldsymbol{N} \boldsymbol{d}^{\mathrm{e}} = \boldsymbol{B} \boldsymbol{d}^{\mathrm{e}} \tag{2-13}$$

将应变的插值多项式带入变分微方程可推导得此变分问题在单元内的控制方程

$$\boldsymbol{K}^{\mathrm{e}} \boldsymbol{d}^{\mathrm{e}} = \boldsymbol{P}^{\mathrm{e}} \tag{2-14}$$

其中：$\boldsymbol{K}^{\mathrm{e}} = \iiint_{\Omega} \boldsymbol{B}^{\mathrm{T}} \overline{\boldsymbol{D}} \boldsymbol{B} \mathrm{d}\Omega$ 为单元刚度矩阵；由体力与边界面力共同提供的等效节点外力表达为 $\boldsymbol{P}^{\mathrm{e}} = \iiint_{\Omega^{\mathrm{e}}} \boldsymbol{N}^{\mathrm{T}} \overline{\boldsymbol{b}} \mathrm{d}\Omega + \iint_{S_\sigma^{\mathrm{e}}} \boldsymbol{N}^{\mathrm{T}} \overline{\boldsymbol{t}} \mathrm{d}S$。最后，由单元可以集成得到系统控制方程

$$\boldsymbol{K} \boldsymbol{d} = \boldsymbol{P} \tag{2-15}$$

该变分问题基于最小势能原理，近似的位移解在总体上偏小，数值模型偏刚。

2.2 有限元分析的离散方式与单元选择

结构对象可分为离散体结构与连续体结构。杆梁结构提示是最常见的离散体结构。由于本身存在有自然的连接关系即自然节点,一般可以直接基于这些节点进行单元划分和离散。这种离散方式的计算模型对原始结构具有很好的描述,用于有限元分析的特征模型和实物模型是直接对应的。而连续体结构则不同。连续体内部并不存在自然的连接关系,必须人为地在连续体内部和边界上划分节点,以单元节点连续的形式来逼近原来复杂的几何形状。由于是人为增加节点,所以需考虑一系列问题,如节点的位置和数量、计算规模及计算量、单元类型、对几何模型的逼近程度等[29]。

2.2.1 梁杆结构

2.2.1.1 梁杆单元

将任一空间杆件单元从整体结构中取出并置于局部的直角坐标系 $(o-xyz)$ 内,如图 2-3。

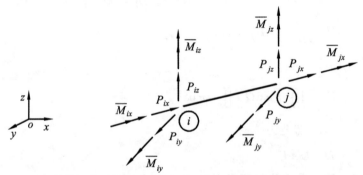

图 2-3 空间杆件单元的局部坐标系与杆端外力

杆件单元的杆端 i 和 j 分别作用外力及外力矩的等效节点力及等效节点力矩。等效节点力和等效节点力矩由结构力学及计算结构力学知识[28, 30]求得,它们组成集中力、集中力矩、分布力、分布力矩及体积力的等效力系。这个杆件单元受到的单元节点力矢记为 $\boldsymbol{P}^e$,写作

$$\boldsymbol{P}^e = \begin{bmatrix} \boldsymbol{P}_i \\ \boldsymbol{P}_j \end{bmatrix} \tag{2-16}$$

其中

$$\begin{cases} \boldsymbol{P}_i = [P_{ix} & P_{iy} & P_{iz} & \overline{M}_{ix} & \overline{M}_{iy} & \overline{M}_{iz}] \\ \boldsymbol{P}_j = [P_{jx} & P_{jy} & P_{jz} & \overline{M}_{jx} & \overline{M}_{jy} & \overline{M}_{jz}] \end{cases}$$

式中:单元节点力矢的各分量如图2-3所示; P_{i*} 和 P_{j*} ($* = x, y, z$)为节点力即轴力与剪力;$\overline{M}_{i*}$ 和 $\overline{M}_{j*}$ ($* = x, y, z$)为节点外力矩。

与单元节点力矢对应的单元节点位移矢量记为 $\boldsymbol{d}^e$,写作

$$\boldsymbol{d}^e = \begin{bmatrix} \boldsymbol{d}_i \\ \boldsymbol{d}_j \end{bmatrix} \tag{2-17}$$

其中

$$\begin{cases} \boldsymbol{d}_i = [d_{ix} \quad d_{iy} \quad d_{iz} \quad \overline{\varphi}_{ix} \quad \overline{\varphi}_{iy} \quad \overline{\varphi}_{iz}] \\ \boldsymbol{d}_j = [d_{jx} \quad d_{jy} \quad d_{jz} \quad \overline{\varphi}_{jx} \quad \overline{\varphi}_{jy} \quad \overline{\varphi}_{jz}] \end{cases}$$

式中：节点位移矢量的各分量分别与节点力矢各分量一一对应；d_{i*} 和 d_{j*} $(* = x, y, z)$ 为杆端节点沿三个坐标轴方向的线位移；$\overline{\varphi}_{i*}$ 和 $\overline{\varphi}_{j*}$ $(* = x, y, z)$ 为杆端节点处的转角。

如果全局坐标系的方向与局部坐标系的方向一致，则空间梁单元的完整刚度矩阵表达为

$$\boldsymbol{K}^e_{(12\times12)} = \begin{bmatrix}
\frac{EA}{l} & 0 & 0 & 0 & 0 & 0 & -\frac{EA}{l} & 0 & 0 & 0 & 0 & 0 \\
0 & \frac{12EI_z}{l^3} & 0 & 0 & 0 & \frac{6EI_z}{l^2} & 0 & -\frac{12EI_z}{l^3} & 0 & 0 & 0 & \frac{6EI_z}{l^2} \\
0 & 0 & \frac{12EI_y}{l^3} & 0 & -\frac{6EI_y}{l^2} & 0 & 0 & 0 & -\frac{12EI_y}{l^3} & 0 & -\frac{6EI_y}{l^2} & 0 \\
0 & 0 & 0 & \frac{GJ}{l} & 0 & 0 & 0 & 0 & 0 & -\frac{GJ}{l} & 0 & 0 \\
0 & 0 & -\frac{6EI_y}{l^2} & 0 & \frac{4EI_y}{l} & 0 & 0 & 0 & \frac{6EI_y}{l^2} & 0 & \frac{2EI_y}{l} & 0 \\
0 & \frac{6EI_z}{l^2} & 0 & 0 & 0 & \frac{4EI_z}{l} & 0 & -\frac{6EI_z}{l^2} & 0 & 0 & 0 & \frac{2EI_z}{l} \\
-\frac{EA}{l} & 0 & 0 & 0 & 0 & 0 & \frac{EA}{l} & 0 & 0 & 0 & 0 & 0 \\
0 & -\frac{12EI_z}{l^3} & 0 & 0 & 0 & -\frac{6EI_z}{l^2} & 0 & \frac{12EI_z}{l^3} & 0 & 0 & 0 & -\frac{6EI_z}{l^2} \\
0 & 0 & -\frac{12EI_y}{l^3} & 0 & \frac{6EI_y}{l^2} & 0 & 0 & 0 & \frac{12EI_y}{l^3} & 0 & \frac{6EI_y}{l^2} & 0 \\
0 & 0 & 0 & -\frac{GJ}{l} & 0 & 0 & 0 & 0 & 0 & \frac{GJ}{l} & 0 & 0 \\
0 & 0 & -\frac{6EI_y}{l^2} & 0 & \frac{2EI_y}{l} & 0 & 0 & 0 & \frac{6EI_y}{l^2} & 0 & \frac{4EI_y}{l} & 0 \\
0 & \frac{6EI_z}{l^2} & 0 & 0 & 0 & \frac{2EI_z}{l} & 0 & -\frac{6EI_z}{l^2} & 0 & 0 & 0 & \frac{4EI_z}{l}
\end{bmatrix}$$

如果全局坐标系的方向与局部坐标系的方向有夹角，则需要进行坐标变换。

由刚度矩阵可以观察到，这样依照欧拉-伯努利（Euler-Bernoulli）梁理论建立的一般梁杆单元遵循细长梁（浅梁）的两个假定：① 变形前垂直于梁中性轴的平剖面变形后仍然为平面（平截面假定）；② 变形后横截面的平面仍与变形后的中性轴线相垂直。

2.2.1.2 Timoshenko 梁（Mindlin 板）的剪切闭锁

当梁不再是细长梁时，梁变形后上述假定②不成立，需要考虑梁的剪切变形。考虑剪切影响的几何描述如图2-4所示[29]。

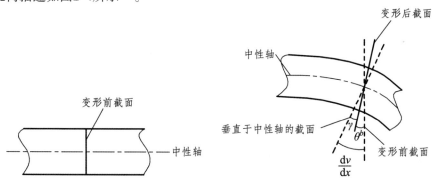

图 2-4 梁的剪切变形

则剪切变形 γ 可用挠度和转角表达为

$$\gamma = \frac{\mathrm{d}v}{\mathrm{d}x} - \theta^{\mathrm{b}} \tag{2-18}$$

如果对挠度函数 $v(x)$ 和 $\theta^{\mathrm{b}}(x)$ 进行独立插值，并且考虑剪切变形的影响，这样构造出来的单元就是铁木辛柯（Timoshenko）梁单元（ANSYS中beam188）。它的刚度矩阵推导比较简单，从而得到了广泛的应用。假设挠度函数 $v(x)$ 和 $\theta^{\mathrm{b}}(x)$ 的单元插值模式为线性插值，则有

$$v(x) = \left(1 - \frac{x}{l}\right)v_i + \frac{x}{l}v_j$$
$$\theta^{\mathrm{b}}(x) = \left(1 - \frac{x}{l}\right)\theta_i^{\mathrm{b}} + \frac{x}{l}\theta_j^{\mathrm{b}} \tag{2-19}$$

式中：i、j 为节点标号。则剪切变形表达为

$$\gamma = \frac{\mathrm{d}v}{\mathrm{d}x} - \theta^{\mathrm{b}} = \frac{1}{l}(v_i - v_i) - \theta_i^{\mathrm{b}} + \left(\theta_i^{\mathrm{b}} - \theta_j^{\mathrm{b}}\right) \cdot \frac{x}{l} \tag{2-20}$$

那么用这种单元处理细长梁时会出现什么状况呢？铁木辛柯梁构建的前提由剪切变形表达式可以看出，即为剪切变形与弯曲变形近似在一个量级上。但细长梁中，剪切变形很小，可以忽略，显然与这个前提不符。具体来说，当我们处理细长梁即近似认为 γ 为"0"时，由剪切变形表达式（2-20）必将有

$$\theta_i^{\mathrm{b}} = \theta_j^{\mathrm{b}} \tag{2-21}$$

再考虑 $\theta^{\mathrm{b}}(x)$ 的单元插值表达式（2-19），则有

$$\theta^{\mathrm{b}}(x) = \theta_i^{\mathrm{b}} = \theta_j^{\mathrm{b}} \tag{2-22}$$

这意味着细长梁不能弯曲，显然与实际情况相悖，这种现象则称为剪切自锁（Shear Locking）。从数值计算的角度来看，考虑剪切变形后的势能泛函表达为

$$\Pi = \frac{1}{2}\boldsymbol{d}^{\mathrm{eT}}\boldsymbol{K}^{\mathrm{b}}\boldsymbol{d}^{\mathrm{e}} + \frac{1}{2}\boldsymbol{d}^{\mathrm{eT}}\boldsymbol{K}^{\mathrm{s}}\boldsymbol{d}^{\mathrm{e}} - \boldsymbol{P}^{\mathrm{eT}}\boldsymbol{d}^{\mathrm{e}} \tag{2-23}$$

对细长梁，第二项剪切应变能应远小于第一项弯曲应变能，因而近似认为剪切应变能为"0"。也就是说，当挠度及转角不恒为零的情况下，则一定要求矩阵 $\boldsymbol{K}^{\mathrm{s}}$ 为奇异矩阵。但在对挠度函数 $v(x)$ 和 $\theta^{\mathrm{b}}(x)$ 进行独立插值的情况下，精确积分一般使矩阵 $\boldsymbol{K}^{\mathrm{s}}$ 非奇异，要求剪切应变能为零，位移解只能是零。这将造成求解错误。

由上述分析可以看出，目前梁的计算碰到细长梁时要解决剪切闭锁问题，通常有两种方法：一种是人为强制不考虑剪切变形；另一种是在计算矩阵 $\boldsymbol{K}^{\mathrm{s}}$ 的积分时不采用精确积分，可采用减缩积分。但采用减缩积分时应注意，单元刚度矩阵 $\boldsymbol{K}^{\mathrm{e}} = \boldsymbol{K}^{\mathrm{b}} + \boldsymbol{K}^{\mathrm{s}}$ 必须是非奇异的，否则问题无解。

板单元中的Mindlin板构造方式与铁木辛柯梁一样，同样会遇到剪切闭锁问题，而解决的办法也基本一致。

2.2.2 连续体结构

2.2.2.1 单元形函数

为方便说明，这里先以一个一维单元为例对形函数进行说明。一个一维问题如图2-5所

示。一根杆件被划分为若干个单元,每个单元在节点处连续,单元与外部的位移协调自然由节点位移反映。那么单元内部的位移如何确定呢?

图 2-5 连续体的离散(一维范例)

我们将图 2-5 中的单元 e 作为一个隔离体进行分析,这个隔离体以 i、j 节点的节点位移和节点力与其他单元保持联系。如果节点 i 发生位移 u_i,节点 j 发生位移 u_j,那么单元内部的位移可以用两节点位移之间的插值多项式来逼近,如图 2-6 以线性插值来逼近,则单元内部的位移可表达为

$$u = N_i u_i + N_j u_j \tag{2-24}$$

其中 $N_i = \dfrac{x_j - x}{L^{(e)}}, N_j = \dfrac{x - x_i}{L^{(e)}}$

N_i 与 N_j 称为单元的形函数。可见,形函数是用单元节点位移来表示单元内部位移的位移函数的系数,是人为设定的。选取形函数时,应注意选定能够反映单元内部位移与节点位移的正确关系的多项式。

确定位移形函数之后,可由 2.1.4 节方程(2.13~2.15)确定问题的控制方程。

几何规整单元的形函数很容易确定。但由于实际问题的复杂性,需要使用一些几何形状不太规整的单元来逼近原问题,特别是在一些复杂的边界

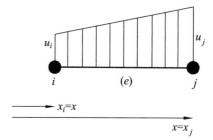

图 2-6 单元 e 的位移线性插值

上,有时只能采用不规整单元。而直接研究这些不规整单元比较困难。因此有限元引入一个映射关系,将描述复杂的几何形状不规整单元的物理坐标系 (x, y) 映射到描述几何形状非常规整的基准单元的基准坐标系 (ξ, η) 内,利用几何规整单元的结果来推导所对应的几何不规整单元的表达式。两个坐标的映射关系由几何形函数表达。当一个单元的几何形函数的插值阶次与其位移形函数的插值阶次相等时,我们把这种单元称作等参元(iso-parametric element)。

2.2.2.2 提高计算精度的 h 方法和 p 方法

在计算刚度矩阵系数时,目前多用高斯积分法进行函数的定积分。假设位移近似解是 p 次多项式,则应力或者应变将是 $r(r = p - 2)$ 次多项式。为得到精确积分,可采用 $r+1$ 个积分点,这样高斯积分的精度可达 $2r+1$ 次多项式。一般来说,可以认为单元基底函数是位移函数。p 方法即通过保持有限元的网格划分固定不变,增加各单元上基底函数的阶次,从而改善计算精度[29]。

h 方法指的则是不改变各单元上基底函数的配置情况,只通过逐步加密有限元网格来使结果向正解逼近。这种方法在有限元分析的应用中最为常见,并且往往采用较为简单的单元构造形式。这里的 h 指的是单元的尺度[29]。

不管是 h 方法还是 p 方法都是以增加计算量、计算规模为代价提高精度的。换言之，它们都是为了计算精度牺牲计算时间的方法。目前更为"热门"的方法是自适应方法，它仍旧以 h 方法和 p 方法为基础。

下面以一个范例展示 h 方法和 p 方法对计算精度的改善。

算例 1　平面弹性悬臂梁承受抛物线型梁端剪力

平面悬臂梁问题如图 2-7 所示，梁长 $L = 12\,\text{m}$、梁截面高 $H = 2\,\text{m}$、宽 $D = 1\,\text{m}$，梁端作用一抛物线型剪力，剪力大小为 $P = 1.5 \times 10^7$。假设材料为均质、各向同性、线弹性材料，杨氏模量为，$E = 216\,\text{GPa}$，泊松比为 $\nu = 0.3$。

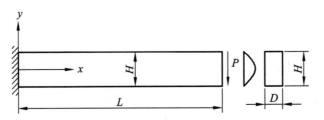

图 2-7　悬臂梁问题的几何尺寸及荷载

对线弹性问题，整体弹性应变能的解析解可由下式求出

$$W = \int_{\Omega} \frac{1}{2} \sigma \cdot \varepsilon \,\mathrm{d}\Omega \tag{2-24}$$

为了了解 h 方法和 p 方法对精度的影响，二维计算模型及网格划分如图 2-8 所示。为验证 h 方法，网格从稀疏到致密分别划分为：三角形 48 个单元、192 个单元、432 个单元、768 个单元及 1 200 个单元；四边形 24 个单元、96 个单元、216 个单元、384 个单元及 600 个单元。为验证 p 方法，三角形单元采用 $p=2$ 的 3 节点单元，$p=4$ 的 6 节点单元；四边形单元采用 $p=3$ 的 4 节点单元，$p=5$ 的 8 节点单元。

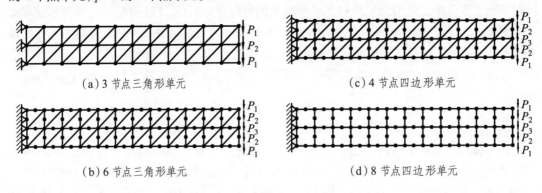

（a）3 节点三角形单元　　　　　　　　　（c）4 节点四边形单元

（b）6 节点三角形单元　　　　　　　　　（d）8 节点四边形单元

图 2-8　二维计算模型及网格示意

由图 2-9 可见，h 越小，单元数越多，所有模型都向解析解收敛，计算精确度有所提高。而 p 方法的收敛性大大优于 h 方法。但 p 方法使用高阶多项式作为基底函数，会出现数值稳定性问题，因此多项式阶次不能太高。

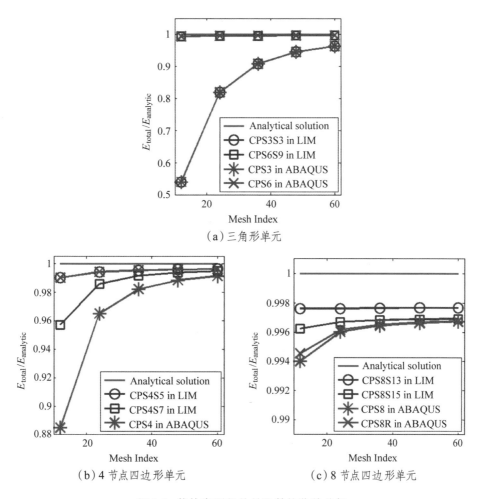

（a）三角形单元

（b）4 节点四边形单元　　　　　　　（c）8 节点四边形单元

图 2-9　整体变形能的单元数值收敛分析

2.2.2.3　减缩积分

　　减缩积分是相对于完全积分来说的。完全积分的含义是：当单元具有规则形状时，在数值积分过程中采用的高斯积分点数目能够对单元刚度矩阵中的插值多项式进行精确积分。"规则形状"是指单元的 $|J|$ 是常数，单元的边相交成直角且中间节点位于边的中点。完全积分的线性单元在每个方向上有 2 个积分点，二次单元在每个方向上有 3 个积分点。对 2.2.1.2 节讨论的单元，完全积分单元容易产生剪切闭锁现象，造成单元过硬，导致即使划分很细的网格，计算精度仍然很差，因此，缩减积分单元应运而生。

　　减缩积分单元比完全积分单元在每个坐标轴方向上少使用一个积分点，因此称为减缩积分。减缩积分可以消除前面所说的剪切闭锁问题，而且对计算结果精度影响不大。但减缩积分单元也有自己的缺点。当对线性单元使用减缩积分时，它只在单元中心有一个积分点，相当于常应力单元。它在积分点上的计算结果是精确的，而经过插值平均后得到的节点应力则不精确，如果要精确计算应力集中部位的节点应力，还应使用完全积分单元。

　　另外，沙漏模式也是使用减缩积分单元特有的问题。沙漏模式主要出现在线性减缩积分单元的应力/位移场分析中。线性单元本身的积分点数就比较少，使用减缩积分时各个方向上的积分点数又减少一个，因此可能在某一个运动模式上出现刚度为零的零能模式，即所说的

"沙漏模式"。此时计算中出现力不为零且变形能为零却有变形的非零解的变形模式,变形不受控制。如果网格较粗,这种零能模式就有可能通过网格扩散出去,使计算结果变得没有意义。因此,线性缩减积分单元在使用时必须对沙漏模式的出现进行控制,abaqus中的一阶(线性)缩减积分单元都引入了控制沙漏模式的"沙漏刚度",但使用时也需要进行细致的网格划分。

2.3 有限元方法的并行性

分析有限元方法的并行性,我们引入两个概念:一个为空间上的并行,一个为时间上的并行(如图2-10)。空间上的并行,指的是线程独立完成单元或者超级单元(子结构)的内变量的计算,线程之间无交互或交互很少;时间上的并行则是指在有多个加(卸)载步的工况下,每个加载历程的时间样本点的计算可以由一个线程独立完成或仅需少量的内存读写或通信。

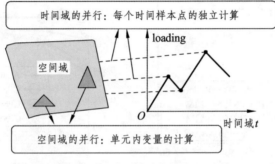

图 2-10 有限元算法中的并行计算

2.3.1 空间上的并行

首先由一个例子来说明静力计算中,刚度矩阵的行程对空间并行性的不利影响。

范例:一个三杆件的平面桁架结构如图2-11所示。平面桁架共有3个单元、4个节点,其中节点①为3个单元的共有节点。

由桁架单元可知,其单元刚度矩阵为4×4阶方阵,假设单元的刚度矩阵可以分为 A、B、C、D 四块,则单元控制方程可写为

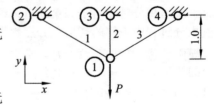

图 2-11 简单平面桁架结构示例

$$K^i D^i = \begin{bmatrix} A^i & B^i \\ C^i & D^i \end{bmatrix} \begin{bmatrix} d_1 \\ d_j \end{bmatrix} = \begin{bmatrix} p_1 \\ p_j \end{bmatrix} = P^i \quad (i=1,2,3;\ j=1,2,3,4)$$

显然,A 块表达的是节点1的节点位移与节点力之间的关系;B 块则反映节点1的节点位移与另一节点的节点力之间的关系;C、D 块以此类推。由于节点位移与节点力都是全局变量而不是单元的内变量,各单元节点之间必须满足平衡与协调。因而单元的节点位移无法在单元内部由单元的节点力求得,必须要到整个空间域求解。

现在把单元刚度矩阵集成到整体刚度矩阵中。整体刚度矩阵是一个8×8的刚度矩阵,

则整体控制方程为

$$KD = \begin{bmatrix} A^1 + A^2 + A^3 & B^1 & B^2 & B^3 \\ C^1 & D^1 & 0 & 0 \\ C^2 & 0 & D^2 & 0 \\ C^3 & 0 & 0 & D^3 \end{bmatrix} \begin{bmatrix} d_1 \\ d_2 \\ d_3 \\ d_4 \end{bmatrix} = \begin{bmatrix} p_1 \\ p_2 \\ p_3 \\ p_4 \end{bmatrix} = P$$

从数值计算上，我们可以看到刚度矩阵的非零项不是沿着对角线分布的，但构件互相联结时，刚度矩阵的带宽非常大，不易分解，求逆计算的并行性并不算好。可以进行静力凝聚进而将结构分为若干子结构，但这部分串行的操作也会造成低下的并行效率。

由上分析不难推论出造成近期常被讨论的静力隐式算法与动力显式算法的并行效率差异的原因。静力隐式算法将惯性力和阻尼力变成一个等效力，使得动力方程变成静力非线性方程 $KD = P$，空间域的并行效率不理想，加速比也不佳。动力显式算法无须对刚度矩阵求逆，只需对质量矩阵求逆，质量为单元内变量，单元之间的质量并没有关联，可以以单元为最小单位对质量矩阵求逆。从数值计算上看，质量矩阵往往可以简化为对角阵，易于并行；刚度矩阵与阻尼矩阵主要与向量进行乘法计算，便于并行处理。即使是串行计算，动力显式算法的总体效率也较静力隐式算法高，规模越大，效率高的优势越明显。而从并行性上看，动力显式算法的并行效率较高，计算效率还可以因为并行获益。因此对于计算规模很大、计算时间很长的大型问题，优先考虑采用动力显式算法。

2.3.2 时间上的并行

首先讨论线弹性问题。由图 2-12（a）可见，在线弹性问题中，内力变量与变形变量（或者说外力变量与位移变量）成一一对应关系。已知力的大小，可以求出唯一与其对应的变形。由于本构计算不依赖加载历史，因而在计算步上或者说在时间轴上各步的计算是相互独立互不需要沟通的，可以并行，且效率损失很小。

再看材料非线性问题。目前现有的以位移为基本未知量的 FEM 在考虑材料非线性问题时，多采用逐步增量法以小步长加载；在每个加载步内将结构刚度矩阵线性化（如图 2-12（b））。这就是说，在每个加载步先修正结构刚度矩阵，再按线性材料问题求解[31]。这种解决材料非线性问题的方法是沿着加载历史采用增量方法一步一步计算的，这就导致下一步的计算必须依赖于前一步的计算结果。从本质上来说，这不仅使下一步难以有效地消除上一步造成的误差[32]，而且不可能在时间轴上实现各步相互之间的并行计算。

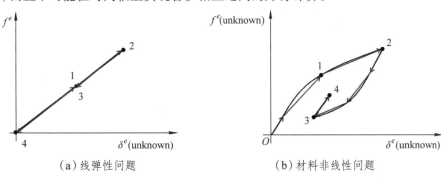

（a）线弹性问题   （b）材料非线性问题

图 2-12 本构关系的求解过程

参考文献

[1] ZIENKIEWICZ, TAYLOR R C. The finite element method volume 1: The basis [M]. 5th ed, Oxford: Butterworth-Heinemann, 2000.

[2] BATHE K J. Finite Element Procedures New Jerzy [M]. New Jersey. Upper Saddle River: Prentice Hall, 1996.

[3] FISH J, BELYTSCHKO T. A first course in finite elements [M]. Chichester: John Wiley, 2007.

[4] 王勖成, 邵敏. 有限单元法基本原理和数值方法[M]. 北京: 清华大学出版社, 2001.

[5] 巴特 K, 威尔逊 E. 有限元分析中的数值方法（中译本）[M]. 北京:科学出版社, 1985.

[6] KAVEH A. Recent Developments in the Force Method of Structural Analysis [J]. Applied Mechanics Reviews, 1992, 45(9): 401-418.

[7] PATNAIK S N. The integrated force method versus the standard force method [J]. Computers & Structures, 1986, 22(2): 151-163.

[8] PATNAIK S N, CORONEOS R M, HOPKINS D A. Recent advances in the method of forces - integrated force method of structural analysis [J]. Advances in Engineering Software, 1998, 29(3-6): 463-474.

[9] ROBINSON J. Integrated theory of finite element methods [M]. New Jersey. Hoboken: J Wiley, 1973.

[10] PATNAIK S N, BERKE L, GALLAGHER R H. Compatibility Conditions of Structural Mechanics for Finite Element Analysis [J]. AIAA Journal, 1991, 29(5): 820-829.

[11] KALJEVIC I, PATNAIK S N, HOPKINS D A. Development of finite elements for two-dimensional structural analysis using the integrated force method [J]. Computers & Structures, 1996, 59(4): 691-706.

[12] KALJEVIC I, PATNAIK S N, HOPKINS D A. Three-dimensional Structural Analysis by the Integrated Force Method [J]. Computers & Structures, 1996, 58(5): 869-886.

[13] KALJEVIC I, PATNAIK S N, HOPKINS D A. Treatment of Initial Deformations in the Integrated Force Method [J]. Computer Methods in Applied Mechanics and Engineering, 1997, 140(3-4): 281-289.

[14] PATNAIK S N, CORONEOS R M, HOPKINS D A. Compatibility conditions of structural mechanics [J]. International Journal for Numerical Methods in Engineering, 2000, 47: 685-704.

[15] RAJU N, NAGABHUSHANAM J. Nonlinear structural analysis using integrated force method [J]. Sadhana, 2000, 25(4): 353-365.

[16] SEDAGHATI R. Benchmark case studies in structural design optimization using the force method [J]. International Journal of Solids and Structures, 2005, 42(21-22): 5848-5871.

[17] PATNAIK S, PAI S, HOPKINS D. Compatibility Condition in Theory of Solid Mechanics (Elasticity, Structures, and Design Optimization) [J]. Archives of Computational Methods in Engineering, 2007, 14(4): 431-457.

[18] DHANANJAYA H R, NAGABHUSHANAM J, PANDEY P C. Bilinear Plate Bending Ele-

ment for Thin and Moderately Thick Plates using Integrated Force Method [J]. Structural Engineering & Mechanics, 2007, 26(1): 43-68.

[19] 周其刚. 桁架结构分析的广义逆矩阵力法[J]. 西安交通大学学报, 1988, 1: 60-66.

[20] 刘西拉, 张春俊. 基于广义逆矩阵的特大增量步算法[A]//中国力学学会工程力学编辑部. 第三届全国结构工程学术会议论文集[C]. 北京: 清华大学出版社, 1994.

[21] 张春俊. 材料非线性问题的特大增量步算法[D]. 北京: 清华大学, 1996.

[22] ZHANG C, LIU X. A Large Increment Method for Material Nonlinearity Problems [J]. Advances in Structural Engineering, 1997, 1(2): 99-109.

[23] 郭早阳. 特大增量步方法和并行程序设计[D]. 北京: 清华大学, 1999.

[24] 卞学鐄. 有限元法论文集[M]. 北京: 国防工业出版社, 1980.

[25] 吴长春, 卞学鐄. 非协调数值分析与杂交元方法[M]. 北京: 科学出版社, 1997.

[26] 杜庆华, 余寿文, 姚振汉. 弹性理论[M]. 北京: 科学出版社, 1986.

[27] 傅衣铭, 罗松南, 熊慧而. 弹塑性理论[M]. 长沙: 湖南大学出版社, 1996.

[28] 胡建伟, 汤怀民. 微分方程数值方法[M]. 2版. 北京: 科学出版社, 2008.

[29] 曾攀. 有限元分析及应用[M]. 北京: 清华大学出版社, 2008.

[30] 鹫津九一郎. 弹性和塑性力学中的变分法 (中译本)[M]. 北京: 科学出版社, 1984.

[31] CARL T F ROSS. Advanced Finite Element Method [M]. Cambridge: Woodhead, 1998.

[32] 袁驷. 从矩阵位移法看有限元应力精度的损失与恢复 [J]. 力学与实践, 1998, 20: 1-6.

第 3 章 建筑结构抗震分析

3.1 常用的建筑结构抗震分析方法及原理

地震是一种突发性、破坏性甚至是毁灭性的自然灾害,无法进行可靠预测。其发生会严重威胁人类社会的生存与发展。在罕遇作用下,结构会进入弹塑性受力状态。因此,通过结构抗震设计降低地震破坏程度是重要的工程抗震方法。中国《建筑抗震设计规范》主要采用两阶段抗震设计思想,在第二阶段设计中要求对结构弹塑性状态下的变形性能进行分析。规范中,推荐采用静力弹塑性分析方法或弹塑性时程分析方法验算结构在罕遇地震作用下的弹塑性变形。

从 20 世纪中期,我国才开始真正意义上从事于地震反应分析研究。而在当前,地震研究主要集中在以下方向:对结构进行非线性弹塑性分析;对结构进行可靠度分析;对结构进行动力分析和能量分析。工程界采用的分析方法主要有底部剪力法、反应谱法、时程分析法、静力弹塑性分析法等。

3.1.1 底部剪力法 (Equivalent Base Shear Method)

底部剪力法是一种用静力学方法近似解决动力学问题的简易方法,它最早出现在 20 世纪 30 年代,迄今仍然被广泛使用。其基本思想是在静力计算的基础上,将地震作用简化为一个惯性力系附加在研究对象上,其核心是设计地震加速度的确定问题。底部剪力法将结构看成刚体,不考虑变形对结构的影响,不考虑地震作用随时间的变化及其与结构动力特性的关系,并且结构各质点的水平地震作用最大值为该质点与地面运动加速度的乘积。

$$F_i = m_i \ddot{x}_0(t) = m_i g \frac{\ddot{x}_0(t)}{g} = \alpha_1 G_{eq} \tag{3-1}$$

式中　　α_1 —— 对应结构基本周期的水平地震影响系数;

　　　　G_{eq} —— 结构等效总重力荷载代表值;

底部剪力法的基本假定为:位移反应以基本振型为主;基本振型接近直线,采用倒三角形。底部剪力法主要适用于重量和刚度沿高度分布比较均匀、高度不超过 40 m,并以剪切变形为主(房屋高宽比小于 4 时)的结构。

底部剪力法能在有限程度上反映荷载的动力特性,其优点突出,尤其是物理概念清晰,与全面考虑结构物动力相互作用的分析方法相比,计算方法较为简单,计算工作量很小,参数易于确定,并积累了丰富的使用经验,易于为设计工程师所接受。该方法的局限性在于不能反映各种材料自身的动力特性以及结构物之间的动力响应, 更不能反映结构物之间的动力耦合关系。因此, 应用底部剪力法时要严格限定其使用范围: 不能用于地震时土体刚度有明显降低或者产生液化的场合, 而且只适用于设计加速度较小、动力相互作用不甚突出的结构抗震设计。为了克服底部剪力法的上述缺陷, 一些学者发展了可以部分地反映土体与结构物之间的动力耦合关系的所谓拟动力分析法。迄今为止, 已经发展了不少考虑土体 - 结构物动力相互作用的分析方法, 例如子结构法、有限元法、杂交法等。

底部剪力法的基本计算步骤

(1) 计算结构等效总重力荷载代表值 G_{eq}。

$$G_{eq} = 0.85 \sum_{i=1}^{n} G_i$$

式中 G_i —— 集中于质点 i 的总重力荷载代表值。

(2) 计算水平地震影响系数 α_1。

(3) 计算结构总的水平地震作用标准值。

$$F_{EK} = \alpha_1 G_{eq}$$

(4) 计算顶部附加水平地震作用。

$$\Delta F_n = \delta_n F_{EK}$$

(5) 计算各层的水平地震作用标准值。

$$F_i = \frac{H_i G_i}{\sum_{k=1}^{n} H_k G_k} F_{EK}(1 - \delta_n)$$

(6) 计算各层的层间剪力。

$$V_i = \sum_{k=i}^{n} F_k$$

3.1.2 反应谱分析法

反应谱分析法即用规范规定的设计反应谱进行结构线弹性分析的方法。结构构件的承载力根据设计反应谱所作的结构线弹性计算通过荷载和地震作用效应组合后内力进行设计。在早期方案设计阶段, 结构体系、结构体型的规则性及结构的整体性满足规范的规定, 以使结构能可靠地发挥非弹性延性变形能力。

振型分解法的数学和力学的本质: 首先是利用功的互等定理 (贝蒂定理) 得到振型正交性质, 从而将多自由度结构振动偏微分方程组解耦成若干等效单自由度体系的常微分方程组, 进而得到结构位移响应的解答。振型分析反应谱法只适用于线弹性体系。如果考虑结构的弹塑性性质,则这种方法不适用。因此大震下的结构弹塑性分析不采用振型分解反应谱法, 隔震结构也不能采用这种方法进行分析。

从概念上讲, 反应谱是在特定的地震波作用下, 单自由度体系的某一响应量值与自振周期的关系曲线。反应谱可分为地震反应谱和设计反应谱两种。工程上用得最为广泛的是设计反应谱, 是根据多条地震反应谱由统计的方法取平均或取包络并通过人为调整最终得到的,存在一些人为的调整因素。

反应谱分析法的步骤是：利用振型分解法的概念，把多自由度体系分解成若干个单自由度体系振动的组合，并利用单自由度体系的反应谱理论计算各个振型振动的地震作用，最后将各个振型计算出的地震效应按一定的规则组合起来，求出总的地震响应。

$$F_{ji} = \alpha_j x_{ji} \gamma_j G_j$$

3.1.2.1 参与振型个数的选取方法

方法一：主要选取贡献大的较低频率的几个振型，一般建筑（动力自由度较少）取 1 ~ 3 个振型，高层建筑取 9 ~ 15 个振型。

方法二：一般可取振型有效质量达到总质量 90% 时所需的振型数。

3.1.2.2 振型组合的规则

方法一：完全二次式方法 CQC（Complete Quadratic Combination method）

当振型较为密集，振型之间相关性较大时采用该法，如考虑平移、扭转耦联振动的线性结构体系。

$$S = \sqrt{\sum_{i=1}^{n} \sum_{j=1}^{n} \rho_{ij} S_i S_j}$$

方法二：平方和开平方 SRSS（Square Root of Sum-Square method）

当振型较为稀疏，振型之间相关性较小时采用该法，如串联多自由度体系。

$$S = \sqrt{\sum_{j=1}^{n} S_j^2}$$

对于平面振动的多质点弹性体系，可以用 SRSS 法，它是基于假定输入地震为平稳随机过程，各振型反应之间相互独立而推导得到的。对于考虑平 - 扭耦连的多质点弹性体系，采用 CQC 法。它与 SRSS 法的主要区别在于：平面振动时假定各振型相互独立，并且各振型的贡献随着频率的增高而降低；而平 - 扭耦连时各振型频率间距很小，相邻较高振型的频率可能非常接近，这就要考虑不同振型间的相关性，还有扭转分量的影响并不一定随着频率增高而降低，有时较高振型的影响可能大于较低振型的影响，相比采用 SRSS 时就要考虑更多振型的影响。

结构振动位移反应往往以第一振型为主，而且第一振型接近于直线时，就可以把振型分解法简化为基本的底部剪力法计算公式。由这个基本公式计算得到的各质点的水平地震作用可以较好地反映刚度较大的结构，但当结构基本周期较长，场地特征周期较小时，计算所得顶部地震作用偏小。

3.1.2.3 振型分解反应谱法的基本计算步骤

（1）根据场地类别确定场地的特征周期 T_g，综合该地区抗震设防烈度及地震分组和反应谱确定每个振型的地震影响系数。

（2）计算第 j 振型第 i 个质点的水平作用。

$$F_{ji} = \alpha_i \gamma_i X_{ji} G_i$$

（3）计算各振型层间剪力，因为各个振型求出的是最大的反应，需将其组合。

$$F_i = \sqrt{\sum_{j=1}^{n} F_i^2}$$

（4）最后求出结构的反应。

3.1.3　动力分析法

动力分析法即确定性的动力时程分析法和非确定性的随机振动分析法以及波动分析法。在确定结构振动分析模型和合适的恢复力曲线，选择合适的地震波和增量方程数值解法的情况下，时程分析法能较好地反映结构动力效应的全过程，识别结构抗震的薄弱环节，估计结构的变形或能量反应。

时程分析法是对结构物的运动微分方程直接进行逐步积分求解的一种动力分析方法。由于此法是对运动方程直接求解，所以又称直接动力分析法。它与底部剪力法和振型分解反应谱法的最大差别是能计算结构和结构构件在每个时刻的地震反应（内力和变形）。

当采用时程分析法进行计算时，将地震波作为输入。一般而言，地震波的峰值应反映建筑物所在地区的烈度，而其频谱组成反映场地的卓越周期和动力特性。当地震波的作用较为强烈以至结构某些部位强度达到屈服进入塑性时，时程分析法通过构件刚度的变化可求出弹塑性阶段的结构内力与变形。这时结构薄弱层间位移可能达到最大值，从而造成结构的破坏，直至倒塌。作为高层建筑和重要结构抗震设计的一种补充计算，采用时程分析法的主要目的在于检验规范反应谱法的计算结果、弥补反应谱法的不足和进行反应谱法无法做到的结构非弹性地震反应分析。

我国抗规建议，对特别不规则的建筑，甲类建筑，7、8 度区一、二类场地上高度大于80 m 的建筑，8 度区三、四类场地和 9 度区高度大于 60 m 的建筑采用弹性时程分析法对其在多遇地震下的抗震承载力与变形进行补充计算。

时程分析分为线弹性时程分析和弹塑性时程分析两种，其区别在于前者仅考虑材料的线弹性性质，而后者考虑材料的弹塑性性质。

弹性时程分析时，每条时程曲线计算所得结构底部剪力不应小于振型分解反应谱法计算结果的 65%，多条时程曲线计算所得结构底部剪力的平均值不应小于振型分解反应谱法计算结果的 80%。

时程分析法的主要功能有：

（1）校正由于采用反应谱法振型分解和组合求解结构内力和位移时的误差，特别是对于周期长达几秒的高层建筑，由于设计反应谱在长周期段的人为调整以及计算中对高阶振型的影响估计不足产生的误差。

（2）可以计算结构在非弹性阶段的地震反应，对结构进行大震作用下的变形验算，从而确定结构的薄弱层和薄弱部位，以便采取适当的构造措施。

（3）可以计算结构和各结构构件在地震作用下每个时刻的地震反应（内力和变形），提供按内力包络值配筋和按地震作用过程每个时刻的内力配筋最大值进行配筋。

总的来说，时程分析法具有许多优点，它的计算结果能更真实地反映结构的地震反应，从而能更精确细致地暴露结构的薄弱部位。

3.1.3.1　弹塑性时程分析的基本计算步骤

（1）按照建筑场址的场地条件、设防烈度、震中距远近等因素，选取若干条具有不同特性的典型强震加速度时程曲线,作为设计用的地震波输入。

(2)根据结构体系的力学特性、地震反应内容要求以及计算机存储量,建立合理的结构振动模型。

(3)根据结构材料特性、构件类型和受力状态,选择恰当的构件恢复力模型,并确定相应线段的刚度数值。

(4)建立结构在地震作用下的振动微分方程。

(5)采用逐步积分法求解振动方程,求得结构地震反应的全过程。

3.1.3.2 输入地震动的选择

《建筑抗震设计规范》(GB 50011—2010)规定:采用时程分析法时应按建筑场地类别和设计地震分组选用不少于二组的实际强震记录和一组人工模拟的加速度时程曲线,其平均地震影响系数曲线应与振型分解反应谱法所采用的地震影响系数曲线在统计意义上相符,其加速度时程的最大值可取规范给出的相应值。弹性时程分析时,每条时程曲线计算所得结构底部剪力不应小于振型分解反应谱法计算结果的65%,多条时程曲线计算所得结构底部剪力的平均值不应小于振型分解反应谱法计算结果的80%。

输入地震动分为三种类型:① 拟建场地的实际强震记录;② 典型的强震记录;③ 人工模拟地震波。

输入的地震波,应优先选取与建筑所在场地的地震地质环境相近似场地上所取得的实际强震记录(加速度时程曲线)。所选用的强震记录的卓越周期应接近于建筑所在场地的自振周期,其峰值加速度宜大于100 gal。此外,波的性质还应与建筑场地所需考虑的震中距相对应。

地震动输入对结构的地震反应影响非常大。目前的现状是,输入地震动大多选择为数不多的几条典型记录(如1940年的El Centro(NS)记录或1952年的Taft记录),国内外进行结构时程分析时所经常采用的几条实际强震记录主要有适用于Ⅰ类场地的滦河波,适用于Ⅱ、Ⅲ类场地的El-Centrol波(1940, N-S)和Taft波(1952, E-W)、适用于Ⅳ类场地的宁河波等。

3.1.3.3 时程分析的计算模型

目前,结构动力时程分析模型主要有三种:三维空间模型、二维平面模型和层模型。从理论上讲,三维空间模型最接近结构的实际情况,是较理想的分析模型,计算精度也高,但由于这种模型计算工作量巨大,在目前的计算机硬件资源条件下,大型结构设计中很少采用。二维平面模型和层模型对结构作了较多的简化处理。二维平面模型是将结构离散成一系列相互独立的"榀",这种模型适用于刚度分布均匀、几何布置规则的结构。仅就独立的一榀而言,二维平面模型的弹塑性动力反应分析理论研究比较成熟,计算工作量有限,效率和精度都比较高。但由于建筑造型的多样化,结构不规则布置是经常的,将二维平面模型应用于不规则布置的复杂结构时有一定的局限性。层模型是一种利用力学等效方法的简化模型,它是把结构按层静力等效成质量弹簧串,然后再进行弹塑性动力反应分析。层模型把许多动力计算问题事先用静力方法处理了,所以,分析效率提高了,但计算精度有所损失。

(1)层模型。

层模型将结构按层静力等效成质量弹簧串,然后再进行弹塑性动力反应分析。层模型只能通过时程分析找到薄弱层,不能找到具体的薄弱杆件。层模型动力时程分析计算由两部分组成:前一部分是层静力特性计算,这部分实际上就是一个小型的 Pushover Analysis 计算程序, 采用增量法和能量法相结合, 逐层计算结构的层间全曲线, 并拟合成恢复力骨架曲线, 为动力响应分析提供三线型骨架曲线的三个控制点, 从而完成把结构简化成以集中质量、串联簧形式描述的层模型的层参数统计工作; 后一部分是动力时程响应计算, 基于集中质量、串联簧形式描述的层模型, 采用 Wilson-θ 法计算结构的动力响应。

层模型的基本假定: ① 建筑各层楼板在其自身平面内刚度无穷大, 水平地震作用下同层各竖向构件侧向位移相同; ② 建筑刚度中心与其质量中心重合, 在水平地震作用下无绕竖轴扭转发生。

根据结构侧向变形状况不同, 层模型可分为三类, 即剪切型、弯曲型与剪弯型。若结构侧向变形主要为层间剪切变形 (如强梁弱柱型框架等), 则为剪切型; 若结构侧向变形以弯曲变形为主 (如剪力墙结构等), 则为弯曲型; 若结构侧向变形为剪切变形与弯曲变形综合而成 (如框剪结构、强柱弱梁框架等), 则为剪弯型。

层模型的构件恢复力模型形式很多, 如双线型模型、三线型模型、退化二线型等、退化三线型等。恢复力模型由两部分组成: 骨架曲线 (各次滞回曲线峰值点的联系) 和滞回规则。

(2) 二维平面模型。

二维平面模型针对的是结构的一个局部 ——"榀", 对一榀框架进行时程分析, 直接找出薄弱的杆件。这种模型的精度主要取决于把结构离散成"榀"这一模型化过程。若结构的刚度分布比较均匀, 几何布置比较规则, 正交或接近正交, 结构各榀之间影响不大, 把结构离散成相互独立的"榀"精度损失不多, 可以采用二维平面模型进行弹塑性动力反应分析; 反之, 若结构的刚度分布不均匀, 几何布置不规则, 很难分成"榀", 或即使可以分成"榀", 但各榀之间相互影响较大, 则把这种结构离散成相互独立的"榀"时可能有较大的精度损失, 对于这些结构不宜采用二维平面模型。

(3) 纤维模型。

纤维模型首先由 Kaba 和 Mahin 提出。经过十几年的发展和应用, 纤维模型由最初的面向一维问题拓展到二维问题, 并由起初的只考虑受弯状态发展到现在试图通过复合应变场考虑弯剪联合受力状态。

在纤维模型中, 构件被纵向分割成若干薄片, 截面也被划分成网格, 每一网格包围的部分即为纤维, 纤维包含钢筋纤维和混凝土纤维。

(4) 有限元模型。

将建筑结构离散为层间模型或杆系模型, 当然可以看成是有限元模型。由于这两种模型都使用了楼盖平面内刚度无限大的假定, 楼层基本自由度数目大大减小, 使问题得以简化, 有利于提高计算效率。

但是, 对弹性楼板问题、多塔楼问题、柔性楼盖问题, 不能继续沿用这一假定。使用杆元、板 (壳) 元、体元、索元、接触单元等建立的结构计算模型, 适合于更为复杂的结构构造, 这种模型叫作有限元模型。因为单元划分尺度可以根据结构受力工作状态确定, 这种模型适合于复杂的结构情况, 对一维、二维和三维问题都是有效的。

为减小自由度, 提高计算速度, 也可以在局部 (如转换层部位、结构构造复杂部位) 使用划分较细的有限元, 在一般部位使用杆系模型, 比如使用楼盖分块刚度无限大的假定建立的模型。

3.1.4 静力弹塑性分析 (Pushover)

静力弹塑性分析的本质为静力分析法。其原理为: 施加某种形式的侧向等效荷载于结构计算模型上,并逐渐增大荷载强度,按顺序计算结构反应并记录加载下的开裂、屈服、塑性铰形成以及各种结构构件的破坏行为。其优点在于水平力的大小是根据结构在不同工作阶段的周期由设计反应谱求得,而分布则根据结构的振型变化求得。此方法将设计反应谱引入了计算过程和计算成果的工程解释,既能考虑结构的弹塑性特性且工作量又较时程分析法大为减少。本章主要讲述通过运用 Pushover 对结构进行静力弹塑性分析的方法,且结合第3.6节所述的工程实例进行相关说明。

3.2 静力弹塑性分析的分析控制参数

3.2.1 静力弹塑性分析原理

静力弹塑性分析(Static Pushover Analysis)方法,是一种简化的弹塑性分析方法。它的原理是通过在结构分析模型上施加按某种方式模拟地震水平惯性力作用的侧向力,并逐渐单调增大,使结构从弹性阶段开始,经历开裂、屈服,直至达到某一破坏标志为止。根据工程经验,一般认为当结构的相对顶点位移达到2%时,结构构件和非结构构件趋于破坏,可以此作为 Pushover 分析的破坏标志。通过 Pushover 分析,我们可以了解和评估结构在地震作用下的内力和变形特性、塑性铰出现的顺序和位置、薄弱环节及可能的破坏机制等。这种方法比非线性动力分析来得简单,可以用来近似评估结构抵御地震的能力。静力弹塑性分析流程见图3-1。

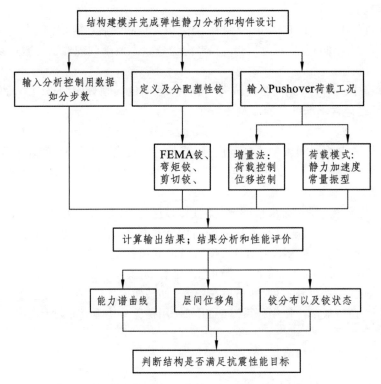

图 3-1 静力弹塑性分析流程图

3.2.2 荷载工况

3.2.2.1 风荷载的确定

空气流动形成的风遇到建筑物时,就在建筑物表面产生压力和吸力,这种风力作用称为风荷载。风的作用是不规则的,风压随着风速、风向的紊乱变化而不停地改变。实际上,风荷载是随时间而波动的动力荷载,但房屋设计中一般把它看成静荷载。在设计抗侧力结构、围护构件及考虑人们的舒适度时都要用到风荷载。首先,要确定建筑物表面单位面积上的风荷载标准值,然后计算建筑物表面的风荷载。对于高度较大且比较柔软的高层建筑,要考虑动力效应影响,适当加大风荷载数值。

(1)单位面积上的风荷载标准值。

我国《建筑结构荷载规范》(GB 50009—2012)(以下简称《荷载规范》)规定垂直作用于建筑物表面单位面积上的风荷载标准值 w_k (kN/m^2)按下式计算:

$$w_k = \beta_z u_z u_s w_0 \tag{3-2}$$

式中 w_0 —— 基本风压值(kN/m^2);

      u_s —— 风载体形系数;

      u_z —— 风压高度变化系数;

      β_z —— z 高度处的风振系数。

(2)总体风荷载与局部风荷载。

总体风荷载是建筑物各表面承受风作用力的合力,是沿高度变化的分布荷载,用于计算抗侧力结构的侧移及各构件内力。首先计算得到某高度处风荷载标准值 w_k,然后计算该高度处各个受力风面上风荷载的合力值。各表面风力的合力作用点,即为总体风荷载的作用点。设计时,将沿高度分布的总体分布的线荷载换算成集中作用在各楼层位置的集中荷载,再计算结构的内力及位移。

局部风荷载用于计算结构局部构件或围护构件与主体的连接,如水平悬挑构件、幕墙构件及其连接件等,其与单位面积上的荷载标准值 w_k 的计算公式一致,但采用局部风荷载体形系数,对于檐口、雨篷、遮阳板、阳台等突出构件的浮力,取 $u_s \geqslant -2.0$。对封闭式建筑物,内表面也会有压力或吸力,分别按外表面风压的正、负情况取 -2.0 或 $+0.2$。

3.2.2.2 楼面活荷载

根据《荷载规范》的规定,楼面均布活荷载取值如表 3-1。

表 3-1 楼面均布活荷载

范 围	活荷载标准值 (kN/m^2)	备注
设备用房	5.0	
停车库	4.0	
超 市	5.0	有较重设备处 按设备实际重量考虑
商 场	3.5	
宴会厅	3.5	

续表

范　围	活荷载标准值 (kN/m²)	备注
设备层	5.0	
写字间、办公	2.0	
酒　店	2.0	
厨　房	4.0	有较重设备处 按设备实际重量考虑
楼梯间	3.5	
上人屋面	2.0	
屋顶花园	3.0	

3.2.2.3 雪荷载

根据《荷载规范》的规定取值。

3.2.2.4 幕墙等效重力荷载

玻璃幕墙及幕墙支撑构件等效重力荷载综合取值为 1.0 kN/m²。

3.2.3 加强层的设置

加强层是在高层建筑中某几个部位,通常是利用设备层或避难层空间设置刚度较大的水平外伸构件加强核心筒与框架柱的连系,必要时可设置刚度较大的周边环带构件、腰桁架和帽桁架,加强外周框架角柱与翼缘柱的连系。因此,加强层构件有三种类型:一是伸臂,二是腰桁架和帽桁架,三是环向构件。三者的功能不同,不一定同时设置,但如果设置,它们一般在同一层。加强层的高度往往是一层楼高,其刚度比其他水平构件大数十倍,故有的文献在研究加强层对高层建筑的影响时称之为刚性层或水平刚性层。由于它是从核心筒或核心剪力墙伸出的,所以有的文献又称为伸臂结构或水平伸臂结构。

3.3 塑性铰的定义与设置

一根构件的任意部位可布置一个或多个塑性铰。各种塑性铰的本构模型归纳为图 3.2 所示。

在上述塑性铰本构关系中,纵坐标(力)代表弯矩、剪力、轴力,横坐标(位移)代表曲率或转角、剪切变形、轴压变形。整个曲线分为四个阶段,弹性段 (AB)、强化段 (BC)、卸载段 (CD)、塑性段 (DE)。只要将几个关键点 B、C、D、E 确定出来,整个本构关系就确定了,其中确定 B 点时,涉及屈服力和屈服位移的确定,关于屈服力和屈服位移,有两种确定方

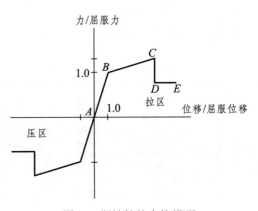

图 3-2 塑性铰的本构模型

法：一种是自定义，输入某一具体值，另外一种是由程序计算。确定 C、D、E 时，各点的纵、横坐标需要分别按照力、位移与屈服力和屈服位移的比值来输入，一种是自定义，另一种是程序按照美国规范 FE2MA273 和 ATC-40 给定。本书采用后一种方法来定义塑性铰的本构关系。

对梁单元，一般仅考虑弯矩 (M) 屈服产生塑性铰；对柱单元，一般考虑由轴力和双向弯矩相关 (PMM) 作用产生塑性铰。对钢筋混凝土结构，程序根据截面的配筋值，可自动计算屈服弯矩值和轴力弯矩相关面（由 0°、22.5°、45°、67.5°、90° 五个方向的曲线形成的包络面）见图 3-3。

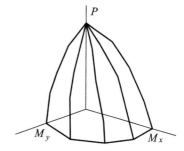

图 3-3 屈服弯矩值和轴力弯矩相关面

塑性铰的位置，应设置在弹性阶段内力最大处，因为这个位置最先达到屈服。对梁、柱单元，一般情况是两端弯矩最大，弯曲塑性铰和压弯铰（PMM）应设置在两端，在剪力最大处，应设置剪切铰。选用带有性能状态阶段划分的 FEMA 铰类型，位移结果中可显示不同颜色区分铰的各个阶段，并可在图例中看到各阶段的铰所占的比例。

3.4 侧向荷载加载模式

在静力弹塑性分析中，逐级施加的水平侧向力沿结构高度的分布模式称为水平加载模式。常用的水平加载模式有：

① 均布加载模式；

② 倒三角分布水平加载模式；

③ 抛物线分布水平加载模式；

④ 随振型而变的水平加载模式；

⑤ 仅考虑第一振型的倒三角分布水平加载模式。

在这五种水平加载模式中：均布加载模式、倒三角分布水平加载模式、抛物线分布水平加载模式在整个加载过程中，不考虑地震过程中层惯性力的重分布，属固定模式；随振型而变的水平加载模式属自适应模式，可考虑地震过程中结构层惯性力分布的改变情况，故比其余四种模式合理，但其计算工作量也比其余四种大为增加。

3.5 能量谱曲线及性能点

Pushover 分析方法在国外应用较早，但起初并没有引起人们的重视。直到 1975 年 Freeman 等人提出能力谱方法，该方法是将 Pushover 分析得到的 Pushover 曲线（底部剪力 - 顶点位移关系曲线）转化为能力谱曲线（谱加速度 - 谱位移关系曲线）后，与地震反应谱相结合以评估结构在给定地震作用下的反应特性。1996 年，在第 11 届世界地震工程会议上，Peter Fajfar 等提出了非线性地震反应分析的 N2 方法。N2 方法的基本思想是对结构用两个不同的计算模型进行非线性分析，故而得名，此处的 N 是指非线性（Nonlinear），2 代表两个计算模型。N2 方法克服了能力谱方法中用高阻尼弹性反应谱作需求谱的不足,它根据结构设计的延性需求用弹塑性反应谱来作为需求谱,因此可以认为是基于弹塑性反应谱的改进能力谱方法。

与国外相比,我国对 Pushover 分析方法的研究起步较晚。但近年来,Pushover 分析方法传入我国后,逐渐得到了广大学者和工程人员的重视,目前已有不少文章介绍 Pushover 分析方法的原理和方法。其中较有影响的是:有的学者认为单自由度弹性体系得到的需求谱通常过高估计了地震反应,据此提出了改进的能力谱方法,即将 Pushover 分析方法得到的能力谱曲线简化为二折线,构造一个相应的弹塑性 SDOF 体系,计算输入地震动下最大位移值,即谱位移值 S_d,在能力谱上找到其对应点,定义为特征反应点,即性能点。

3.6 工程实例

3.6.1 工程背景

本节主要以大连国贸大厦工程为研究对象。大连国贸大厦拟建于大连市中心区,金座大厦至友好广场之间,南临中山路,北临天津街。该工程地下室为 5 层,地上包括避难层为 79 层(其中 65 层为一夹层,所以结构主体实际为 80 层),建筑物主体高度 338.75 m,为一幢超高层现代化建筑,建筑效果图见图 3-4。大厦结构主体为框架 - 核心筒结构体系,内筒为钢筋混凝土,外框架柱为矩形钢管混凝土柱,为了加强核心筒的延性,在筒体角部、墙体相交处和楼面钢梁与筒体交接处加设型钢柱。按建筑物重要性及抗震要求区分,工程为丙类建筑。建筑物高宽比见表 3-2。

图 3-4 大连国贸大厦建筑效果图

表 3-2 建筑物高宽比

类 别	整个建筑物		混凝土核心筒	
	X 向	Y 向	X 向	Y 向
考虑裙房	3.85	6.42	6.66	13.11
不考虑裙房	4.52	7.52	7.81	15.36

本节对拟建大连国贸大厦的 C1 柱所在立面图进行了静力弹塑性分析,重点分析加强层在大震下对相邻层的影响,加强层伸臂塑性铰出现的顺序,相邻层是否产生薄弱层。

3.6.2 计算模型的建立

为了防止加强层及转换层在地震下引起薄弱层,同时研究加强层伸臂构件及相邻层塑性铰出现顺序,本节取出大连国贸大厦 C1 柱所在加强层立面(图 3-5)进行分析,计算程序采用 Midas/Gen,该软件能够模拟剪力墙的塑性铰。

计算模型采用以下三种:

(1)大连国贸大厦 C1 柱立面,去除其中的加强层(模型 A),采用此模型的目的为同设加强层的情况进行比较,研究加强层的设置对结构的影响。

(2)大连国贸大厦 C1 柱立面,设有加强层(模型 B),加强层的形式如图 3-6 所示。

(3)大连国贸大厦 C1 柱立面,设有加强层(模型 C),加强层的形式如图 3-7 所示。

设置模型 B、C 是因为传统的设计方式有时很难满足在大震下伸臂构件首先达到屈服的条件,因此本节提出在加强层伸臂构件中设置耗能构件,即采取偏心支撑的形式。因为加强层对结构的抗风是十分有利的,能够有效地减小结构的顶点位移和层间位移角,这也是设置加强层的初衷。但是在罕遇地震作用下,我们认为其对结构是不利的。耗能段的设置可以采用被动控制的方式,使其在小震和风荷载作用下正常工作,在中震、大震作用下滞回耗能,同时也保证了伸臂构件先于外柱破坏,避免造成薄弱层。

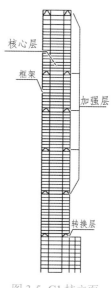

图 3-5 C1 柱立面

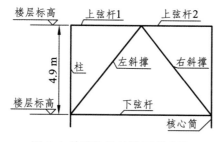

图 3-6 伸臂构件的设置形式图

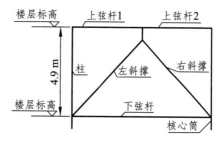

图 3-7 伸臂构件的改进形式

分析中主要考虑以下几点:

（1）对核心筒和外框架的连系梁，设置弯曲塑性铰，对外框架柱，设置压（拉）弯塑性铰，对核心筒剪力墙设置剪切塑性铰和压（拉）弯塑性铰。

（2）取顶层水平位移为目标位移，大小为 0.02 倍的楼层高度，规范对此类结构层间位移角的限制为 1/100。本节为了得到结构破坏时的状态，因此对层间位移角进行了放大。

（3）结构的外框架柱为方钢管混凝土柱，方钢管混凝土柱 $M\text{-}\varphi$ 关系曲线及 $N\text{-}M$ 关系曲线的选用对结构 Pushover 分析结果的影响很小，仅对结构屈服后的受力性能有一定影响。因此本节采用翰林海建议的方钢管混凝土柱 $M\text{-}\varphi$ 关系曲线，没有采用截面特性计算软件进行计算。

3.6.3 加载方式的选择

静力弹塑性分析中水平加载形式对计算结果影响较大而我国抗震规范又未作明确规定。日本新的高层建筑抗震设计指南强调水平力分布应能代表结构在大震作用下的主要位移形式；美国联邦紧急事务管理机构的 FEMA273 建议至少采用两种分布模式，一种是倒三角分布，另一种是均匀分布或采用反应谱分析得到的层间剪力分布。倒三角分布近似代表结构弹性地震反应惯性力分布，均匀分布则代表结构薄弱层屈服后地震惯性力分布。国内有学者认为均匀分布和倒三角分布可分别代表结构地震反应的上下限。因此本节采用了这两种加载模式。

（1）均匀加速度加载方式（模式 1）。

地震对各个楼层的作用力与该楼层的重量成比例，可表示为：

$$F_i = \left[w_i \Big/ \sum_{m=1}^{n} w_m \right] V_\text{b} \tag{3-3}$$

（2）倒三角加载方式（模式 2）

这种加载模式广泛应用于各国规范，可表示为：

$$F_i = \left[w_i \Big/ \sum_{m=1}^{n} w_m h_m \right] V_\text{b} \tag{3-4}$$

式中：n 为结构总层数；h_m 为结构第 m 层楼面距地面的高度；w_i、w_m 为结构第 i、m 层楼层重力荷载代表值；V_b 为基底总剪力。

3.6.4 Pushover 分析结果

本节共分为 6 种工况对结构进行了分析：工况 1 为有加强层均匀分布（模型 B 模式 1），工况 2 为有加强层倒三角分布（模型 B 模式 2），工况 3 为无加强层均匀分布（模型 A 模式 1），工况 4 为无加强层倒三角分布（模型 A 模式 2），工况 5 为有耗能构件均匀加速度分布（模型 C 模式 1），工况 6 为有耗能构件倒三角分布（模型 C 模式 2）。

3.6.4.1 各种工况下塑性铰的出现次序及位置

工况 1 塑性铰产生顺序：塑性铰首先在筒体剪力墙开始产生，且从低层向高层发展，接着 23 层加强层处的斜支撑产生塑性铰，此时除墙外其余构件并没有产生塑性铰，随后 37 层伸臂构件斜支撑产生塑性铰，塑性铰在裙房处出现得较多，结构在 23 层和 37 层加强层处的上下两层产生了柱铰，50 层处只有斜支撑产生了塑性铰，相邻层的柱并没有产生塑性铰，50 层以上只有剪力墙产生了塑性铰，其余构件并没有产生塑性铰。图 3-8 对 10 层、23 层及 37 层及相邻层塑性铰的状态作了一下放大，使其看起来更清晰。

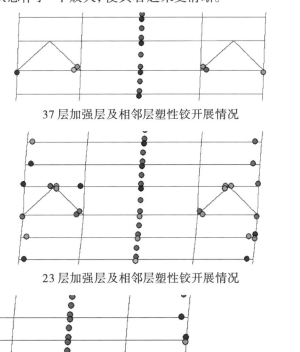

37 层加强层及相邻层塑性铰开展情况

23 层加强层及相邻层塑性铰开展情况

10 层转换层及相邻层塑性铰开展情况

图 3-8 工况 1 中 10 层、23 层、37 层及相邻层塑性铰的状态放大图

工况 2 塑性铰产生顺序：塑性铰同样首先在筒体剪力墙开始产生，且从低层向高层发展，接着 23 层加强层处的斜支撑产生塑性铰，此时除墙外其余构件并没有产生塑性铰，随后 37 层伸臂构件斜支撑产生塑性铰，塑性铰继续发展到转换层下面的框架梁，结构在 23 层和 37 层加强层处的上下两层产生了柱铰，50 层的下层产生了柱铰，50 层到 62 层之间有梁铰产生，其余构件除柱外均未产生塑性铰。图 3-9 对 10 层、23 层、37 层及 50 层及相邻层塑性铰的状态作了一下放大，使其看起来更清晰。

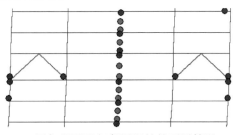

50 层加强层及相邻层塑性铰开展情况

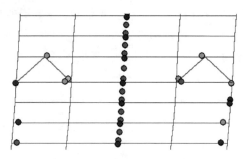

37 层加强层及相邻层塑性铰开展情况

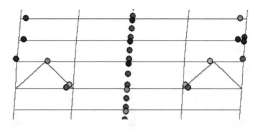

23 层加强层及相邻层塑性铰开展情况

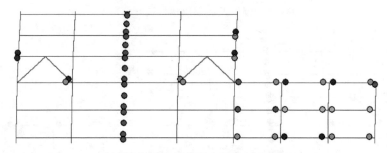

10 层转换层及相邻层塑性铰开展情况

图 3-9 工况 2 中 10 层、23 层、37 层、50 层及相邻层塑性铰的状态放大图

　　对比两种情况,设有加强层的结构的柱铰和梁铰都集中出现在结构的 1/2 倍高处以下,倒三角分布比均匀分布塑性铰发生的部位要能向上发展一些。两种情况下外框柱的塑性铰都只发生在转换层和加强层的相邻层。

　　工况 3 和工况 4 是结构不设加强层和转换层的情况,在这两种情况下,只有裙房上一层的柱产生了塑性铰,其余框架柱并没有产生塑性铰,其受力比设置加强层的情况均匀,可见设置加强层的结构在地震作用下对结构是不利的,静力弹塑性计算得到的塑性铰的最终分布如图 3-10(c)、(d)所示。

　　工况 5 和工况 6 是结构加强层伸臂中设有耗能段的情况。为了清楚了解加强层伸臂设置耗能段后的性质,对工况 5、1 和工况 6、2 进行了对比。

　　有耗能段和无耗能段的塑性铰初始状态比较如图 3-10 所示,由图可见两种侧向力加载模式下塑性铰在耗能构件处产生,而没有设置耗能构件的加强层伸臂并没有产生塑性铰,可见设有耗能构件可以保证结构在罕遇地震作用下,加强层伸臂首先达到屈服,即能满足“强筒体弱伸臂”的抗震设计要求。

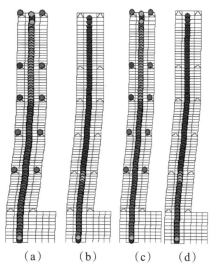

（a）　　（b）　　（c）　　（d）

（a）（b）分别为工况 5、工况 1 初状态塑性铰图；

（c）（d）分别为工况 6、工况 2 初状态塑性铰图。

图 3-10　几种工况下初状态塑性铰图

经过初状态后，塑性铰从底部向上发展，这里只关心外框柱的塑性铰。外框柱可为结构抗震的第二道防线，一旦产生塑性铰将会引起结构薄弱层，最终柱的塑性铰在结构的转换层和 23 层、37 层、50 层加强层的相邻层产生，设计中应给予加强。没有设置耗能构件均匀加速度侧向力分布结构在 23 层加强层的上一层成为机构破坏，没有推覆到目标位移；而设置耗能构件的伸臂设置形式，在此层没有产生机构。

图 3-11 和图 3-12 所示为工况 5 和工况 6 产生塑性铰的各层的放大图。

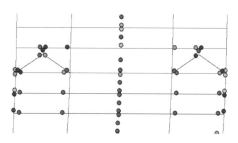

50 层加强层及相邻层塑性铰开展情况

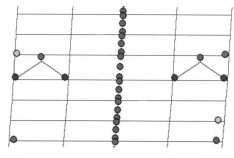

37 层加强层及相邻层塑性铰开展情况

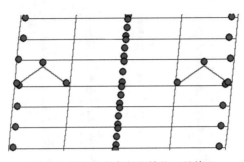

23 层加强层及相邻层塑性铰开展情况

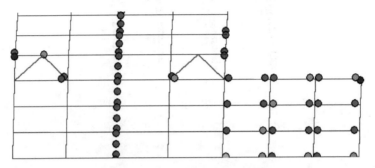

10 层转换层及相邻层塑性铰开展情况

图 3-11 工况 5 中 10 层、23 层、37 层、50 层及相邻层塑性铰的状态放大图

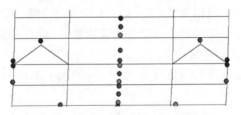

50 层加强层及相邻层塑性铰开展情况

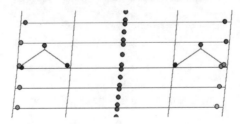

37 层加强层及相邻层塑性铰开展情况

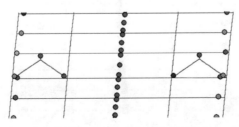

23 层加强层及相邻层塑性铰开展情况

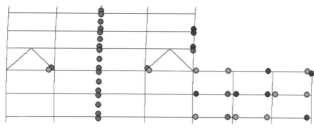

10 层转换层及相邻层塑性铰开展情况

图 3-12 工况 6 中 10 层、23 层、37 层、50 层及相邻层塑性铰的状态放大图

图 3-13 所示为各工况最终塑性铰分布。

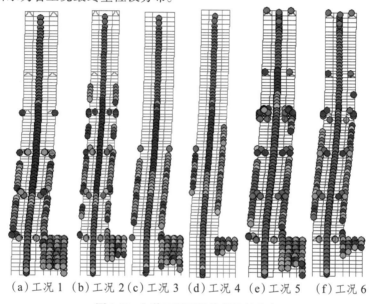

（a）工况 1 （b）工况 2（c）工况 3 （d）工况 4 （e）工况 5 （f）工况 6

图 3-13 六种工况下最终塑性铰分布

3.6.4.2 结构能力曲线的比较

能力曲线表示水平荷载作用下结构顶层位移和基底剪力之间的关系，是 Pushover 方法得到的重要分析结果。结构的能力曲线如图 3-14 ~ 图 3-16 所示。

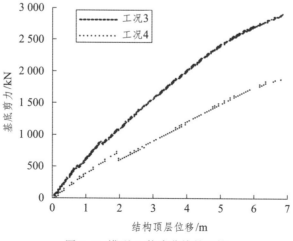

图 3-14 模型 A 能力曲线的比较

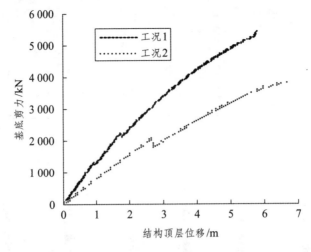

图 3-15 模型 B 能力曲线的比较

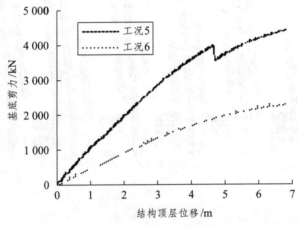

图 3-16 模型 C 能力曲线的比较

由结构能力曲线可知,均匀加速度加载模式对应的结构初始刚度比倒三角加载模式对应的结构初始刚度大。从结构屈服点位置也可以看出,均匀加速度加载模式对应结构屈服时的基底剪力要明显大于相应的倒三角加载模式对应结构屈服时的基底剪力。因此,水平荷载分布模式对结构静力推覆分析结果影响很大。

其中工况 1 结构没有达到目标位移而在结构 24 层即第一个加强层的上一层的薄弱层成为机构破坏,设计中应给予加强。有无加强层的情况推覆到同一位移时,均匀加速度加载模式比倒三角加载模式基底剪力要大。

3.6.5 结论及建议

本节对设有加强层和不设加强层两种结构形式进行 Pushover 分析,对比了相应的结果,得到以下结论:

(1) 不设加强层结构比设置加强层结构受力更均匀,不易形成薄弱层,设置加强层结构在地震作用下对结构受力是不利的,外框架柱的塑性铰集中出现在加强层和转换层的上下层,设计中应注意加强加强层及转换层上下层的抗剪延性措施。

（2）设有耗能构件可以保证结构在罕遇地震作用下,加强层伸臂首先达到屈服,即能满足"强筒体弱伸臂"的抗震设计要求。设置耗能构件比不设耗能构件结构受力更均匀,能够削弱加强层刚度不均对结构带来的不利影响。

（3）不同侧向力加载方式对结构的反应影响较大,设计中应综合考虑几种不同加载方式下结构的反应。

（4）对一榀设有伸臂构件框架的模型进行分析,可以清楚地出得出伸臂构件及相邻层的塑性铰的出现顺序和位置,所以对伸臂构件及其相邻层采用此种方法进行分析和深化设计是可行的。

第4章 结构损伤和破坏分析

4.1 工程结构损伤和破坏分析的应用背景

对于一般的工程结构,在设计时除了进行常规的承载能力极限状态设计和正常使用极限状态设计之外,根据其具体的使用功能和性能目标,往往需要考虑一些意外荷载作用对结构的影响。譬如,某些民用高层建筑在进行基于性能的抗震设计过程中,有可能需要考虑结构在遭遇特大地震(烈度比罕遇地震高一度)情况下的地震响应问题,如图 4-1 所示 [1];具备高人群密度特征的现代大型公共建筑,如超高层建筑、大型场馆以及综合交通枢纽站房等,在设计时需充分考虑其抗连续倒塌性能,即应避免结构在意外荷载作用下,因局部发生失效破坏而导致大范围的连续倒塌破坏,而这里所指的意外荷载一般涉及撞击、爆炸、火灾等各类工况,如图 4-2 所示 [2,3]。随着目前计算机硬件水平及并行技术的飞速发展,有限元模型的规模、非线性程度的高低以及数据读写的速度等因素从很大程度上来说已不再是制约复杂结构分析的主要问题。如果计算分析的目的是探明整体结构的破坏趋势,从宏观方面把握其破坏特征,则仍可以采用某些较为成熟的、计算效率更高的简化分析方法,如抗震分析中的静力弹塑性推覆方法(Pushover Analysis)和抗倒塌分析中的拆除构件法(Alternate Path Method)。然而,若计算分析的目标是研究结构细部的损伤状况,明确倒塌破坏全过程和相应演化机理,此时简化的模型和分析方法则不能完全满足研究需求,需要建立更加精细和复杂的模型,并采用更接近于实际情况的分析方法进行计算研究。

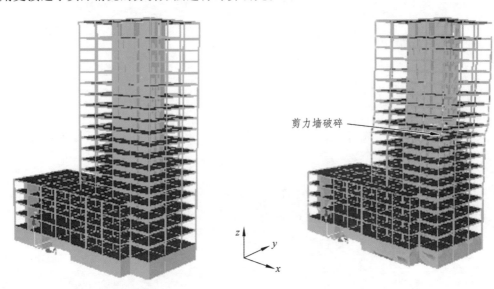

剪力墙破碎

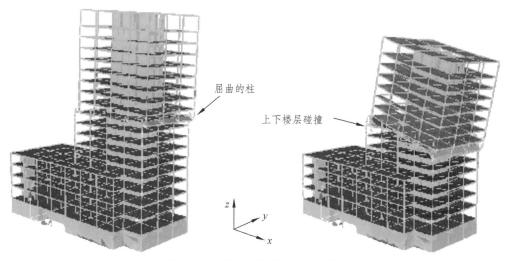

图 4-1 高层建筑的地震倒塌分析

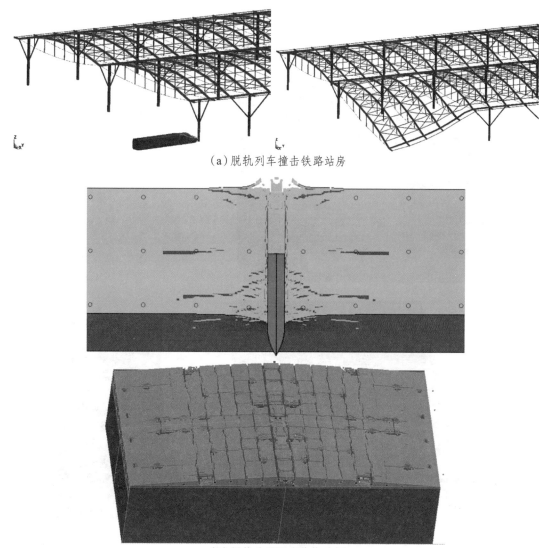

（a）脱轨列车撞击铁路站房

（b）爆炸作用下的结构破坏

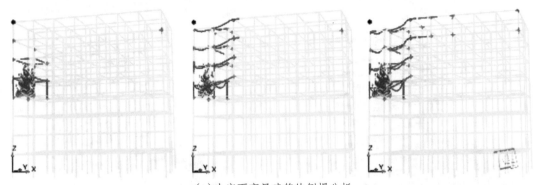

（c）火灾下高层建筑的倒塌分析

图 4-2　意外荷载作用下的结构倒塌分析

　　此外，还有一些特殊的工程结构，其本身就无法按照常规设计方法进行设计，如核反应堆冷却塔、边坡防护结构、大型储液容器和铁路电网等，如图 4-3、图 4-4 所示[4,5]。为了满足其特殊的使用功能和性能要求，这些结构在设计过程中往往需要采用数值仿真方法进行辅助验算，并且结构的细部响应和破坏机理都将是主要关注的焦点，因此在建立有限元模型时也需考虑详细的几何构造和边界条件，甚至还有多物理场之间的相互耦合作用。

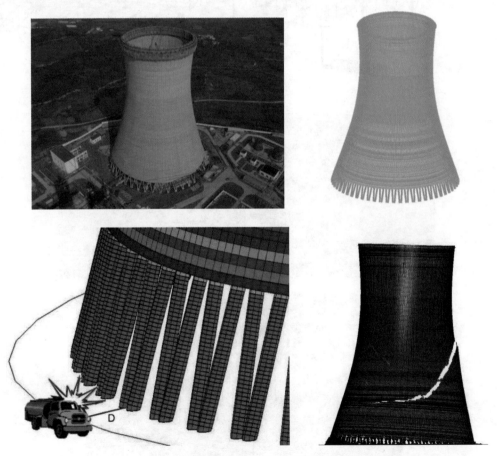

图 4-3　核反应堆冷却塔的倒塌分析

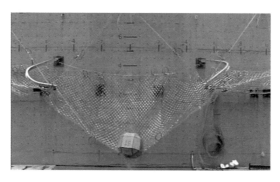

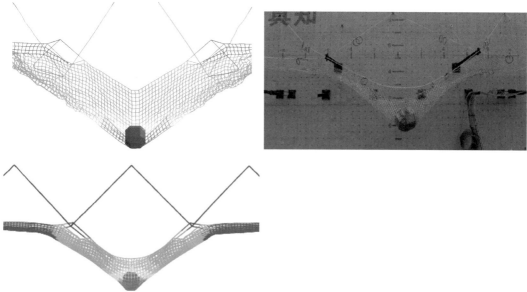

图 4-4 边坡柔性防护网结构设计

4.2 非线性分析中常用的数值算法

4.2.1 结构非线性分析

引起结构非线性的原因很多,一般分为材料非线性、几何非线性和状态非线性,三种非线性问题的理论关键问题分别简述如下:

(1)材料非线性。

许多问题在进行分析时,结构或材料的荷载位移曲线并不是呈理想的线性关系,而表现出一定的非线性。由材料本身的非线性应力-应变关系导致结构响应的非线性特性即材料的非线性,材料非线性问题属于小变形问题,位移和应变是微量,其几何方程是线性的。材料的非线性分析包括弹塑性分析、蠕变分析、超弹性分析等。以钢材为例,当应力低于屈服强度时,应力-应变关系是线性的,材料表现出明显的弹性行为,卸载后应变可完全消失,这时,可采用弹性力学的方法,对其进行求解分析。当材料中的应力超过屈服强度时,应力-应变关系则表现为非线性,发生了塑性应变,材料会产生永久的变形,此时胡克定律不再适用,需采用塑性方法进行分析。

（2）几何非线性。

结构如果经受大变形,它变化的几何形状构成的刚度矩阵和初始几何刚度矩阵存在较大差异,会引起结构的几何非线性响应。如常见的钓鱼竿在轻微的垂钓作用下将产生较大的变形,随着垂向荷载的增加,竿不断弯曲以致动力臂不断减少,使得杆端在较高荷载作用下显示出不断增长的刚性。此类问题分析,常常采用迭代的方法,以此来获得有效的解。

结构或构件在受荷后的状态相对于受荷前产生了较大的线位移和角位移,且其量级相对于原结构尺寸是不可忽略的,此类问题就称为几何非线性问题。此时的结构中各点的应变值不是很大,单元刚度矩阵 $[K]$ 是节点位移 $[u]$ 的函数。

（3）状态非线性。

由于结构所处的状态不同而引起的结构的非线性响应,此类问题称为状态非线性。最典型的状态非线性是接触问题。例如只能承受张力的缆索的松弛与张紧,滚轮与支撑的接触与脱开,冻土的冻结与解冻,随着状态的不同,其刚度和约束也在不断变化。

4.2.2 静力分析

在有限元分析中,上述各类非线性问题实质上均可归结为是对非线性方程组(4-1)的求解,其中 δ 为未知的节点位移量,Ψ 为相应的非线性函数。在求解时,通常采用数值算法,把非线性问题转化为一系列线性问题。为了使这一系列线性解收敛于非线性解,各国学者曾经提出过许多方法,但这些解法都有一定的局限性。某一解法对某一类非线性问题有效,但对另一类问题可能不合适。因而,根据问题性质正确选用求解方法成为非线性有限元的一个极其重要的问题。

$$\Psi(\delta)=0 \tag{4-1}$$

目前常用的有限元非线性求解算法有迭代法、增量法和混合法。迭代法是一种对总荷载进行线性化处理,再逐步逼近真实解的方法,主要包括直接迭代法、牛顿-拉夫逊法。增量法是对荷载增量进行线性化处理的方法,它的基本思想是将荷载分成许多小的荷载部分（增量）,每次施加一个荷载增量,假定方程是线性的,对不同级别的荷载增量,刚度矩阵 K 值是变化的,由此对每级增量求出位移增量 δ,经累加就可得到总位移。增量法以 Euler 法为代表。混合法则是结合了迭代法和增量法两者的特征,既对荷载部分进行增量分解,也对每一荷载分量进行迭代求解,常用的有 Euler-Newton 法和弧长法。

下面主要针对牛顿-拉夫逊法和弧长法进行简单介绍：

（1）牛顿-拉夫逊算法（Newton-Raphson Method）。

该算法的基本思想是设 r 为 $f(x)=0$ 的根,选取 x_0 作为 r 的初始近似值,过点 $(x_0, f(x_0))$ 作曲线 $y=f(x)$ 的切线 L,L 的方程为 $y=f(x_0)+f'(x_0)(x-x_0)$,求出 L 与 x 轴交点的横坐标 $x_1=x_0-f(x_0)/f'(x_0)$,称 x_1 为 r 的一次近似值。过点 $(x_1, f(x_1))$ 作曲线 $y=f(x)$ 的切线,并求该切线与 x 轴交点的横坐标 $x_2=x_1-f(x_1)/f'(x_1)$,称 x_2 为 r 的二次近似值。重复以上过程,得 r 的近似值序列 $x_{n+1}=x_n-f(x_n)/f'(x_n)$,其中,称为 r 的 $n+1$ 次近似值。其每次迭代的实质是把 $f(x)$ 在点 x_0 的某邻域内展开成泰勒级数后取其线性部分（前两项）并使其等于 0,

以此作为非线性方程 $y=f(x)$ 的近似方程，其算法示意图如图 4-5 所示。

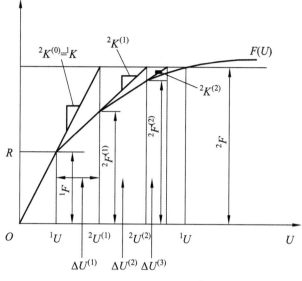

图 4-5 Newton-Raphson 算法示意

从图中可以看出，当采用 Newton-Raphson 法求解非线性方程组时，在迭代过程的每一步都需要重新计算 K^i。如将 Newton 法迭代公式中的 K^i 改用初始矩阵 $K^0=K(U_0)$，就成了修正的 Newton-Raphson 法。此时，仅第一步迭代需要完全求解一个线性方程组，并将三角分解后的结果存储起来，以后的每一步迭代将大大减少。

一般来说，Newton 法较修正的 Newton 法更快。理论上可证明，Newton 法的收敛速度为二次，修正的 Newton 法收敛速度只有一次。不过，各种方法的效率不仅与收敛速度有关，还与每一步迭代所需的计算量有关。Newton 法每一步的计算大，修正 Newton 法则明显较小。因而对于某个具体问题，往往需要进行数值实验，才能判断哪个方法较好。一般来说，不同问题可选用不同方法，究竟用哪一种与所研究问题的性质、计算规模及容许误差等因素有关。

（2）弧长法（Riks Method）。

弧长法是目前结构非线性分析中数值计算最稳定、计算效率最高且最可靠的迭代控制方法之一，它有效地分析结构非线性前后屈曲及屈曲路径跟踪使其享誉"结构界"。大多数商业有限元软件（如 ABAQUS、ANSYS 等）也都将其纳入计算模块。

图 4-6 所示为弧长法的迭代求解过程，下标 i 表示第 i 个荷载步，上标 j 表示第 i 个荷载步下的第 j 次迭代，显然，若荷载增量 $\Delta \lambda_i^j = 0\ (j \geqslant 2)$ 轴的直线，

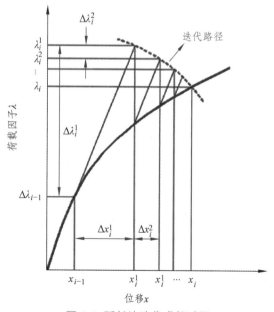

图 4-6 弧长法迭代求解过程

即为经典的牛顿-拉夫逊法。

设第 $i-1$ 个荷载步收敛于 (x_{i-1}, λ_{i-1})，那么对于第 i 个荷载步来说，需要进行 j 次迭代才能达到新的收敛点 (x_i, λ_i)。外部参照力 $\{F_{\text{ref}}\}$ 在有限元程序中一般需要用户以外荷载的形式输入，因此，作用在结构上的真实力大小为 $\lambda\{F_{\text{ref}}\}$。由于牛顿-拉夫逊法在迭代过程中，以荷载控制（或位移控制）时，荷载增量步 $\Delta\lambda$（或位移增量步）为常数，它无法越过极值点得到完整的荷载-位移曲线，事实上，也只有变化的荷载增量步才能使求解过程越过极值点。从图 4-6 中可以看出，弧长法的荷载增量步 $\Delta\lambda$ 是变化的，可以自动控制荷载，但这又使原方程组增加了一个多余的未知量，因此需要额外补充一个控制方程，即：

$$(x_i^j - x_{i-1})^2 + (\lambda_i^j - \lambda_{i-1})^2 = l_i^2 \tag{4-2}$$

该控制方程说明，其迭代路径是以上一个荷载步收敛点 (x_{i-1}, λ_{i-1}) 为圆心、半径为 l_i 的圆弧，所以称为弧长法。通常用户需指定初始弧长半径 l_1 或固定的弧长半径 l_0，当设定了初始弧长半径时，根据收敛速率，一般按式（4-3）计算 l_i，其中 n_d 为荷载步期望收敛迭代次数，一般取 $6, n_{i-1}$ 为上一荷载步的迭代次数，大于 10 时取 10。

$$l_i = l_{i-1}\sqrt{\frac{n_d}{n_{i-1}}} \tag{4-3}$$

当 $j=1$ 时，根据上一个荷载步 $i=1$ 收敛结束时的构形，得到用于第 i 个荷载步收敛计算的切线刚度矩阵 $[K]_i$，即图 4-6 中的各条平行切线的斜率。通过式（4-3）可得 $\{F_{\text{ref}}\}$ 相应的切线位移。

$$[K]_i\{x_{\text{ref}}\}_i = [F_{\text{ref}}] \tag{4-4}$$

$$l_i^2 = (\Delta\lambda_i^1)^2 + (\Delta x_i^1)^2 = (\Delta\lambda_i^1)^2 + (\Delta\lambda_i^1\{x_{\text{ref}}\}_i)^2 \tag{4-5}$$

$$\left|\Delta\lambda_i^1\right| = \frac{l_i}{\sqrt{1 + \{x_{\text{ref}}\}_i^{\text{T}}\{x_{\text{ref}}\}_i}} \tag{4-6}$$

$\Delta\lambda_i^1$ 很容易由式（4-6）求得，但不能确定其符号，而 $\Delta\lambda_i^1$ 的符号决定了跟踪分析是向前还是返回，因此非常重要。

当 $j \geqslant 2$ 时，为了简化 $\Delta\lambda_i^j$ 的求解过程，可以切平面法求解，即用垂直于切线的向量代替圆弧，即：

$$(x_i^j - x_{i-1}, \lambda_i^j - \lambda_{i-1}) \cdot (\Delta x_i^j, \Delta\lambda_i^j) = 0 \tag{4-7}$$

需要补充的关系式为：

$$[K]_i\{\Delta x\}_i^j = \Delta\lambda_i^j\{F_{\text{ref}}\} - \{R\}_i^{j-1} \tag{4-8}$$

$$\{R\}_i^{j-1} = \{F_{\text{int}}\}_i^{j-1} - \{F_{\text{ext}}\}_i^{j-1} \tag{4-9}$$

$$\{F_{\text{ext}}\}_i^{j-1} = \lambda_i^{j-1}\{F_{\text{ref}}\}_i \tag{4-10}$$

最后需要说明的是，假若考虑材料塑性行为，则每个迭代步的切线刚度矩阵应以当前迭代步的构形为准，即图 4-6 中的各条切线不再平行。

4.2.3 动力分析

动力问题分析的基本方程如式（4-11）所示，若需要在时域上对该微分方程进行求解，常用的方法有直接积分法和模态叠加法, 其中直接积分法又可分为显式 (Explicit) 积分和隐式 (Implicit) 积分。显式方法在方程求解过程中只涉及历史的 n 和 $n-1$ 步的信息, 而当前的第 $n+1$ 步的信息 (比如空间上的其他点) 不会涉及, 而隐式方法在求解当前点 (第 $n+1$ 步) 时, 会涉及其他已知点的第 $n+1$ 步信息, 所以需要迭代。这两种积分格式表现为数学求解策略上的区别, 在求解效率和精度上有较大差异, 适用范围也有所不同。

$$Mü + Cu̇ + Ku = P \tag{4-11}$$

(1) 中心差分法。

显式积分主要采用中心差分法, 其基本思路是假定加速度为常数以求得速度的变化, 用这个速度的变化值加上前一个时间段中点的速度来确定当前时间段的中点速度; 速度沿时间积分的结果加上此时间段开始时的位移确定了时间段结束时的位移。这样, 在时间段开始时, 提供了满足动力学平衡条件的加速度。知道了加速度, 通过对时间的 "显式" 求解, 可以进一步求出速度和位移。所谓的 "显式" 是指时间段结束时的形态仅取决于此时间段开始时的位移、速度和加速度, 如式 (4-12) ~ (4-14) 所示。

$$ü(t) = \frac{u(t+\Delta t) - u(t-\Delta t)}{2\Delta t} \tag{4-12}$$

$$ü(t) = \frac{u(t+\Delta t) - 2u(t) + u(t-\Delta t)}{(\Delta t)^2} \tag{4-13}$$

将式 (4-12)、式 (4-13) 代入式 (4-11) 可得:

$$u(t+\Delta t) = \frac{P(t) - \left[\dfrac{M}{(\Delta t)^2} - \dfrac{C}{2\Delta t}\right]u(t-\Delta t) - \left[K - \dfrac{2M}{(\Delta t)^2}\right]u(t)}{\dfrac{M}{(\Delta t)^2} + \dfrac{C}{2\Delta t}} \tag{4-14}$$

显式积分算法不是无条件稳定的, 其采用的时间步长必须小于由网格中最小单元控制的临界值, 而此步长通常比隐式积分算法所需步长小一个数量级。同时, 显式算法不需要矩阵求逆, 也不需要形成总体刚度矩阵, 方程组的求解是非耦合的, 因此每一步的求解时间很少, 并且其求解时间的增长与自由度数量的增长呈线性关系, 体现了该算法在非线性动力分析上的优势。

(2) Newmark-β 法。

隐式积分主要包括 Wilson-θ 法和 Newmark-β 法。以 Newmark-β 法为例, 其基本思想为假定在时间间隔 $[t, t+\Delta t]$ 内, 加速度线性变化, 即采用如下的加速度和速度公式:

$$u̇(t+\Delta t) = u̇(t) + [(1-\beta)ü(t) + \beta ü(t+\Delta t)]\Delta t \tag{4-15}$$

$$u(t+\Delta t) = u(t) + u̇(t)\Delta t + \left[\left(\frac{1}{2} - \alpha\right)ü(t) + \alpha ü(t+\Delta t)\right]\Delta t^2 \tag{4-16}$$

式中: α, β 为按积分的精度和稳定要求可以调整的参数。根据式 (4-16) 可以给出 $ü(t+\Delta t)$ 和 $u̇(t+\Delta t)$ 用 $u(t+\Delta t)$、$u̇(t)$、$ü(t)$ 表示的表达式, 带入式 (4-11) 后整理得到式 (4-17):

$$\hat{K}u(t+\Delta t) = P(t+\Delta t) \tag{4-17}$$

$$\hat{K} = \frac{1}{\alpha\Delta t^2}M + \frac{\beta}{\alpha\Delta t}C + K \tag{4-18}$$

$$\hat{P}(t+\Delta t) = P(t+\Delta t) + M\left[\frac{1}{\alpha\Delta t^2}u(t) + \frac{1}{\alpha\Delta t}\dot{u}(t) + \left(\frac{1}{2\alpha}-1\right)\ddot{u}(t)\right] +$$

$$C\left[\frac{\beta}{\alpha\Delta t}u(t) + \left(\frac{\beta}{\alpha}-1\right)\dot{u}(t) + \left(\frac{\beta}{2\alpha}-1\right)\Delta t\ddot{u}(t)\right] \tag{4-19}$$

式中：$\hat{K}$ 和 $\hat{P}$ 分别称为有效刚度矩阵和有效荷载矢量，由上式可以看出求解当前 $u(t+\Delta t)$，需要用到当前时刻的 $P(t+\Delta t)$，当荷载历史全部已知时，求解需通过迭代实现，因此该算法为隐式算法。可以证明，当参数 $\beta \geqslant 0.5$，$\alpha \geqslant 0.25(0.5+\beta)^2$ 时，Newmark 法是无条件稳定的，即 Δt 的大小不影响数值稳定性。此时时间步长的选择主要根据解的精度确定。

比较两种算法，显式中心差分法非常适合研究波的传播问题，如碰撞、高速冲击、爆炸等。由于显式中心差分法的 M 与 C 矩阵是对角阵，如给定某些有限元节点以初始扰动，在经过一个时间步长后，和它相关的节点进入运动，即 U 中这些节点对应的分量成为非零量，此特点正好和波的传播特点相一致。另一方面，研究波传播的过程需要微小的时间步长，这也正是中心差分法的特点。

而 Newmark 法更加适合于计算低频占主导的动力问题，从计算精度考虑，允许采用较大的时间步长以节省计算时间，同时较大的时间步长还可以过滤掉高阶不精确特征值对系统响应的影响。隐式方法要转置刚度矩阵，增量迭代，通过一系列线性逼近（Newton-Raphson）来求解。正因为隐式算法要对刚度矩阵求逆，所以计算时要求整体刚度矩阵不能奇异，对于一些接触高度非线性问题，有时无法保证收敛。

4.3 边界条件

4.3.1 接触边界

接触边界（图 4-7）是一种高度的状态非线性边界，其求解的困难除因刚度突变而造成的收敛困难外，还有分析之初接触状态的不确定因素；大多数接触包含摩擦，而摩擦是非保守系统，因此需要较小的荷载步和精确的加载历程。实际计算，为了提高收敛性或者减少计算时间，对不重要接触区域可以将其可能存在的摩擦属性关掉，借此提高整体模型计算收敛性。另外，模型中某些部件除了和相邻部件接触，就再无多余约束，其接触之前或者分离之后可能是自由的无约束状态，容易引起机构运动，导致计算难以收敛。此时，常通过增加人工约束比如刚度很小的接地弹簧来抑制机构运动。弹簧刚度的选择经验性很强，往往需要通过试算来确定，通常会采用计算荷载步对应的整体刚度比例值确定，即 $k_s = \gamma K$，系数值 γ 一般取 $10^{-10} \sim 10^{-6}$。

部分工程节点有限元模拟时，存在组合构件，构件与混凝土的边界忽略黏结效应，采用接触边界来模拟其相互作用。一般情况下计算所采用的接触算法为对称罚函数法，基本原理为：每一个时间步长内先检查各从节点是否穿透主表面，没有穿透则对该从节点不作任何处理；如果穿透，则在该从节点与被穿透主表面之间引入界面接触力，其大小与穿透深度、法向刚度成正比，称为罚函数值，其物理意义相当于在从节点和被穿透的主表面之间放置一个法向弹簧，以限制从节点对主表面的穿透。该算法具有对称性、动量守恒准确性，不需要碰撞和释放条件，很少激起网格沙漏模式，并且能够通过放大罚函数值和缩小时间步长的方法控制穿透的发生，保证接触计算与实际情况的一致性。

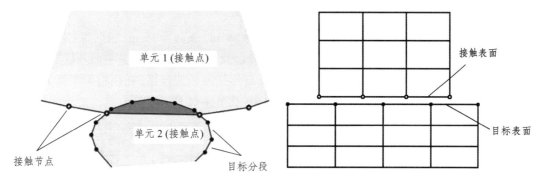

单元 1(接触点)

单元 2(接触点)

接触节点

目标分段

接触表面

目标表面

图 4-7 接触边界示意

4.3.2 混尺度模型的建立

在进行复杂节点分析时常采用混尺度技术，其基本思想是将结构节点直接带入整体杆系模型联合计算，因此，这一类节点的边界条件相对简单，只需要实现局部区域和邻近杆系模型的受力变形一致连续即可。其实现方式需要注意两点：其一为杆系构件和细部模型网格边界需要通过刚性连杆或者约束方程实现连续协调（图 4-8）；其二为根据圣维南原理，细部网格模型在杆轴上的截断位置需要尽量减少边界处理对节点核心区的应力影响，因此需要一定的距离（图 4-9）。则整体联合模型在计算时的边界条件主要通过刚性连杆实现两个区域的一致协调，与实际工程的边界条件相对一致。

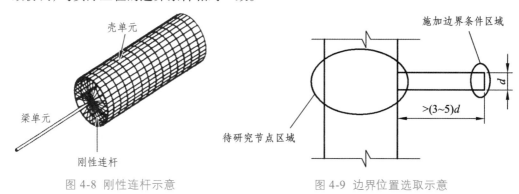

壳单元

梁单元

刚性连杆

施加边界条件区域

待研究节点区域

d

$>(3\sim5)d$

图 4-8 刚性连杆示意　　　　图 4-9 边界位置选取示意

4.4　工程实例

4.4.1　复杂节点的混尺度分析[6]

4.4.1.1　背景简介

研究模型为呼和浩特火车东站工程屋盖钢结构穹顶——托换桁架连接位置关键节点，

依据甲方设计院提供的钢结构计算模型以及相关设计图纸，综合受力、美观、经济的原则得出实际施工图节点构造设计大样，依据该模型大样进行缩尺比例模型试验，以探究节点设计在受力上的合理性以及满足工程使用的安全性。

该节点施工图设计主要情况如下：穹顶跨度为 80 m，矢高为 16 m，径向为主受力的圆管桁架，桁架断面为普通平面管，通过平面外的环杆以及支撑连接，保证其平面外稳定性，同时协调圆管桁架之间的受力以及变形；穹顶根部与环形托换桁架连接，托换桁架断面为矩形组合桁架，构件形式为矩形钢管。结构大样如图 4-10 和图 4-11 所示。

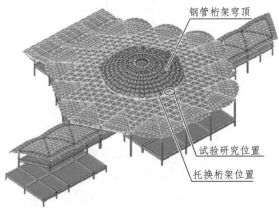
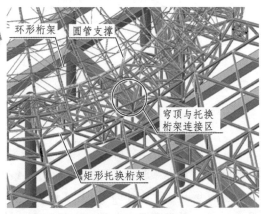

图 4-10 整体结构示意 　　　　　　　　　　图 4-11 节点具体位置

设计将穹顶直接支托于环形托换桁架上，在结构体系上有创新之处，同时也产生了一些特殊的结构力学行为，其中最关键的便是穹顶与托换桁架连接部位的受力状况。由于托换桁架既有竖向挠曲变形，在管桁架穹顶的推力以及竖向力作用下又有一定的扭转变形，因此造成连接区域受力相对复杂，难以凭借通常的力学概念进行定量的评估。因此，有必要通过有限元仿真计算和试验结合的手段对其连接节点力学行为进行验证评估。

基于上述情况，对节点的力学行为研究基于两条线路：其一为试验验证，为了尽量反映出原结构结点的实际工作状况，同时考虑到模型构件购料、试验加载条件限制等一系列实际情况，因此试验模型采用 1：2 的缩尺比例模型，材质为 Q235B 钢材；其二为有限元仿真计算，有限元仿真分析包含两个模型，其一为试验模型的仿真计算，其边界以及加载条件依据实际试验条件，其二为实际工程节点的仿真计算，边界以及加载条件和钢结构实际计算模型保持一致。基于工程边界条件的节点仿真分析模型如图 4-12 所示，基于试验条件的试验模型大样如图 4-13 所示。

4.4.1.2 模型试验及仿真

众所周知，试验条件下很难完全模拟实际工程的荷载条件，尤其是局部节点类型的试验。本试验设计时，荷载条件模拟主要考虑以下几个条件：

（1）节点区域计算模型的杆件内力关系，由于工况众多，难以全部模拟，因此，选择其控制工况，考察其杆件内力比例大小、拉压等特征。

（2）节点区域的主要变形特征。

（3）实际工程节点区域薄弱部位。

（4）试验加载条件。

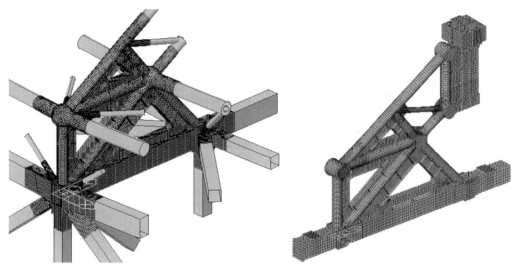

图 4-12 工程节点仿真模型　　　　　　　　　图 4-13 试验节点仿真模型

　　经综合考虑，最终确定试验模型的加载条件如图 4-14 所示，即在模型加载刚性块顶部和侧面同时施加竖向荷载以及水平荷载，竖向荷载和水平荷载的比例为 1.25：1，具体加载历程见表 4-1。水平荷载采用预应力钢铰线张拉施加，竖向荷载采用 150 t 液压千斤顶加压。

表 4-1　加载历程

荷载步	1	2	3	4	5	6	7	8
荷载数值（t）	5	10	15	20	25	30	32.5	35
荷载步	9	10	11	12	13	14	15	
荷载数值（t）	37.5	40	42.5	45	47.5	50	52.5	

　　由于节点区域具有明显的平面受力特征，因此，试验节点取其主平面部分，面外支撑杆件主要提供平面外稳定刚度保证。因此，面外杆件对试验节点的作用简化为侧向约束，为了保证这些约束不会对试验模型的内力和变形产生过大干扰，这些约束的关系按接触约束处理，试验模型的边界示意参见图 4-15。最终试验模型如图 4-16 所示。

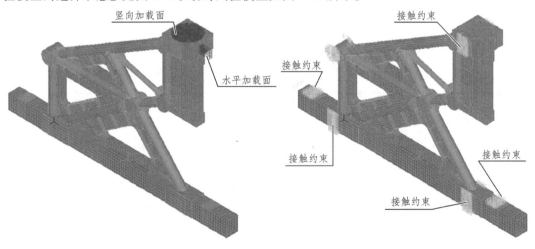

图 4-14　试验加载示意　　　　　　　　　图 4-15　试验边界示意

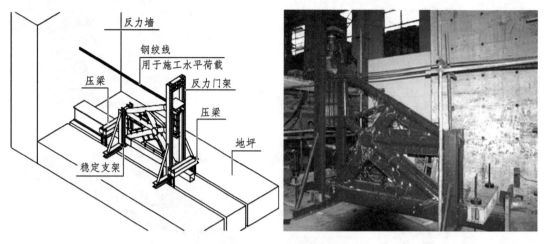

图 4-16 最终试验模型

与试验模型对应的有限元模型如图 4-17 所示,其共包含 22 418 个节点,134 500 个自由度,共有 22 359 个壳单元和 883 个间隙接触连接单元。

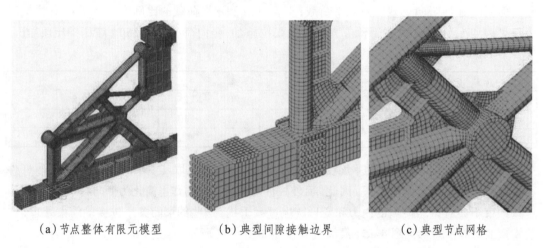

(a)节点整体有限元模型　　　　　(b)典型间隙接触边界　　　　　(c)典型节点网格

图 4-17 试验节点有限元模型

测点数据比较采用了实测 Von Mises 应力和最大主应力与仿真计算单元应力比较的方式,Von Mises 应力为三个主应力的合成等效应力,因此一般作为强度理论计算的判别依据。但是个别实测数据不可避免地会在某一个主应力方向产生信号干扰,这些干扰会影响 Von Mises 应力的等效合成值的准确性,因此补充采用最大主应力进行比较,这样比较的结果具有更高准确性。测点数据规律性和理论计算结果的规律吻合较好,相当部分测点结果和仿真分析结果基本统一,吻合性很好的点位占总测试点总数的 80% 以上,这说明数值分析结果的正确性,也证明试验基本成功。此外,试验结果和有限元计算所表现出的模型变形规律也相当一致,如图 4-18 所示。同时,试验和有限元计算结果均表明,结构相对薄弱点在桁架与斜向支座连接部位,如图 4-19 所示。

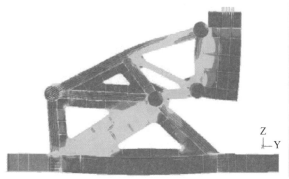

（a）有限元计算结果　　　　　　　　　　　　（b）试验结果

图 4-18　模型变形

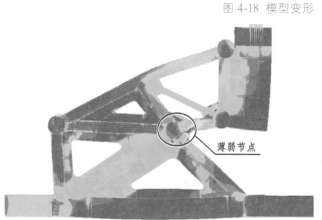

图 4-19　节点薄弱部位

4.4.1.3　混尺度分析

　　基于实际工程边界和荷载的节点力学特性在结构设计中更具指导价值，因此如前所述，在试验研究的基础上再进行实际工程节点的有限元分析。能够正确地模拟边界直接关系到计算分析结果的准确性条件，为此本工程节点计算采用的边界模拟思路如下：将节点有限元模型和整体杆系结构联合计算，有限元模型与杆件的连接边界通过约束方程实现协调变形，这样处理后的计算模型能够充分保证节点计算边界的准确性，模型的边界连接示意如图 4-20 所示。

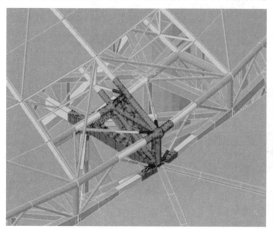
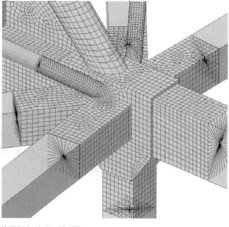

图 4-20　实际工程节点模型的边界处理

实际工程节点为典型的薄壁结构,节点有限元处理时,将薄壁构件作为板壳单元来处理,根据单元的实际工作特性分别考虑为薄板和厚板(需考虑板件在厚度方向的剪切作用以及应力沿厚度方向的分布),其余的杆系模型分别根据其工作特性采用杆单元或者梁单元模拟。按照上述方法处理之后,结构总共 60 353 个单元,包括 750 个杆单元、17 135 个梁单元、42 468 个壳单元。有限元计算的荷载条件与整体结构验算完全一致,其计算结果如图 4-21 所示。

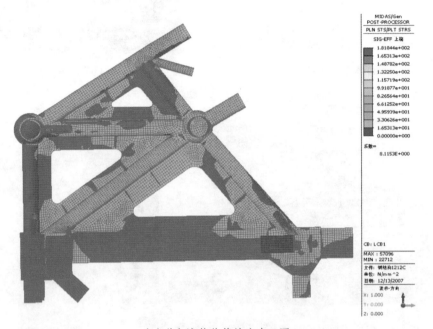

(a)节点域整体等效应力云图

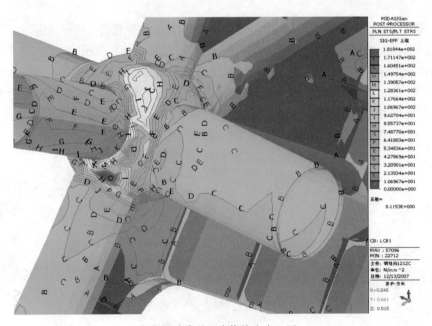

(b)相对薄弱区域等效应力云图

图 4-21 实际工程节点有限元计算结果

4.4.2 构件的滞回分析 [7]

4.4.2.1 钢筋混凝土构件

试件横截面尺寸为 $h \times b = 200 \text{ mm} \times 150 \text{ mm}$,长度为 2 000 mm,跨中设计成十字接头以模拟梁柱节点。混凝土强度等级为 C50,纵向钢筋采用对称配筋并通长经过节点区,取 4@16,箍筋采用 6@75,节点区按典型配筋,轴压比为 $n = 0.201$,剪跨比约为 $\lambda = 4.60$。混凝土采用 3D 实体单元建模,钢筋则采用一维 Truss 单元,两者间采用约束方程耦合,计算模型如图 4-22 所示。

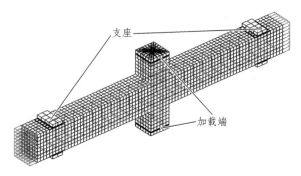

图 4-22 钢筋混凝土构件有限元计算模型

从图 4-23 中可以看出,有限元计算结果与试验结果吻合甚好。首先,在每级加载 - 卸载循环时均表现出明显的非线性特征,尤其是荷载归零时的残余变形与试验结果相当一致;其次,混凝土在往复荷载作用下,裂缝反复开张、闭合所导致的捏缩现象也得到了较为准确的模拟;随着荷载循环次数的不断增加,构件刚度不断降低,而承载力几乎保持平稳且略微降低,仿真计算准确模拟了这一延性破坏过程。此外,混凝土构件的损伤指标一般由位移和能量双参数控制,因此对该模型用于往复加载适用性的评判还应当通过能量耗散值加以验证。经计算可得,试验实际消耗能量 8 667.9 J,计算消耗能量 9 311.5 J,两者相差 6.9%。

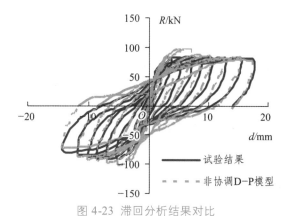

图 4-23 滞回分析结果对比

4.4.2.2 型钢混凝土构件

试件截面尺寸为 $h \times b = 200 \text{mm} \times 190 \text{mm}$,长度为 1200mm,混凝土强度等级为 C25,型钢由 A3 钢板焊接而成,翼缘和腹板尺寸分别为 $b_j = 120 \text{mm}$,$b_w = 102 \text{mm}$,$t_f = 8 \text{mm}$,

$t_w = 6mm$，纵向钢筋配筋率和体积配箍率分别为 $\rho_t = 0.7\%$，$\rho_{sv} = 0.5\%$。试件的轴压比 $n = 0.35$，剪跨比 $\lambda = 3.0$。与钢筋混凝土构件的有限元模型一样，混凝土和钢筋分别采用 3D 实体单元和 Truss 单元建模，而型钢部分则采用四节点壳单元，同时保证壳单元节点与实体单元节点连续，即不考虑型钢与混凝土间的滑移影响，计算模型如图 4-24 所示。

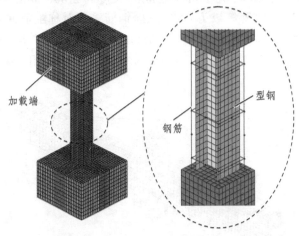

图 4-24　钢筋混凝土构件有限元计算模型

从图 4-25 中可以看出型钢混凝土构件的滞回曲线较钢筋混凝土更加丰满，试验实际消耗能量 95 387 J，有限元计算消耗能量 100 567.8 J，两者相差 5.43%。计算消耗能量略大于试验实际耗能，主要是由于模型基于理想弹塑性假定，在反复加载、卸载的初始阶段，计算刚度略大于实际刚度。此外，计算获得的型钢混凝土柱极限承载力分别为 +92.5 kN 和 −95.4 kN，误差不超过 3%，与试验结果吻合较好。由于构件的剪跨比较大，整体破坏形态呈弯曲破坏，随着构件位移角 θ 的不断增大，型钢混凝土柱的水平承载力呈明显下降趋势，而仿真计算同样能够准确地模拟这一破坏形态。

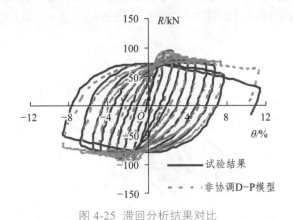

图 4-25　滞回分析结果对比

4.4.3　桥梁墩柱受落石撞击分析[8]

4.4.3.1　背景简介

西部是我国众多大江大河的源头，该地区降水量丰富，河岸山体巨大且较高，悬崖陡峭，容易发生滑坡、泥石流、崩塌、落石等地质灾害。对于西部的山区公路桥梁，两岸落石撞击桥墩的事故时有发生,严重影响桥墩的正常工作性能(图 4-26),这成为西部山区桥梁设计中需要重点考虑的环节。

图 4-26 汶川地震中的落石灾害

4.4.3.2 试验研究及仿真

根据对西部山区的调查,落石撞击桥墩造成的破坏,可根据其破坏程度分为两类:一是落石撞击损毁较大面积保护层以及部分保护层内部混凝土;二是落石撞击造成桥墩整体破坏,丧失整体承载能力。为了研究者两类破坏形式,分别设计一个足尺模型和一个缩尺模型进行落石撞击试验,如图 4-27 所示。足尺模型的直径为 1.2 m,柱长 6 m,缩尺模型的直径为0.6 m,柱长 4 m。为了能够更加清晰地判断落石撞击后混凝土桥梁墩柱的破坏情况,在进行撞击试验之前,在混凝土试验模型上采用墨线进行网格划分,网格尺寸与试验模型数值仿真计算中的网格尺寸一致,足尺模型的网格尺寸为 70 mm(轴线方向)×47 mm(圆周方向),缩尺试验的网格尺寸为 40 mm(轴线方向)×66 mm(圆周方向)。

图 4-27 两个模型试件

通过对比发现,试验结果与有限元计算结果吻合较好,如图 4-28、图 4-29 所示。

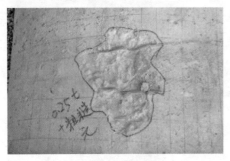

（a）试验结果 （b）计算结果

图 4-28 模型 1 破坏结果对比

（a）整体破坏效果对比

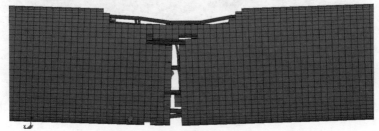

（b）局部破坏效果对比

图 4-29 模型 2 破坏情况对比

4.4.3.3 整桥倒塌模拟及防护措施

独柱式墩整桥模型为一 8 跨简支梁桥,每跨长 2.0 m,桥墩截面直径均为 1.8 m,中间桥墩的墩高 $H = 10$ m,其余桥墩高度分别沿两侧方向逐渐减小,桥台高 5 m。墩内配筋参照《G213 线川主寺至汶川公路灾后复建工程两阶段施工图设计》中的内容确定,石块撞击中间桥墩,撞击位置为 $H/2$ 处,如图 4-30。

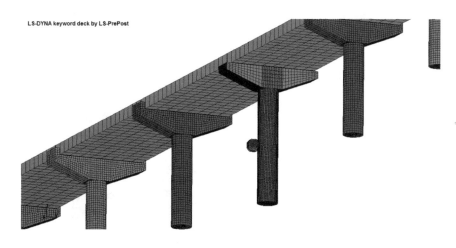

图 4-30 撞击部位示意

随着石块的撞击能量不断增大,对墩柱造成的损伤也逐渐明显,同时损伤部位的范围也不断扩大。当石块直径 d 取 1.8 m,撞击速度 v 取 35 m/s 时,撞击能量 E 达到 3 895 kJ,对墩柱造成的破坏已相当严重,墩顶、墩底以及撞击部位的混凝土多出现明显裂缝和压碎破坏,形成塑性铰;同时撞击部位的钢筋与石块接触后被直接砸断。随着撞击作用的持续,墩柱在石块的冲击作用下断成两截,从而发生明显的倒塌破坏,如图 4-31 所示。上部结构则随着墩柱的倒塌破坏发生垮塌,计算终止时间为 2 s,如图 4-32 所示。

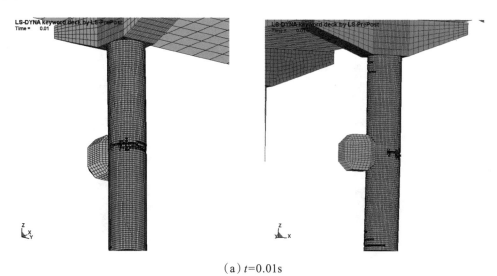

（a）t=0.01s

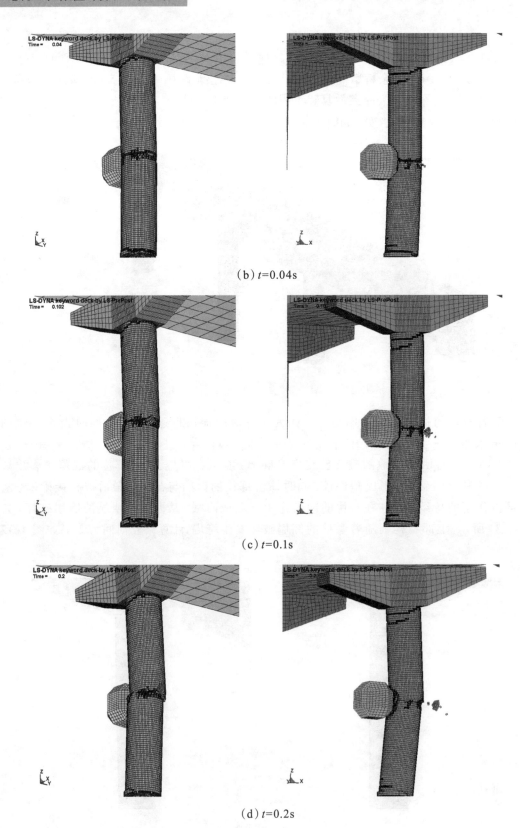

（b）*t*=0.04s

（c）*t*=0.1s

（d）*t*=0.2s

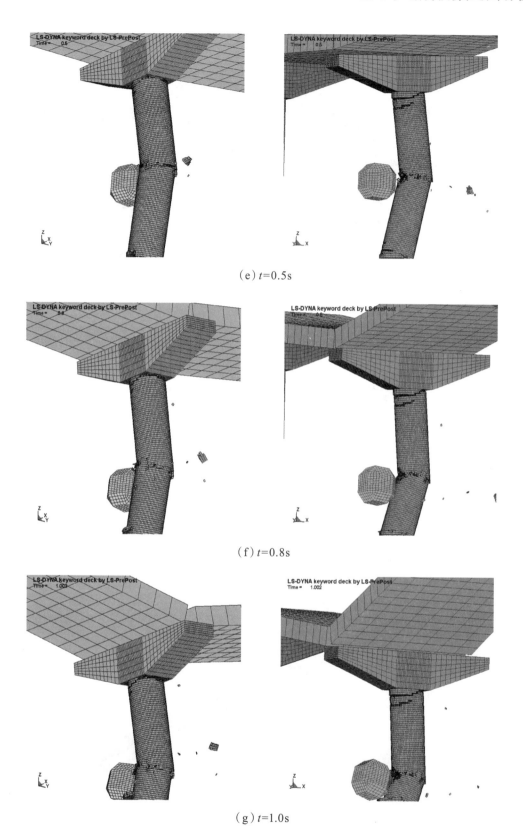

（e）t=0.5s

（f）t=0.8s

（g）t=1.0s

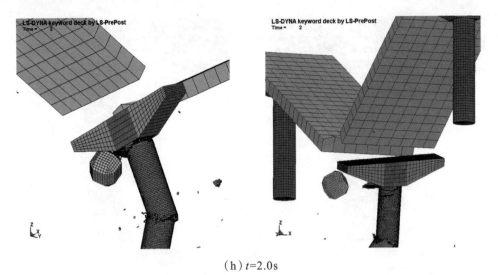

（h）t=2.0s

图 4-31　桥墩倒塌破坏过程

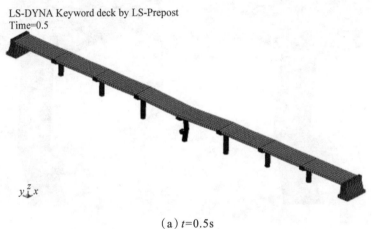

（a）t=0.5s

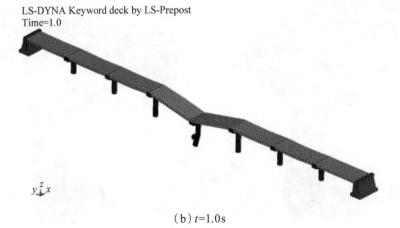

（b）t=1.0s

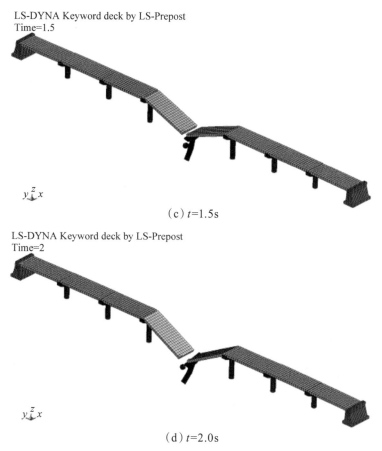

（c）t=1.5s

（d）t=2.0s

图 4-32 上部结构的垮塌

　　为了避免整桥倒塌破坏的发生，需对墩柱设置防护措施以尽量减轻石块造成的损伤程度。因此，采用外包钢板防护措施，通过计算分析研究其对防止整桥发生倒塌破坏的效果。如图 4-33 所示，墩底下部区域的外侧包裹钢板，钢板厚度 $t = 20\text{mm}$，高度 $h_s = 6\text{m}$，钢材采用 Q345。外包钢板亦采用实体单元建模，钢板内壁节点与墩柱表面节点不连续，即两者之间为非线性接触状态，不考虑钢板对内部混凝土极限压应变的提高作用，取 $\varepsilon_{\max} = 0.004$，钢板失效应变取 $\varepsilon'_{\max} = 0.2$。石块撞击钢板全过程如图 4-34 所示。

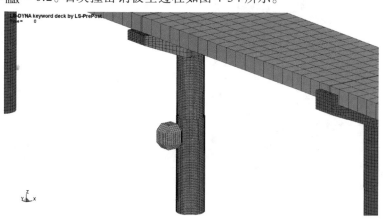

图 4-33 外包钢板防护措施

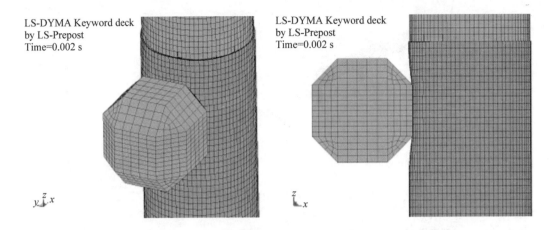

（a）t=0.002s

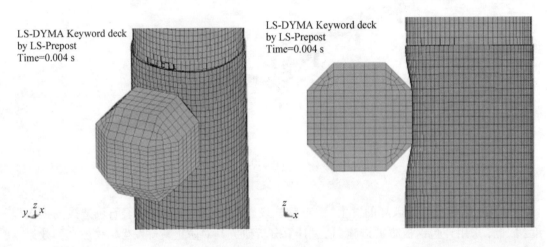

（b）t=0.004s

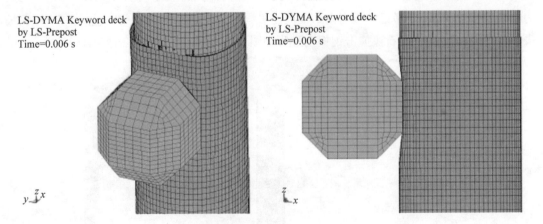

（c）t=0.006s

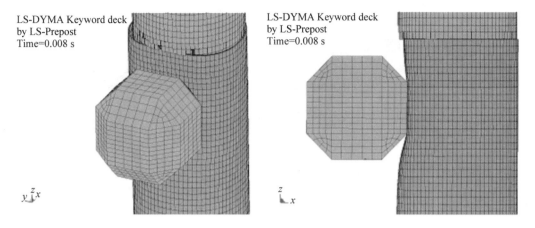

（d）t=0.008s

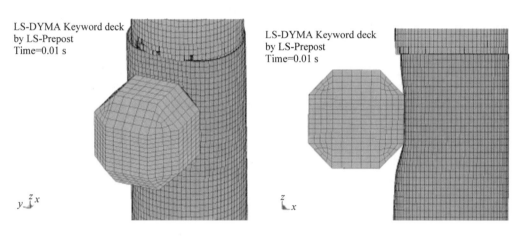

（e）t=0.01s

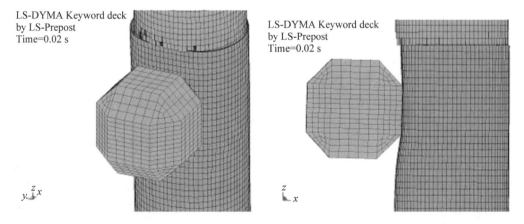

（f）t=0.02s

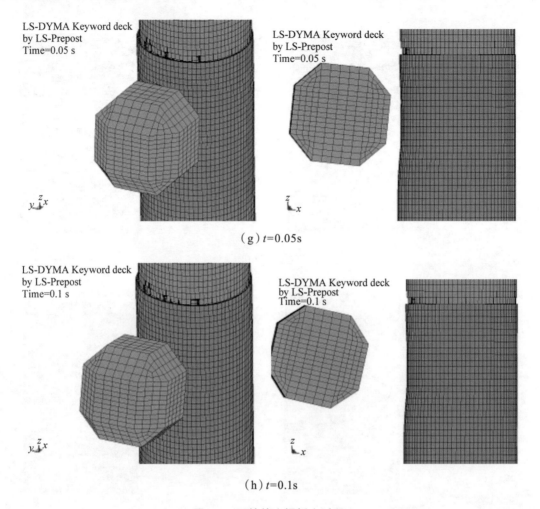

（g）t=0.05s

（h）t=0.1s

图 4-34 石块撞击钢板全过程

　　从图 4-35 中可以看出，撞击时钢板出现明显大变形，沿石块撞击方向的最大变形到达 193 mm，从而吸收了很大一部分的撞击能量；当石块被弹回后，钢板仍有 48.5 mm 的残余变形。同时，钢板的大变形又导致了内部墩柱的损伤破坏，如图 4-35 所示。撞击部位的混凝土保护层完全破坏，核心区混凝土的损伤体积也较大，最大损伤深度达到 250 mm，该区域的纵向受力钢筋均发生明显屈曲；撞击部位的背面混凝土出现弯曲受拉破坏，破坏区域较深，但未贯穿墩柱中部；墩柱底部在撞击作用下出现塑性铰，亦为弯曲受拉破坏，也未沿径向贯穿墩柱；此外，由于钢板变形产生挤压，被其包裹的混凝土保护层均受到不同程度的损伤，除撞击部位以外，其余混凝土保护层损伤深度大多为 8 mm。总体而言，当落石直径为 1.5 m，速度为 35 m/s，即撞击能量为 3 895 kJ 时，设置外包钢板防护措施后，原有墩柱的混凝土损失体积为 0.91 m³，体积损失率为 3.6%；与未采用防护措施时的工况相比较，撞击部位的混凝土破坏程度明显减轻，未出现沿墩柱截面径向的贯通破坏，且墩柱底部塑性铰区域的破坏也有所减轻，同时墩柱顶部区域没有发生破坏，这使结构的破坏等级由整体破坏降低为墩柱构件的严重破坏，有效地防止了倒塌破坏造成的巨大损失。

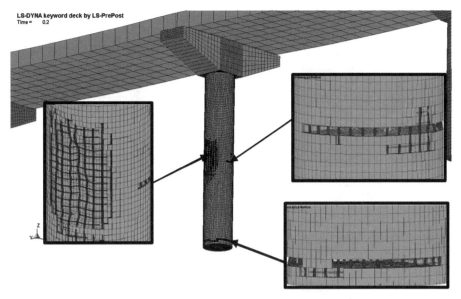

图 4-35 防护后的墩柱破坏情况

4.4.4 多层生土房屋的地震倒塌分析

4.4.4.1 背景简介

新疆喀什地区有大量的生土民居，政府出于保护民族特色建筑的目的对其进行抗震加固。在满足"小震不坏、中震可修、大震不倒"的条件下，加固时应遵从以下三原则：最小干预性、可逆性和可识别性。参考国外相关经验，采用钢条带和对拉螺杆的方式进行加固。为了验证上述加固方法的有效性，同时评估加固后生土墙房屋的抗震性能，对两栋典型建筑结构形式的生土墙房屋进行了动力时程分析，并分别对其加固前后的地震破坏情况进行了对比分析。

4.4.4.2 计算模型

（1）模型一。

模型一为典型单层结构，其建筑布置及尺寸如图 4-36 所示。按照其实际尺寸建立足尺有限元计算模型，同时按照前文所述加固措施建立加固后的结构有限元模型，分别如图 4-37 和图 4-38 所示。

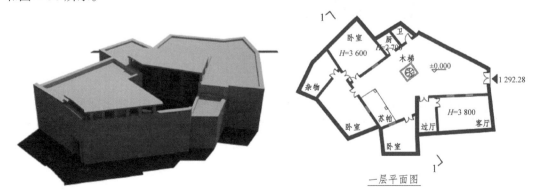

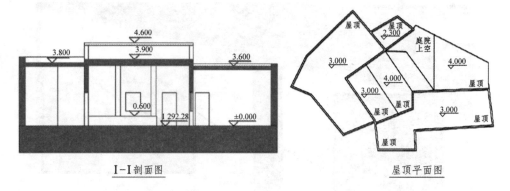

I—I剖面图　　　　　　　　　　　屋顶平面图

图 4-36　单层结构建筑布置

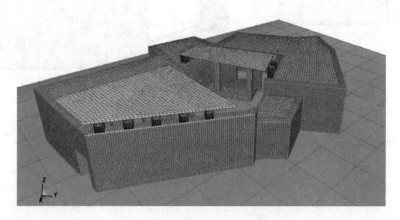

图 4-37　单层结构有限元模型

图 4-38　单层结构加固后有限元模型

（2）模型二。

模型二为典型双层结构，其建筑布置及尺寸如图 4-39 所示。按照其实际尺寸建立足尺有限元计算模型，同时按照前文所述加固措施建立加固后的结构有限元模型，分别如图 4-40 和图 4-41 所示。

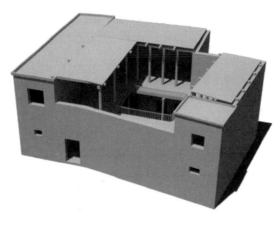

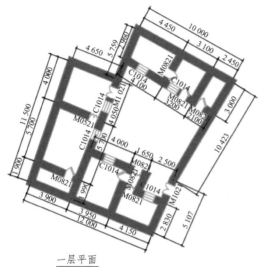

一层平面

I−I 剖面图

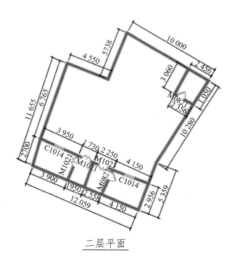

二层平面

图 4-39 二层结构建筑布置

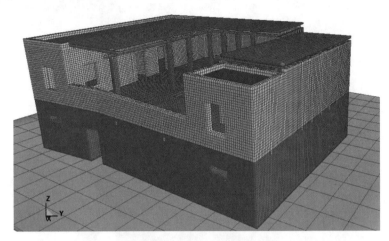

图 4-40 二层结构有限元模型

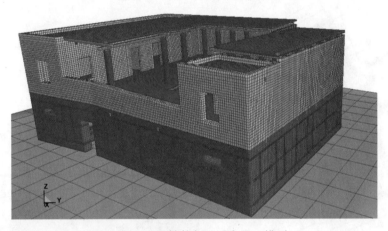

图 4-41 二层结构加固后有限元模型

对于以上有限元计算模型，采用 8 节点全积分实体单元模拟生土墙体、梁、柱、檩条及楼面和屋面；采用 4 节点全积分壳单元模拟加固用薄壁型钢，同时保证沿壳厚度方向不少于 2 个积分点。此外，对于未加固的模型，屋面与木梁及墙体直接以接触为主，并通过设置较大摩擦系数以防止构件之间的相互错动。对于加固后的模型，木梁与墙体之间的加固连接，以及木梁与木梁之间采用条钢的加固方式连接均采用刚性连杆的方式实现。结构基底统一设置刚性地面，并通过自动接触功能的设置模拟结构发生倒塌破坏后在地面上的堆积情况。为了尽量展示结构在地震作用下出现裂缝，且裂缝逐步开展直至发生倒塌破坏的全过程，单元尺寸控制在 125 mm，即保证沿墙体厚度方向不少于 4 个单元。经统计，加固后的单层结构模型共有 243 697 个节点和 180 244 个单元，其中实体单元共计 126 514 个，壳单元共计 63 730 个；加固后的二层结构模型共有 280 145 个节点和 200 635 个单元，其中实体单元共计 172 409 个，壳单元共计 28 226 个。

4.4.4.3 计算结果

喀什地区的抗震设防烈度为 8 度，设计加速度为 $0.3g$，设计地震分组为第三组，场地类别属于Ⅲ类场地，场地特征周期为 0.55 s，据此选择相应的地震波，并以体力荷载形式将地震加速度施加于整体结构上。考虑了双向地震动同时输入的耦合作用，并根据抗震规范要求，将两个方向的加速度峰值调幅至 1 ∶ 0.85。由于倒塌计算包括材料非线性、大变形、单元生效及侵蚀接触等问题,单个工况的计算时间较长,因此仅选择加速度记录平稳段中包含峰值在内的 4s 作为地震持时,以尽量提高计算效率。

　　分别对两个模型加固前后的 4 个工况按大震不倒验算要求,计算结果分别如图 4-42 至图 4-45 所示。

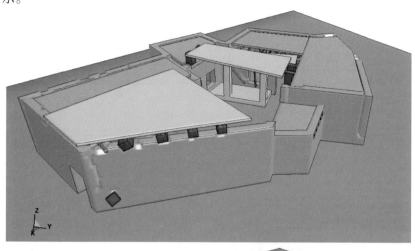

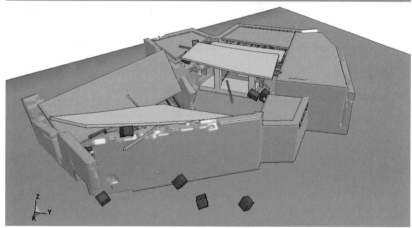

图 4-42 单层结构未加固工况

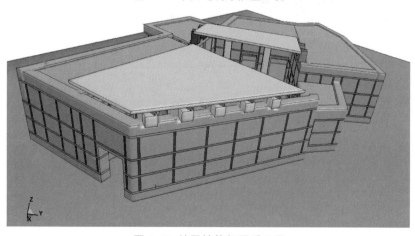

图 4-43 单层结构加固后工况

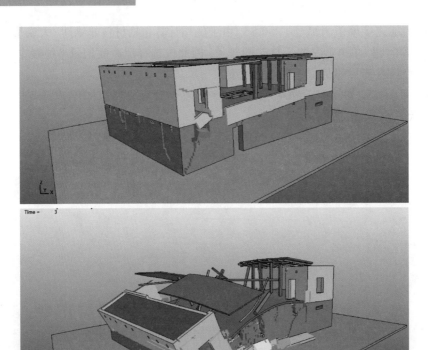

图 4-44 二层结构未加固工况

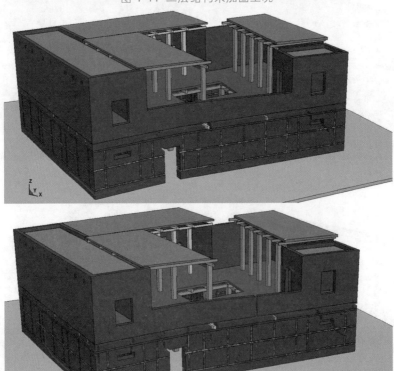

图 4-45 二层结构加固后工况

从以上对比工况的计算结果中可以看出,在 8 度地震作用下,未进行加固的生土结构会发生倒塌破坏,其倒塌破坏过程主要表现为墙体在地震作用下发生开裂,开裂部位主要集中在门窗洞口及纵横墙连接处,随着地震作用的持续,裂缝不断开展以至贯通,从而造成墙体外闪、倒塌,直接造成其上部的木梁、檩条及屋盖发生塌落。此外,独立砖柱在地震作用下亦容易发生掉落,从而导致上部木梁的塌落。值得注意的是,对于二层结构,由于其第二层的砖房为后砌结构,与底层墙体之间并无可靠连接,在地震作用下其所承受的地震荷载较小,尽管砖墙会出现明显裂缝,但其倒塌的根本原因仍是由底层生土墙体的破坏。

相比而言,进行了加固后的结构在 8 度地震作用下均未发生倒塌破坏。从图中可见,加固条带不仅能在一定程度上提高墙体的抗震强度,同时也能有效抑制墙体裂缝的开展和延伸。尽管部分墙体已经形成明显贯通裂缝,但加固条带的套箍作用能够有效防止破坏墙体发生倾倒,从而保证了结构的整体稳定,避免了倒塌破坏的发生。同时,屋面系统及独立砖柱的加固措施也使得原本各自独立的构件相互联系并形成整体,避免了局部构件的破坏或塌落而造成的整体结构的倒塌。

综上所述,采用本章所建议的加固措施能够增强结构的整体性能,并有效地防止结构在 8 度地震作用下发生倒塌破坏。

参考文献

[1] LU XIAO, LU XINZHENG, GUAN HONG, et al. Collapse Simulation of RC High-Rise Building Induced by Extreme Earthquakes[J]. Earthquake Engineering & Structural Dynamics, 2013, 42(5): 705-723.

[2] 唐恒, 许浒, 赵世春, 等. 基于拆除构件法的张弦梁雨棚结构倒塌程度对比分析 [A]// 第三届建筑结构抗倒塌学术交流会论文集 [C]. 哈尔滨, 2014.

[3] 李易, 陆新征, 叶列平, 等. 混凝土框架结构火灾连续倒塌数值分析模型 [J]. 工程力学, 2012, 29(4): 96-103.

[4] 李毅, 林峰, 顾祥林, 等. 爆炸荷载作用下核电厂超大型冷却塔的倒塌模拟分析 [A]// 第二届建筑结构抗倒塌学术交流会论文集 [C]. 上海, 2013.

[5] 赵世春, 余志祥, 韦韬, 等. 被动柔性防护网受力机理试验研究及数值计算 [J]. 土木工程学报, 2013, 46(5): 122-128.

[6] 西南交通大学土木工程学院. 呼和浩特火车东站钢结构穹顶: 托换桁架连接节点试验报告 [R]. 成都, 2009.

[7] 许浒, 余志祥, 赵世春. 混凝土非线性分析中的非协调参数 Drucker-Prager 模型 [J]. 四川大学学报(工程科学版), 2012, 44(4): 75-80.

[8] 西南交通大学土木工程学院. 山区桥梁墩柱防磨蚀与撞击措施技术及基于性能最佳简支桥梁延性抗震设计应用研究: 山区桥梁墩柱防撞击措施技术仿真分析报告 [R]. 成都, 2012.

第 5 章 建筑结构风致振动

5.1 风对结构的作用

国内外统计资料表明,在所有自然灾害中,风灾造成的损失为各种灾害之首。由于风灾频繁,持续时间长,产生的灾害大,通常认为风灾是自然灾害中影响最大的一种。对结构安全产生影响的强风,通常由大气旋涡剧烈运动产生,可分为热带低压、热带风暴、台风或飓风、雷暴、寒潮风暴、龙卷风等。而台风和龙卷风又是给人类带来损失最大的两种风。根据结构遭受风灾破坏的统计分析,风对结构产生的破坏主要有:

(1)使结构产生抖振和颤振,从而倒塌或严重破坏。

(2)使结构产生开裂或产生较大的残余变形。

(3)使结构内墙、外墙、玻璃幕墙等开裂或破坏。

(4)风载的频繁作用,使结构构件产生疲劳破坏。

(5)过大的振动导致建筑物使用者的不舒适感。

(6)影响行人高度风环境的舒适性。

近年来,由于抗风设计不当,国内外风对结构主体及构件的破坏屡见不鲜。著名的佐治亚弯顶于 1995 年在暴风雨的袭击下破坏。1999 年冬,加拿大蒙特利尔奥林匹克体育场的膜屋盖,经历一场暴风雪之后,其中的一块膜屋盖突然破裂。韩国济州岛世界杯体育场在 2002 年 7 月和 8 月两次遭到台风袭击,部分膜结构严重损毁。2002 年 8 月,苏州新建的尚未投入使用的体育场屋顶被强风掀去 4000 多平方米,见图 5-1。2004 年,河南体育中心体育场屋盖在 9 级大风的作用下,覆面层和固定槽钢被风撕裂,雨棚吊顶吹坏。2011 年 11 月,首都机场 T3 航站楼 D 区顶棚被强风掀开,见图 5-2。

图 5-1 苏州体育场风毁情况

图 5-2 首都机场顶棚被掀

5.2 作用于结构上的风荷载

由于自然风的湍流特性,风速可分成准定常的时均风速和非定常的脉动风速,因此,作用在建(构)筑物上的风荷载包括平均风荷载和动态风荷载两部分。

5.2.1 平均风荷载

(1)力和力矩。

对于建(构)筑物来说,平均风荷载主要指作用在建(构)筑物上的风力,包括顺风向力 F_x(阻力)、横风向力 F_y(侧力)、竖风向力 F_z(升力)、顺风向弯矩 M_y(倾覆力矩)、横风向弯矩 M_x(横侧力矩)和扭矩 M_z,见图 5-3。

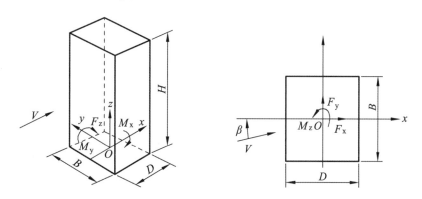

图 5-3 建筑结构平均风荷载

(2)风压。

当风以一定速度向前运动遇到阻碍时,将对阻碍物产生压力,见图 5-4。

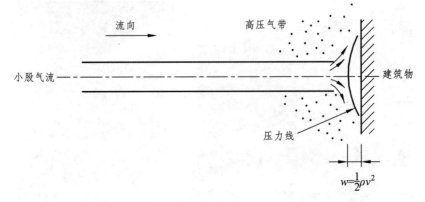

图 5-4 作用于建筑结构的风压

伯努利方程:

$$\frac{1}{2}\rho v^2 + P = \text{const} \tag{5-1}$$

当 $v = 0$,得到最大静压力 P_0。

在建(构)筑物结构设计时,可以将平均风荷载的大小用风压来表示。当速度为 v 的气流流经建(构)筑物上时,作用在其单位面积上的风的动压(又称风压,净压力)可表示为

$$w = \frac{1}{2}\rho v^2 \tag{5-2}$$

由于空气密度随地理位置的不同而不同,因此,又提出了基本风压的概念。基本风压是以当地比较空旷平坦地面上,离地 10 m 高度处统计的 50 年一遇的 10 min 平均最大风速 v_0 为标准,按 $\frac{1}{2}\rho v_0^2$ 确定的风压值,用 w_0 表示。全国基本风压分布图见《荷载规范》(GB 50009—2012)附录 E。

基本风压的特点:

① 设定的重现期为 50 年;

② 全国基本风压不小于 0.3 kN/m²;

③ 东南沿海地区的风压比内陆地区大;

④ 全国最大基本风压达 0.9 kN/m²。

基本风压的获取途径:

① 可根据《荷载规范》(GB 50009—2012)确定;

② 对于特定地区,可根据年最大风速(一般 25 年,至少 10 年)通过统计方法确定 50 年一遇的最大风速;

③ 大于 50 年重现期,应根据年最大风速通过统计方法确定重现期内一遇的最大风速。

(3)风压高度变化系数。

基本风压是在标准地貌(当地比较空旷平坦地面上)10m 高度处的风压值。但是在建(构)筑物结构设计时,需要知道任一地貌和任一高度 z 处的风压 W_z 与基本风压 w_0 的关系,因此,引入了风压高度变化系数 μ_z,即

$$w_z = \mu_z w_0 \tag{5-3}$$

地面粗糙度可分为 A、B、C、D 四类：

——A 类指近海海面和海岛、海岸、湖岸及沙漠地区；

——B 类指田野、乡村、丛林、丘陵以及房屋比较稀疏的乡镇和城市郊区；

——C 类指有密集建筑群的城市市区；

——D 类指有密集建筑群且房屋较高的城市市区。

风压高度变化系数见表 5-1。

表 5-1　风压高度变化系数

离地面或海平面高度（m）	地面粗糙度类别			
	A	B	C	D
5	1.09	1.00	0.65	0.51
10	1.28	1.00	0.65	0.51
15	1.42	1.13	0.65	0.51
20	1.52	1.23	0.74	0.51
30	1.67	1.39	0.88	0.51
40	1.79	1.52	1.00	0.60
50	1.89	1.62	1.10	0.69
60	1.97	1.71	1.20	0.77
70	2.05	1.79	1.28	0.84
80	2.12	1.87	1.36	0.91
90	2.18	1.93	1.43	0.98
100	2.23	2.00	1.50	1.04
150	2.46	2.25	1.79	1.33
200	2.64	2.46	2.03	1.58
250	2.78	2.63	2.24	1.81
300	2.91	2.77	2.43	2.02
350	2.91	2.91	2.60	2.22
400	2.91	2.91	2.76	2.40
450	2.91	2.91	2.91	2.58
500	2.91	2.91	2.91	2.74
≥ 550	2.91	2.91	2.91	2.91

（4）风载体型系数。

为了得到各种建（构）筑物表面风压的大小和分布，目前，主要通过风洞试验测量模型上各点的压力系数，即

$$C_{p_i} = \frac{p_i - p_\infty}{\frac{1}{2}\rho v^2} \tag{5-4}$$

在得到建（构）筑物表面各点的压力系数值后，要对其进行加权平均，得到该表面的风载体型系数 $\mu_s(z)$，即

$$\mu_s = \frac{\sum_{j=1}^{n} C_{pj} \cdot \Delta A_j}{A} \tag{5-5}$$

当测压点均匀布置时，$W_z = \mu_z W_0$

$$\mu_s = \frac{\sum_{j=1}^{n} C_{pj}}{n} \tag{5-6}$$

（5）平均风荷载计算。

$$w(z) = \mu_s(z)\mu_z(z)w_0 \tag{5-7}$$

平均风荷载的用途：进行静风作用下的结构内力和位移分析。

5.2.2 动态风荷载

（1）顺风向风荷载。

脉动风作用在建（构）筑物上的荷载除了平均风荷载外，还有动态风荷载。动态风荷载一般分为顺风向动态风荷载和横风向动态风荷载。在我国的建筑荷载规范中，采用等效静力荷载来表示脉动风引起的顺风向动态风荷载，即用平均风荷载乘以荷载风振系数（简称风振系数）β_z。

在脉动风作用下，结构的风振系数定义为总风力的最大概率统计值与最大设计风速下的静风力之比，即

$$\beta(z) = \frac{w_s(z) + w_d(z)}{w_s(z)} = 1 + \frac{w_d(z)}{w_s(z)} \tag{5-8}$$

① 对于高耸结构，第一振型对响应的贡献起决定性作用；

② 结构的最大内力按各阶振型的平方和开方计算，高阶振型对响应的影响比第一振型小；

③ 动力荷载在总荷载中仅是其中一部分，高阶的贡献并不重要。

按现行规范的定义：

$$\beta_z = 1 + \xi v \varphi(z)/\mu_z \tag{5-9}$$

式中　ξ——脉动增大系数；

　　　v——脉动影响系数；

　　　$\varphi(z)$——振型系数；

　　　μ_z——风压高度变化系数。

严格地讲，风振系数只对简单形状的高层建筑或高耸结构较适用。对于形状较复杂的结构，则存在平均风荷载大，动态风荷载小，或刚好相反的情况，这时，采用风振系数往往给出偏差较大的估计。另外，它也不适用于大跨度屋面结构。位移风振系数是另外一种可以采用的参数。

作用在建（构）筑物上的动态风荷载可表示为

$$w(z) = \beta_z(z)\mu_s(z)\mu_z(z)w_0 \tag{5-10}$$

（2）横风向风荷载。

与顺风向风荷载相比，建（构）筑物横风向的动态风荷载的产生机理比较复杂，它主要是由来流湍流、尾流旋涡以及建（构）筑物本身的振动所产生。目前尚无通用的解析方法来计算建（构）筑物的横风向荷载，一般依靠风洞试验来获得。

5.3 建筑结构风振计算及等效静力风荷载

5.3.1 建筑结构风振响应

建筑结构风振响应计算是结构抗风设计的重要环节，在已知结构表面风荷载的情况下，就可以计算结构的风振响应（位移、速度、加速度、杆件的内力等）。结构风工程中一般将风荷载分为平均风荷载和脉动风荷载两部分，对于平均风荷载而言，其对结构的效应是静力的，可采用静力分析的方法得到结构在平均风荷载作用下的响应。问题的关键在于对脉动风荷载作用下结构响应的求解。脉动风荷载为随机动力荷载，其作用下结构响应的求解主要有时域分析方法和基于随机振动理论的频域分析方法。

5.3.1.1 时域分析方法

时域分析法的基本思路是利用有限元法将结构离散化，在结构相应的节点上施加风荷载时程，在时域内通过逐步积分法直接求解运动微分方程，从而得到结构的动力时程响应。该方法建立在数值积分的基础上，是一种数值仿真方法，可以考虑各种结构非线性和材料非线性等。因此时域分析方法是求解各类结构振动问题最为可靠的方法。

时域求解目前采用较多的有中心差分法、线性加速度法、Wilson-θ 法、Newmark-β 法等。其计算精度取决于步长 Δt 的大小，为了精确地反映风荷载的变化速率和结构的振动特性，步长 Δt 必须足够短；但这样一来计算量会大大增大，对于节点数众多的大跨屋盖结构，甚至无法得到计算结果，因此选择合适的步长非常重要。

时域法计算需要足够的持续时间，以反映结构频率和风荷载频率对结构响应的影响，计算比较费时，可以用来检验设计结果，计算重要结构的风振响应或是用于研究。

5.3.1.2 频域分析方法

频域法是按照随机振动理论，利用脉动风荷载功率谱得到结构响应功率谱，然后在频域内积分得到响应的统计值。该方法具有计算简便、概念清晰、计算效率高等种种优点，但频域分析只能针对线性结构或者弱非线性结构，对于需要考虑非线性效应的结构则无能为力。

频域内风振计算主要有两种思路：一是根据随机振动方法，选取适当模态，直接用模态叠加法求解；另一种是把脉动风作用下结构的响应分为背景响应和共振响应求解，再与平均响应组合，称为分量法。

（1）模态叠加法介绍。

模态叠加法根据模态间响应组合方法可分为：基于功率谱转换的完全二次型组合法（Complete Quadratic Combination, CQC 法）、忽略不同振型间耦合作用的平方和开平方法（Square Root of Sum Square, SRSS 法）。

模态位移法是模态叠加法中最早出现也最为完善的一种算法而其他诸如模态加速度法、虚拟激励法、谐波激励法等都是在此基础上的进一步改进, 此处对模态位移法作基本介绍, 其他方法不再详述。

结构模态响应的方差可表示为：

$$\sigma_q^2 = \int_{-\infty}^{\infty} \boldsymbol{H}^*(i\omega)\boldsymbol{S}_{\mathrm{FF}}(\omega)\boldsymbol{H}^{\mathrm{T}}(i\omega)\mathrm{d}\omega \tag{5-11}$$

式中：σ_q^2 为模态响应方差矩阵；$\boldsymbol{H}(i\omega) = \mathrm{diag}(H_1(i\omega), H_2(i\omega), \cdots, H_n(i\omega))$, 为频率响应函数矩阵；$\boldsymbol{H}^*(i\omega)$ 表示 $\boldsymbol{H}(i\omega)$ 的共轭矩阵；$\boldsymbol{H}^{\mathrm{T}}(i\omega)$ 表示 $\boldsymbol{H}(i\omega)$ 的转置矩阵。

第 j 阶模态频率响应函数 $H_j(i\omega)$ 的表达式为：

$$H_j(i\omega) = \frac{1}{\omega_j^2 - \omega^2 + 2\mathrm{i}\xi_j\omega_j\omega} \tag{5-12}$$

式中：i 为虚数单位；其余符号意义同前。

结构在脉动风荷载作用下的位移响应方差为：

$$\sigma_y^2 = \int_{-\infty}^{\infty} \boldsymbol{\Phi}\boldsymbol{H}^*(i\omega)\boldsymbol{\Phi}^{\mathrm{T}}S_{\mathrm{pp}}(\omega)\boldsymbol{\Phi}\boldsymbol{H}^{\mathrm{T}}(i\omega)\boldsymbol{\Phi}^{\mathrm{T}}\mathrm{d}\omega \tag{5-13}$$

该式即为完整的模态位移法计算公式。该方法在理论上是完备的, 响应方差计算既可以采用考虑模态耦合效应的 CQC 方法组合计算, 又可以采用简化的 SRSS 方法组合计算。然而, 当采用 SRSS 方法组合时, 忽略了模态间的耦合效应, 对于振型密集的大跨屋盖结构而言, 忽略模态间的耦合效应将带来较大的误差。当采用 CQC 法进行组合时, 由于大跨屋盖结构模态众多, 其计算量将非常巨大, 甚至无法计算。

针对这种状况, 一些学者从另一种思路出发, 将脉动风的响应分为背景响应和共振响应分开求解, 再进行组合。

（2）背景响应和共振响应分量法介绍。

采用将风振响应分为背景响应和共振响应进行分析, 这一思路能够较好地给出风荷载对结构作用的机理, 因此在国内外风工程研究中得到了广泛应用。其中背景响应反映脉动风荷载的准静力贡献, 采用拟静力方法求解。拟静力方法本质上包含了结构全部模态的静力贡献, 以一种拟静力方法快捷地考虑了大量以静力贡献为主的模态的影响, 同时补偿了被截断模态的静力贡献, 不存在直接模态叠加法中模态截断对计算精度的影响。共振响应反映脉动风对结构的动力放大效应, 仍采用有限阶模态的叠加。这种思路虽然概念清晰, 能够反映风荷载作用机理, 但是也存在下面几个方面的问题：

① 人为地将结构响应分为背景响应和共振响应, 因此在求总响应的时候, 是否考虑背景与共振模态之间的交叉项又成为一个问题；

② 共振响应模态耦合效应的处理问题依然没有解决；

③ 共振响应仍存在高阶模态的截断误差。

5.3.2　等效静力风荷载研究

在结构工程中,风荷载作为活荷载参与工况组合,其响应由静力方程求解而得。而事实上,脉动风荷载作为一随机荷载,其响应需要根据随机振动理论在频域或时域内计算而得。为了将随机脉动风荷载转化为静力风荷载,人们提出了等效静力风荷载的概念。当把某静力荷载作用于结构时,其在结构上产生的静力效应与动力风荷载产生的动力效应的极值完全相同,即把该静力称为动力荷载的等效静力风荷载(Equivalent Static Wind Loads, ESWL),见图 5-5。

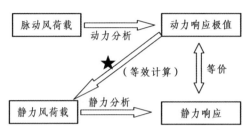

图 5-5　等效静力风荷载计算过程

5.3.2.1　单目标等效静力风荷载

到目前为止,出现了多种静力等效方法,从最初的阵风荷载因子法(Gust Loading Factor, GLF 法),到惯性风荷载法(Inertial Wind Loading, IWL 法)、荷载响应相关系数法(Load Response Correlation, LRC 法),再到 LRC 法 +IWL 法(LRC-IWL 法)。这几种方法均是针对结构最大响应或关键响应的单目标等效静力风荷载计算方法。

Davenport 根据随机振动理论建立了结构风振响应分析的理论框架,并借助阵风荷载因子提出了阵风荷载因子法(GLF 法),认为结构的总等效静力风荷载等于平均风荷载与阵风因子的乘积。假定等效静力风荷载的分布形式与平均风荷载的分布形式一致,计算了高层结构顺风向响应。目前,很多国家规范对高层结构、大跨平屋盖和单层球面网壳结构的等效静力风荷载研究,都是采用阵风荷载因子法。用这种方法表示的等效静力风荷载形式简单,但人为地将等效静力风荷载的分布形式取为与平均风荷载的分布形式一致,缺少足够的理论依据。

张相庭[1]教授利用第一阶振型惯性力表示等效静力风荷载,称为惯性力法(IWL 法),即由风振系数乘以平均风荷载的方法得到等效静力风荷载。该方法在确定低频(背景)等效风荷载和响应时可能会导致不安全的估计,但是有助于对高频共振响应的理解,即从风荷载作用机理来看,用惯性力表示等效静风荷载的共振分量是较为合理的。

Kasperski 提出的荷载 - 响应相关系数法(LRC 法),这种方法从风荷载的作用机理出发,利用荷载和响应之间的相关系数确定实际可能发生的等效风荷载。由于 LRC 法给出的是真实可能发生的等效静力风荷载,因此在原理上更加合理。但 LRC 法在处理过程中只考虑结构的背景响应分量,因此在处理共振响应分量明显的建筑结构时,该方法存在一定的局限性。

Holmes[2]提出采用 LRC 法和 IWL 法相结合的方式来表示建筑结构的等效静力风荷载,并给出了平均风荷载、背景风荷载以及代表多阶共振分量的惯性风荷载一起组合的表达形式。

5.3.2.2 多目标等效静力风荷载

前述方法得到的等效静力风荷载只能适用于某个单独的响应,而不适用于建筑结构设计关注的多个响应。

多目标等效静力风荷载实质就是通过一定的数值优化方法,寻找一个"误差最小"的等效静力风荷载分布模式,并使其同时接近多个响应目标的极值。分析目前多目标等效静力风荷载求解方法,要解决建筑结构多目标等效的问题,主要有以下几个问题:

① 如何构造多目标等效静力风荷载的基本向量?

② 目标响应满足时,等效静力风荷载的分布是否合理?

③ 如何保证关键目标等效精度?

多目标等效静力风荷载计算过程

多目标等效静力风荷载可表示为:

$$\{F_e\} = \left[c_1\{G\}_1 + c_2\{G\}_2 + \cdots + c_n\{G\}_n\right] = [F_0]\{c\} \tag{5-14}$$

式中:$\{F_e\}$ 是等效静力风荷载向量; $c_1, c_2, \cdots, c_n$ 是基本向量对应的组合系数;$\{G\}_1, \{G\}_2, \cdots \{G\}_n$ 是构造多目标等效静力风荷载的基本向量; $[F_0]$ 是由基本向量 $\{G\}_1$,$\{G\}_2, \cdots \{G\}_n$ 构成的荷载分布形式矩阵; $\{c\}$ 是由 $c_1, c_2, \cdots c_n$ 构成的组合系数向量。

对于某一具体的等效目标,组合系数向量 $\{c\}$ 需要满足:

$$\{\beta\}_i^T \{F_e\} = \{\beta\}_i^T [F_0]\{c\} = \hat{r}_i \tag{5-15}$$

式中:$\{\beta\}_i$ 表示控制点的响应影响线函数;上标 T 表示转置; $\hat{r}_i$ 表示脉动风的动力响应极值,可由各种风振响应计算方法得到。

保证所有目标等效的方程组为:

$$\begin{cases} \{\beta\}_1^T \{F_e\} = \{\beta\}_1^T [F_0]\{c\} = \hat{r}_1 \\ \{\beta\}_2^T \{F_e\} = \{\beta\}_2^T [F_0]\{c\} = \hat{r}_2 \\ \quad\quad\quad\vdots \\ \{\beta\}_n^T \{F_e\} = \{\beta\}_n^T [F_0]\{c\} = \hat{r}_n \end{cases} \tag{5-16}$$

求解方程组即可获得针对多个等效目标的等效静力风荷载,根据基本向量数 n 与等效目标数 m 的关系,方程组的解可分为以下三种情况:

① 当 $n = m$ 时,方程组有唯一解;

② 当 $n > m$ 时,方程组有无穷可行解;

③ 当 $n < m$ 时,方程组无解,此时可得到方程组唯一的极小范数最小二乘解。

5.3.3 建筑结构风振控制

对高耸建(构)筑物在风作用下的结构响应进行控制是建(构)筑物抗风设计时的一个重要内容,除了在建(构)筑物设计时对几何外形参数和结构动力参数进行优化设计外,还可以在建(构)筑物上安置控制装置,在结构振动时,施加一组控制力来减轻建(构)筑物的结构响应,提高使用寿命,满足舒适度要求。

根据控制装置是否需要外加能源,建(构)筑物结构响应控制装置可以分为四类:

① 被动控制装置,不需要外加能源,依靠控制装置中的质量块与结构相对运动时产生的惯性力来施加控制力;

② 主动控制装置,需要外加能源,控制力由前馈外激励和(或)反馈结构响应来施加;

③ 半主动控制装置,以被动控制为主,当结构响应开始超过限值时,施加外加能源,调整控制装置的参数,以调节控制力;

④ 混合控制装置,由主动控制装置和被动控制装置混合组成。

高耸建(构)筑物抗风设计时主要采用被动控制装置,被动控制装置主要有调谐质量阻尼器(Tuned Mass Damper, TMD)和调谐液体阻尼器(Tuned Liquid Damper, TLD)。

(1)TMD。

TMD 是较早在高层建筑中应用的一种被动控制装置,主要由弹簧、阻尼器和质量块组成。利用质量块产生的惯性力来控制结构的振动。美国高 279m 的花旗银行在采用 TMD 后使建筑物加速度响应减少了40% ~ 50%。中国在许多电视塔上也采用 TMD 来控制结构的振动。

(2)TLD。

TMD 对微小振动灵敏度不高,而且机构复杂,运行费用较高,因此,到 20 世纪 80 年代末人们又提出了 TLD,即用装有液体的容器代替质量块,利用液体晃动产生的动压力和容器产生的惯性力来控制结构的振动。日本高 101m 的横滨导航塔在采用 TLD 后,使建筑物加速度响应减少了 1/3。

(3)黏弹性阻尼器。

高耸建(构)筑物上还采用黏弹性阻尼器来控制结构响应。黏弹性阻尼器是采用黏弹性材料制成的振动控制器,它通过增加结构的阻尼、耗散结构的振动能量来达到减小结构响应的目的。美国纽约原世界贸易中心的两幢大楼中,从大楼第 10 层到 110 层的每层中都安装了100 个黏弹性阻尼器,使结构的阻尼比由原来不到 1% 增加到 2.5% ~ 3.0%,满足了结构抗风的舒适度要求。

5.4 工程实例

5.4.1 研究对象

某大跨屋盖为单层网壳结构,长跨 143 m,短跨 80 m,高度 24 m。网壳由 36 根顺时针和 36 根逆时针的钢箱梁相互编织而成,在顶部交织成 36 个点与顶部钢环梁连接。在底部也交织成 36 个钢节点与底部钢环梁连接,这样顶环梁 +72 条杆件编织网 + 底环梁的单层网壳结构通过固定三向铰支座与地下结构顶板连接。在整个网壳顶部开一个直径约 19 m圆孔。

5.4.2 风洞试验

试验在西南交通大学风工程试验研究中心 XNJD-3 工业风洞中进行。该风洞是一座回流式低速风洞，试验段尺寸为 36 m(长)×22.5 m(宽)×4.5 m(高)，风速范围为 1.0~16.5 m/s。试验的压力测量仪器为美国 Scanvalve 电子扫描阀，风速测量仪器为 Dantec 热线风速仪。

综合考虑需要模拟的结构几何尺寸和风洞试验段尺寸，模型的几何缩尺比取为 1：75。模型在风洞中的阻塞比小于 5%，满足风洞试验要求，风洞中的模型如图 5-6 和图 5-7 所示。

图 5-6 风洞中的模型 1

图 5-7 风洞中的模型 2

5.4.3 风振响应分析

我们通过大型有限元软件 ANSYS 建立了该屋盖结构的有限元模型，节点数为1000，节点之间采用梁单元连接,节点质量采用质量单元模拟,标识了节点编号的有限元模型见图 5-8。

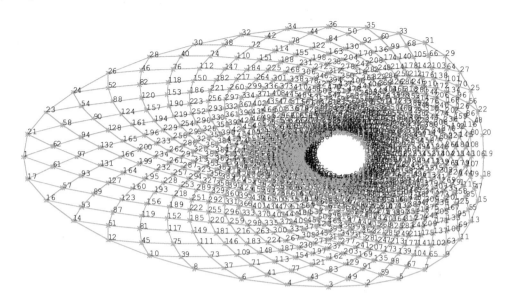

图 5-8 屋盖有限元模型

从图中节点分布可以看出,节点编号大致按照从底部一圈一圈依次向上分布。按照这种规律,从 1 000 个节点中,每隔 20 个节点选取一个节点,共选择了 50 个节点作为目标响应,这些节点均匀分布于整个屋盖上,能很好地代表结构的响应。利用风洞同步测压试验所得的风荷载数据,采用精确的 CQC 方法对结构进行了频域内的动力响应分析,得到了 50 个节点竖向位移的极值响应,并将节点响应按照从小到大的顺序重新编排了目标编号,便于绘制曲线图和对比分析。

需要说明的是,在进行动力响应分析时,风压时程已经换算成该结构设计风速下的值,后文等效静力风荷载分布和结构响应均指该结构设计风速下的值。

5.4.4 等效静力风荷载计算分析

5.4.4.1 单目标等效静力风荷载

以最大竖向位移为目标,用 LRC 法计算出等效静力风荷载,并得出静力响应。图 5-9(a)显示了 LRC 法得到的单目标等效静力风荷载分布,图 5-9(b)显示了等效静力风荷载作用下的极值响应和 CQC 方法直接计算出来的极值响应。从图中可以看出,除了目标响应吻合外,其他等效目标偏差都较大。单目标 LRC 法得到的等效静力风荷载反映了目标响应到达极值时最可能出现的最不利风荷载,本例得到的屋盖等效静力风压基本为负值,分布较均匀,最小负压为 −150 Pa 。

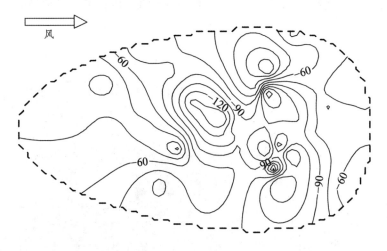

（a）单目标等效静力风荷载分布（脉动部分 /Pa）

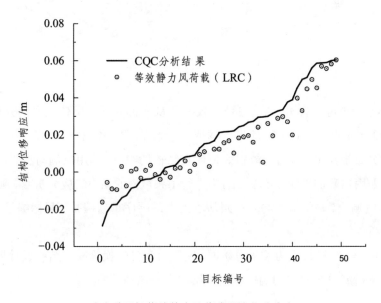

（b）单目标等效静力风荷载下的位移响应

图 5-9　单目标等效静力风荷载分布及其作用下的位移响应

5.4.4.2　多目标等效静力风荷载

在不进行约束的情况下，得到等效静力风荷载，从而得出静力响应。图 5-10（a）显示了多目标等效静力分荷载分布，图 5-10（b）显示了等效静力风荷载作用下的极值响应和 CQC 方法直接计算出来的极值响应。从图中可以看出，目标响应吻合非常好，仅在零值附近有少量偏差。然而等效静力风荷载分布很不合理，荷载变化剧烈，其值也比较集中，个别地方达到 −800 Pa ，比 LRC 法极值大了好几倍。

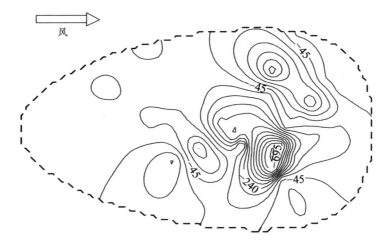

（a）多目标等效静力风荷载分布（脉动部分/Pa）

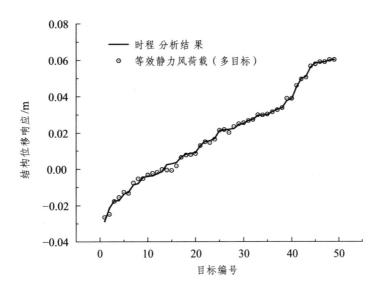

（b）多目标等效静力风荷载下的结构响应

图 5-10 多目标等效静力风荷载分布及其作用下的位移响应

5.4.4.3 加权约束多目标等效静力风荷载

引入权值因子进行约束，得到等效静力风荷载，从而得出静力响应。图 5-11（a）显示了加权约束多目标等效静力分荷载分布，图 5-11（b）显示了等效静力风荷载作用下的极值响应和CQC 方法直接计算出来的极值响应。从图中可以看出：等效静力风荷载的值得到了控制，与LRC 法在一个水平上，分布也较为合理；权值因子大的目标响应吻合精度变好，权值因子小的目标响应吻合精度变差，刚好达到了引入权值因子的作用。

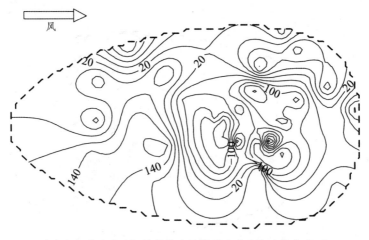

（a）加权约束多目标等效静力风荷载分布（脉动部分 /Pa）

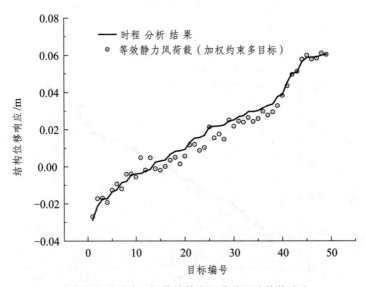

（b）加权约束多目标等效静力风荷载下的结构响应

图 5-11 加权约束多目标等效静力风荷载分布及其作用下的位移响应

参考文献

[1] 张相庭 . 结构风压和风振计算 [M]. 上海：同济大学出版社 ,1985.

[2] HOLMES J D. Wind loading of structures[M]. London:Spon Press,2001.

[3] 黄本才 . 结构抗风分析原理及应用 [M]. 上海：同济大学出版社, 2008.

[4] GB 50009—2012 建筑结构荷载规范 [S]. 北京：中国建筑工业出版社, 2012.

[5] 贺德馨 . 风工程与工业空气动力学 [M]. 北京：国防工业出版社, 2006.

[6] DAVENPORT A G. Gust loading factors[J]. Journal of the Structural Division, ASCE, 1967, 93(3): 11-34.

[7] HOLMES J D. Effective static load distributions in wind engineering[J]. Journal of Wind Engineering and Industrial Aerodynamics, 2002, 90(2): 91-109.

[8] ZHANG XIANGTING. The current Chinese code on wind loading and comparative study[J]. Journal of Wind Engineering and Industrial Aerodynamics, 1988, 30:133-142.

[9] KASPERSKI M, NIEMANN H J. The LRC (load-response -correlation)-method a general method of estimating unfavourable wind load distributions for linear and non-linear structural behaviour[J]. Journal of Wind Engineering and Industrial Aerodynamics, 1992, 43(1-3): 1753-1763.

[10] HOLMES J D, KASPERSKI M. Effective distributions of fluctuating and dynamic wind load[J]. Australian Civil/Structural Engineering Transactions. 1996, 38(3): 83-88.

[11] SIMIU E, SCANLAN R H. Wind Effects on Structure[M]. New York: Wiley, 1996.

[12] 埃米尔·希缪, 罗伯特·H. 斯坎伦. 风对结构的作用 - 风工程导论 [M]. 刘尚培, 译. 上海: 同济大学出版社, 1992.

[13] 靳全勤, 张华隆. 线性代数 [M]. 上海: 上海交通大学出版社, 2005.

[14] 魏木生. 广义最小二乘问题的理论和计算 [M]. 北京: 科学出版社, 2006.

第6章 结构风工程 CFD 模拟与流固耦合

6.1 结构风工程 CFD 概述

6.1.1 引 言

大气边界层由于热力不均衡产生空气流动,形成自然风。随着 CFD(Computational Fluid Dynamics:计算流体动力学)的发展,利用其进行结构风荷载及风场模拟也已经成为可能,并探索性地获得了一些工程应用,形成了独立的 CWE(Computing Wind Engineering)学科。当前,CFD 的应用还存在很多问题,尚需走很长的路。

结构风工程的关注领域主要以高层建筑、大跨度结构为主,其他轻型柔性结构体系,如膜结构、索网结构的抗风问题也是风工程研究关注的热点。平均风荷载的确定以及脉动风荷载作用下的风致动力问题成为影响结构安全工作和正常使用的主要因素之一,正如 A.G. Davenport 所说:Without wind, structures-particularly large ones-would probably be a lot easier to design and cheaper。风荷载使工程结构设计变得更为复杂,造价控制也更加困难。由于建筑的复杂性、风荷载的随机性、规范和指南的宏观性,复杂建筑一般都需要进行风洞试验才能确定其风荷载,当然,这是不现实的,也会造成大量的浪费。结构设计师往往对复杂建筑的风场特征缺少把握,盲目采用近似体型的风荷载进行替代也可能会导致估算错误。针对平均风荷载,虽然日本、美国、欧洲及中国的荷载规范有可供参考的规定,但实际建筑造型多变、气流运动复杂,在操作层面也难以统一使用一套可供参考的风荷载规定。对于风致动力问题,现有的规范以及理论研究成果主要针对高层和高耸结构作了量化探索,采用风振系数定量描述脉动风导致的强迫振动,而对于大跨空间结构,风场在横向和纵向的空间相关性均不可忽视,加之振型密集,振型之间可能存在耦合,因此其风致动力响应更加复杂。

基于此,综合利用风洞试验、CSD(Computational Structure Dynamics:计算结构动力学)和 CFD 理论,开展风荷载及结构风致振动响应特性的研究,既具有重要的工程意义,同时也具有较高的理论价值,是当前结构工程领域最具有前途的研究热点之一。

6.1.2 复杂建筑工程

已有研究表明,影响复杂建筑群(图 6-1)风场特征的主要因素在于分区布局的几何拓扑结构及外观造型,这为化繁为简地研究复杂建筑风荷载的宏观特性提供了理论支撑。例如:Hur Nahmkeon 等人综合利用风洞试验和 CFD 模拟的方法对 4 个 KTC 高速铁路车站的风荷载与风场特征进行了系统研究,结果吻合良好;顾明、何连华、金新阳等对若干新型客站进行了数值风洞模拟和试验,研究成果以工程应用为目的。上述研究取得了一定成果,但多局限于数值计算和试验结果的比较,个别文献甚至采用了不合理的湍流模型,同时,也缺少对复杂建筑风荷载的形成机理、影响因素、与结构的相互作用等问题进行深入探索,因此需要进一步对建筑风场运动特征、干扰影响及变化规律展开研究。

（a）新建北京南站

（b）新建云南丽江客站

（c）呼和浩特火车东站

（d）呼和浩特火车东站站台雨棚

（e）新建沈阳站

（f）上海虹桥综合交通枢纽

图 6-1 典型复杂建筑

6.1.3 复杂外形的风致作用

复杂的建筑造型必然导致产生气流撞击、分离、环绕、附着等一系列复杂的流动现象（图6-2a）。众所周知,这会导致空间流速变形率分布（图 6-2b）极其复杂,由此将产生复杂的压力作用。

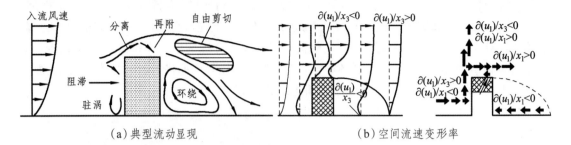

图 6-2 典型建筑绕流与风速变形率分布

此时关注的问题主要有以下几点：

（1）风场流动可能是外部绕流，也可能是内外流共同作用。已有研究表明建筑物室内空气压力系数为 0.1 ~ 0.4。部分文献考虑低矮盒式建筑窗户开合的风洞试验研究也表明：窗户开启后，瞬时风压在静风压的 5 倍以上，峰值点甚至达到 7.8 倍，气流稳定后，内部空间均为正压，为外表面 1/5 ~ 1/3，和屋面及背风侧外表面风压具有叠加效应。这说明建筑表面开合对风荷载存在显著的影响，结构设计可能需要考虑在正常使用条件下壁面开合产生的最不利风压作用。

（2）由于复杂绕流导致的风场脉动作用非常复杂，个别位置甚至不可能采用稳态准定常流的分析方法进行解析，风洞试验也很难模拟。特别是数值模拟时，由于湍流模型和计算消耗的限制，开洞、开缝、钝边等位置的复杂脉动风场特性很难捕捉。

（3）客站建筑空间三向几何尺度均较大，风场具有空间三维相关性，湍流积分尺度变化很大，导致风场的描述进一步复杂化。

（4）长而薄的大尺度飘篷悬挑结构，由于涡脱可能还会产生风致颤振。

（5）屋盖造型的变化多端，很难从操作层面找到明确的风荷载变化规律。

6.1.4 建筑群的风场干扰

和一般大跨度空间结构相比，客站建筑群的风场干扰效应非常明显，这是其最突出的特点，也是其亟需研究解决的问题之一。客站功能区特定的布局形式为解决这一问题提供了可能。举例来说，当来流沿着客站中轴向后侧流动时，站房顶部可能产生大尺度的分离旋涡（图6-3a），尾流影响导致雨棚可能产生强烈风吸作用，但是由于风场干扰及下泄作用，也有可能出现气流撞击，产生不利的下压作用，且集中于站房后侧；而雨棚两翼的干扰影响降低，流动相对均匀，由此导致雨棚区的风场梯度非常显著，使得雨棚和一般开敞平板屋盖的绕流特征存在显著差异。从风向角影响来看，前侧来流时，由于遮挡效应，雨棚下方流速一般低于上部，由此可能产生大面积风吸作用；而后侧来流时（图6-3b），由于站房和雨棚形成的 C 形遮挡空间，靠近站房背侧的雨棚下方阻滞效应强烈，逆向风甚至会影响到雨棚下方整个空间，由此产生的风压作用与前侧来流时截然不同。同时，无柱雨棚和站房结构是否开缝以及开缝率等因素显然严重影响雨棚区的风场，甚至导致站房与雨棚交接区域风压产生反向，气动作用非常复杂，风荷载预测、评估极为困难。

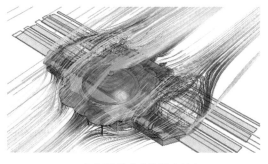
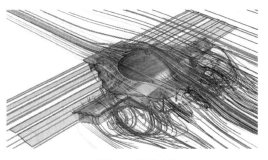

（a）0° 风向（前侧来流）　　　　　　　　　　　（b）180° 风向（后侧来流）

图 6-3 客站风场干扰

6.1.5 列车风影响

列车风是铁路客站风致作用的重要组成部分之一，一般指列车高速通过时引起的空气流动及其交变作用。以往列车风的研究主要集中在列车运行时的表面压力以及气动安全影响上，如人车安全距离的确定。20 世纪 70 年代中期，苏联的风工程学者采用现场实测的方法确定列车 200 km/h 运行条件下，站台人员允许承受的气动荷载为 196 ~ 245 Pa，人车安全距离为 2.0 m。日本在新干线建设初期也对此进行了研究，并采用二维超声风速仪测试了列车过站时行车断面上的扰动风速，得出列车在 170 km/h 及 250 km/h 运行条件下的扰动风的空间分布规律，并认为站台人员允许承受的列车扰动风速为 9 m/s，人车安全距离为 2.5 m。英国也采用了实测的方式研究了高速列车通过时线侧不同位置的列车风速，规定站台人员允许承受的风速为 11 m/s，轨侧工作人员的允许承受值为 17 m/s。中国于 20 世纪 90 年代中期采用实测方法量测了钝形准高速列车运行时线侧人员遭受的气动作用，并采用类比方法提出了列车高速运行（160 km/h）时的人车安全距离，并规定站台人员及轨侧人员允许承受的气动力分别为 100 N 和 130 N，站台人车安全距离为 3.6 m，正线工作人员的安全距离为 1.7 m。另外，田红旗还系统研究了列车高速通过隧道时的气动压力场特征，其方法可以为过站列车风研究提供参考。铁路客站由于站场建筑的遮挡效应，列车风在一定范围内可对其产生扰动作用，当站桥合一时，遮挡效应更强，列车风影响更为显著，这与列车过隧道产生的风场具有一定相似性。更甚者，由于列车高速运行扰动空气产生的交变作用（图 6-4a）还可能对结构产生诱发振动，对此，可借助隧道列车风的分析方法展开研究。目前，大多数铁路客站仍然采用开敞式的站场布局，站台区较为开阔，和隧道相比，列车过站时产生的气流容易扩散，风压影响相对减弱。但列车高速过站产生的车头瞬时压力和尾流吸力仍然对线侧客站建筑存在影响。已有研究表明，由此在雨棚表面产生的平均风压超过 0.1kN/m²，和轻型雨棚的围护材料每平方米自重基本相当，随着雨棚高度减小，列车风在其表面产生的风致作用还会进一步加大，同时，列车风交变作用对轻型屋面存在脉动作用，对其影响规律的研究目前鲜见报道。站台无柱雨篷常采用轻型大跨度弦支结构，当自然风和列车风耦合作用时，弦支结构的拉索刚度变化是否会导致结构张拉刚度退化从而产生安全问题也不得而知。因此，列车风对大跨度轻型屋盖客观上存在影响，且随着车速大幅度提升，影响还会进一步加大。国际铁路联盟（UIC：International Union of Railways）为此规定采用最大正、负压力载荷 $+q_\delta$ 和 $-q_\delta$ 来代替站台雨棚表面的动态风压作用,其影响范围规定为 5 m(图 6-4b、c)。但这种方法本质上忽略了过站列车风的脉动交变作用,且无法考虑压力 - 时间梯度影响,存在一定局限性。

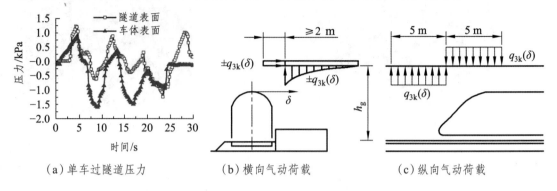

（a）单车过隧道压力　　　　（b）横向气动荷载　　　　（c）纵向气动荷载

图 6-4 列车风交变压力与影响范围

6.1.6　几何非线性与流固耦合效应

大型高速铁路客站的屋盖广泛采用了各种大跨度空间结构,由此可能产生几何非线性问题,并直接影响其气动响应。由此,大型铁路客站大跨度屋盖的几何非线性影响主要体现在三个方面:其一,大跨度屋盖在强风作用下往往存在较大变形,弦支结构、悬索结构、索膜结构可能更加突出;其二,大跨度屋盖一般采用轻型围护结构体系,如膜材、压型合金板材等,这一类构件即使正常使用时也可能产生较大变形,因此围护体系可能也存在几何非线性特征;其三,大跨度屋盖结构模态特性复杂,各个模态之间可能还存在耦合。上述因素导致大跨度屋盖具有特殊的风致动力响应,线性频谱分析理论对其风致动力问题并不完全适用。

当结构或者围护体系在强风作用下产生较大变形时,可能导致产生所谓气弹耦合效应。已有研究表明,气弹耦合效应一般对结构振动具有抑制作用,但特定条件之下,也可能使结构从风场中吸取能量,加剧结构振动。当结构阻尼不足以耗掉这些能量的时候,响应将不断加大,产生自激振动,导致结构最终破坏,塔科马大桥的破坏便是一个典型的例证,同样,在薄而长的悬挑型屋盖结构中,也可能发生这样的类似破坏。因此,进行抗风分析的时候,需要根据具体的结构行为决定是否考虑耦合响应。图 6-5 为某 60m 跨双坡门形结构的流固耦合数值模拟结果,采用非定常 LES/SGS 双向耦合分析,结果完整地捕捉到了前缘、角隅和屋面等位置的局部变形。据图容易看出,门形结构的围护体系变形远大于主结构,同时由速度等值面可知,檐口前缘驻涡区以及下游尾流速压较高,且影响范围扩散至下游远端,较大的结构变形及复杂的绕流湍动是产生气弹耦合作用的主要原因。上述分析说明大跨度结构屋盖具有复杂的风致动力特性,总体而言,主要表现在以下几个方面:

（1）大跨屋盖结构除考虑水平风力作用外,还须考虑竖向风力的作用,且它们的影响处于同一数量级,甚至需要考虑风场三维空间相关性的影响。

（2）大跨屋盖复杂的空间形状致使气动分析时须构建三维空气动力学模型,难以采用片条理论简化分析,尤其像铁路客站这类具有大型屋面的低矮建筑群更是如此。

（3）结构自振频率分布较为密集,模态对动力响应的贡献较为分散,且模态之间的耦合效应非常明显,很难找到典型的基本响应来进行等效化处理。

（4）低阻尼、大变形和强湍动导致结构与风场之间可能存在耦合作用。

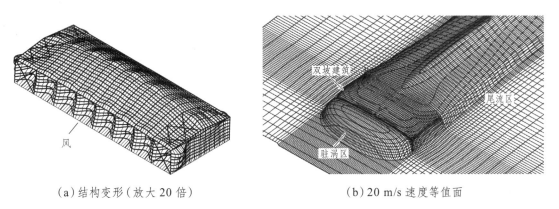

（a）结构变形（放大 20 倍）　　　　　　（b）20 m/s 速度等值面

图 6-5 大跨度双坡屋面结构流固耦合作用

6.1.7　风工程研究的数值方法

风工程的数值计算方法主要包括基于概率统计原理的随机振动分析方法和基于计算流体动力学（CFD）的计算风工程（CWE）方法。

目前，随机分析方法在结构顺风向响应研究中的应用已经较为成熟，形成了振型分解反应谱法、时域离散分析法和虚拟激励法等。对建筑风致作用，目前仍然集中于频域或者时域内的强迫振动问题的研究。针对频域求解所需的脉动风速谱（Spectrum of wind speed）和脉动风相干函数（Coherence function），人们已进行了大量研究，得到了若干典型的谱方程。目前常用的风速功率谱主要有：Davenport 谱、Simiu 谱、盐谷·新井（Hino）谱和卡曼谱（Kaimal）及哈里斯（Harris）谱。基于谱变换，并通过频域传递函数得到动力反应谱，采用谱积分便可以得到结构动力响应。时域随机分析则通过逆傅里叶变换实现频域向时域过程的转换，直接求解结构在脉动风作用下的动力控制方程。频域分析方法简单实用，但难以反映结构的气动非线性影响，因此存在一定的局限性；同时，频域随机分析对气动导纳函数依赖性强，这在一定程度上影响了计算精度。时域随机分析方法相对灵活，既可以直接施加脉动风压，也可以引入气动导纳考虑特殊动力作用，当引入气动导纳时，可采用等效风谱法或者抖振力谱法。相对于顺风向动力作用，横风向的振动机理复杂得多，主要形式有涡激振动、弛振、颤振和抖振等。目前，日本规范对横风向振动做了一些规定，其他各国学者也做了一定量的研究，但离真正的工程应用还有距离。

20 世纪 80 年代以来，风工程研究除继续采用风洞试验这一手段外，研究者开始运用 CFD 技术分析大气边界层中的钝体绕流，从而形成计算风工程。1997 年，Murakami 在 Journal of Wind Engineering and Industrial Aerodynamics 刊文称：Only 10 years or so have passed since its birth, and its development has been very fast。Murakami 的论断成为 CWE 学科诞生的标志。CWE 的主要思路是把时空坐标中连续的速度、压力用有限离散点的值及其集合来代替，建立起离散点变量之间的关系，形成离散代数方程，求解组集的代数方程组，从而获得求解变量的近似值。目前，大规模的长时非定常流态模拟在 PC 机上实现还有困难，因此主流仍然基于层流或者时均模式化湍流理论，得到的信息与刚体模型风洞试验基本相当。CWE 数值计算有如下几个显著特征：

（1）建筑处于大气边界层，流动复杂，需要采用数量巨大的体网格和节点捕捉风场变量的变化，结果的准确性往往需要通过网格无关性检验加以保证。

（2）钝体绕流具有强非线性特征，一般采用分离算法或者耦合算法，需要进行大量的迭代或者长时间的步进计算，有些复杂的建筑风场运动根本就没有定常解，可能需要采用非定常解法才能获得合理的结果，因此，算法对模拟结果有明显影响。

（3）不同的湍流模型适用于不同的流动现象，需要根据具体流场特征甄别使用，如标准 k-ε 模型多适合于管流，Spalalart-Allmaras 模型则适合于旋转流。

CWE 方法有以下优点：费用省、周期短、效率高；可以方便地变化参数进行规律性研究；不受建筑尺度和构造的影响，能较真实地进行全尺度模拟，克服试验中难以满足雷诺数相似的困难；数值模拟的结果可以可视化，直观反映建筑物绕流性态。

6.1.8 计算风工程（CWE）

数值风工程学科的技术、方法及理论主由三大板块组成，即网格生成方法、湍流求解理论及流场结果可视化技术。下面重点对前两项进行简单论述。

6.1.8.1 网格生成

网格生成占数值风洞模拟工作量的 60%～80%，即使现代 3D CAD 技术与高度智能化网格生成技术的结合也无法改变这个现实，因此具有举足轻重的地位。三维网格按外形不同分为六面体（Hexa，图 6-6a）、四面体（Tetrahedral，图 6-6b）、棱柱体（Prism）和金字塔体（Pyramid）等 4 种。Prism 网格常用于近壁区（图 6-6c），一般与 Tetrahedral 网格搭配使用，呈层状分布，可提高近壁区插值精度。网格按节点排序方式可分为结构化网格（图 6-6a）和非结构化网格。结构化网格的节点按阵列形成有序排列，与编程语言匹配，且便于计算插值，其节点数量与网格数量近似成正比；非结构化网格的分布具有任意性，生成速度快，适合于边界形状复杂的流场。比较而言，非结构化网格的网格节点比约为 5：1，但单位非结构化网格对内存的需求约为结构化网格的 0.4 倍，因此，节点数相同时，非结构化网格的内存需求约为结构化网格的 2 倍，同时对插值计算有一定影响，一般认为其模拟精度不如结构化网格。

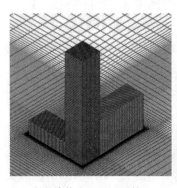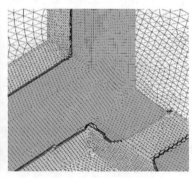

（a）结构化 Hexa 网格 　　　　（b）混合网格 　　　　（c）边界层 Prism 网格

图 6-6 三种常见网格形式

早期的 CFD 分析采用笛卡儿坐标结构化网格，这种网格生成过程简单，但最大的问题便是近壁区网格呈台阶形,加密后也无法解决,容易导致近壁区流动的解析结果失真且内存消耗较大。为此,1983—1988 年,Rhie 等提出了基于非正交坐标系统的形体自适应网格划分方法,并逐渐被商用 CFD 软件采用。这种方法既可以精确地模拟复杂几何形状,也可以人工控制网格密度,能提高分析精度,但它对控制方程的形式、变量的选取、速度 - 压力项的计算等要求进行了专门的处理(Demirdzic&Shyy, 1982)。近年来,混合网格(Hybrid grid)生成方法出现,这种方法在近壁区采用自由排序的四面体网格,核心区域以外采用结构化网格,混合交界区域采用金字塔形网格过渡,大大降低了分网时间,但是容易在网格交界面上产生间隙(gap)、坏角以及节点不连续等问题,同时,交接区往往需要高阶单元来提高插值精度。鉴于连续化网格在处理复杂壁面的绕流问题时具有一定难度,目前还有一种被称为再分区结构网格的新方法。这种方法采用界面跟踪技术进行信息交换,无须各分区的节点保持连续,被广泛用于复杂的流场模拟、流固耦合界面处理、大位移滑移网格模型、动网格模型,但其分析精度受插值方法影响,和求解算法紧密关联,计算稳定性需要进一步提高。

6.1.8.2 湍流模拟

湍流计算的精细程度通常分为三个层次,即 DNS(直接数值模拟:Direct Numerical Simulation)、LES(大涡模拟:Large Eddy Simulation)和 RANS(雷诺平均处理:Reynolds Averaged Navier-Stocks equation)模型。DNS 要求网格尺度低于 Kolmogorow 尺度 η,但实际湍流场旋涡尺度比的量级为 $Re^{0.75}$,建筑工程中的 Re 一般为 $10^5 \sim 10^8$,特征湍流的脉动频率可达 10 kHz,要分辨微尺度旋涡,则须采用数量巨大的网格和极小的时间步长。因此,DNS 的计算量是极为惊人的。对于一个 0.1 m×0.1 m×0.1 m 的高 Re 数三维流动,可能含有 10 ~ 100 μm 尺度的微结构小涡,而流场最高湍动频率在 10 kHz 左右,网格数为 $10^9 \sim 10^{12}$,时间步长须在 100 μs 左右。Speziale 于 1991 年指出,这种尺度的湍流模拟需要一台比 CARY 快 1 000 万倍的计算机。1991 年,Rai 和 Moin 对低雷诺数流体绕经薄板时的转捩现象进行了直接数值模拟,所用单元节点数为 16 975 196,在 CARY-YMP 计算机上耗时近 400 个小时才完成一个工况计算。RANS 湍流模型将雷诺应力模式化处理,网格最小尺度由平均流动确定,大大提高了求解的最小涡流结构尺度,LES 湍流模型的网格尺度则介于 DNS 和 RANS 之间。

受计算条件限制,现阶段 CWE 计算必须引入湍流模型。LES 是目前公认最有前途的湍流模型,所需网格数较 DNS 可以少很多。1970 年,Deardorff 开始进行 LES 研究,早期,几乎只有标准亚格子模型(SGS:Smagorinsky)用于 LES 计算。SGS 模型的亚格子常数 C_s 取值范围为 0.1 ~ 0.25,但在 CFD 计算中,C_s 只能取一个定值。研究表明,对于含有冲击、分离、自由剪切层和旋涡等各种流动现象的钝体风场,要选择一个合理的 C_s 值来进行分析是相当困难的,同时,这个因素导致 SGS 计算还不允许能量由小尺度涡串级至大尺度涡,因此被认为是过度耗散模型。针对这个缺点,Germano 和 Bardina、Horiuti、Mason、Derbyshire 等人做了许多工作,并提出了设想。1991 年,Germano 等提出动力 SGS(DGS)模型,1992 年,Lilly 对其进行了改进。首先,DGS 模型的常数 C($=C_{s2}$)根据不同特征长度的滤波(即网格和测试滤波)表达为空间和时间变量的函数,由于采用双滤波,DGS 对方柱体绕流的计算结果较 SGS 改进很大;其次,DGS 无须采用经验函数抑制阻尼,在近壁面层流区域内常数 C 自动归零,因此可以改善近壁面速度场的结果(图 6-7),成功再现了转捩现象。但是,由于 C 值脉动较大,DGS 计算稳定性较差。为此,Piomelli 和 Lu、Ghosal 等学者提出了稳定

C值脉动的技术,包括1994年Piomelli和Lu提出的LDM模型和1995年Ghosal提出的DLD模型,其改进之处在于采用等向平均或时间平均法获得C值,同时结合区间截断技术,当C<0时,强制令C=0。在动力LES中,C值采用沿流线方向的平均方法计算,此时平均长度的取值非常重要,当平均长度采用拉格朗日方法时,便得到LDM。学界利用LDM模型对无限长柱体进行了校准测试,得到了与试验数据吻合很好的模拟结果(图6-7)。1997年,Selvam等人采用LES对桥梁节段模型、TTU建筑和圆柱进行了数值模拟,结果显示平均值与实测吻合较好;对峰值压力,根据实测数据生成脉动来流条件的模拟结果与实测吻合也很好。T.Tamura等人对柱体气动弹性行为的数值模拟成功再现了柱体的各种振动形态和失稳现象,计算还考虑了结构弹塑性行为的影响和具有不同物理机理或振动形式的非稳定振动组合。尽管如此,但由于网格数量需求仍然很大,LES的应用目前多限于小规模的科研领域,实际工程应用较少。

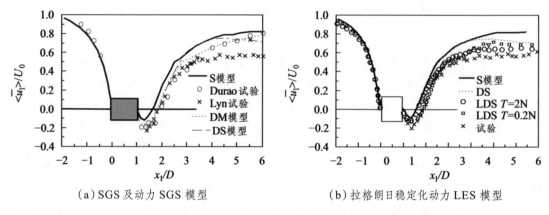

（a）SGS及动力SGS模型　　　　　　（b）拉格朗日稳定化动力LES模型

图 6-7　二维角柱中心轴模拟风速分布比较

基于模式化理论的时均湍流模型主要有采用各向同性涡粘假定的零方程模型和k-ε模型,以及考虑各向异性的雷诺应力方程模型(RSM: Reynolds Stress Model),它们都有各自的改进形式。由Cebeci(1974)和Lomax(1978)发展的零方程模型,广泛用于飞行器外部流场计算,但不能描述存在分离涡和回流环绕的流动现象,只能计算平均湍流特性和剪应力,因而不能用于CWE中。k-ε模型建立在各向同性涡粘假设基础上,对流线弯曲、应力梯度剧变、流动旋转等问题不适用,通常只是管道流计算的首选,不太合适建筑数值风洞模拟(图6-8a)。1990年,S.Murakami和A.Mochida等针对边界层内的立方体绕流,比较了LES和标准k-ε模型的模拟结果。研究表明,LES即使是网格较粗也可取得较k-ε更好的模拟精度;同时,研究还发现k-ε模型会高估钝体前缘的湍动能k(图6-8b),这一发现引导了当时的CWE研究,很多学者热衷于对k-ε模型进行改进。1993年,Launder和Kato对标准k-ε模型的湍动能产生项G_k进行了修改,提出了改进的k-ε模型(LK模型)。LK模型的湍动能生成项引入了与旋度相关的变量Ω和S,用于二维角柱绕流时改进效果非常明显(图6-8c)。但LK模型对建筑群(Architectural complex)的风场干扰适应性很差,尤其在尾流区的计算结果很不理想。这是因为LK模型有两个缺点:其一,$\Omega > S$的区域k减少,而$\Omega > S$的区域则过高估计G_k值,但是事实上,$\Omega > S$的情况经常出现;其二,LK模型在模拟雷诺应力和P_k时存在缺陷,它只修改了湍流k方程中的P_k表达式,导致和平均流动能量k方程

的 G_k 不一致。1996 年，S.Murakarni, A.Mochida 和 K.Kondo 等通过修改 P_k 和涡粘度 μ_t 的表达式，提出了 MMK 模型。计算表明 LK 和 MMK 模型都能成功地消除 $k\text{-}\varepsilon$ 模型在钝体前缘气流剥离位置 K 值过高的问题(图 6-8d)，但后者对立方体 45° 来流时的模拟结果更好。1997 年，Kawamoto 通过引入变量 Φ 考虑锥形涡的影响，提出了改进的三方程 $k\text{-}\varepsilon\text{-}\Phi$ 模型，在屋顶角部成功地再现了锥形涡。

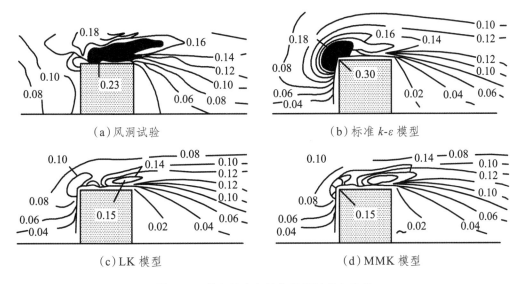

图 6-8 二维角柱中心轴位置风速分布比较

上述改进虽然针对简单建筑物关键部位流场的模拟结果有所改善，但都是局域性的，远远没有达到商业化需求，因此目前仅有 CFX 程序吸纳了 Launder 和 Kato 的修正思想。和各向同性涡粘假定的 $k\text{-}\varepsilon$ 系列模型相比，RSM 采用了涡粘性各向异性假定，可以直接描述所有风场平均变量和雷诺应力。1975 年，Launder 提出了该模型的设想，1990 年，Murakami 指出 Gibson-Launder 模型中壁面反射项的不足，1992 年，Craft、Launder 对其进行改进。时至今日，众多学者提出了多种改进模型，主要针对 RSM 的压力 - 应变项，这其中包括 Speziable、Sarkur、Gatski 提出的 SSG 模型及 Fu、Launder 和 Tselepidakis 提出的 FLT 模型。RSM 改善了 $k\text{-}\varepsilon$ 模型局部湍流动能 K 值过高的问题，但同时却产生了过大的流动分离，加上由于复杂的方程描述，其对三维流场问题需要多求解五个偏微分方程，计算消耗显著增加，且对于非流线形的建筑绕流问题，计算稳定性较差。为克服 RSM 因求解含雷诺应力梯度的微分方程所导致计算量过大的缺点，1982 年，Rodi 通过省略对流项和扩散项，把雷诺应力方程化为一组代数方程，得到 ASM 模型(Algebraic Stress Models)，但 ASM 仍然保留了 RSM 的缺点。已有研究表明，$k\text{-}\varepsilon$ 模型并不适合建筑数值风洞模拟，目前多采用 RSM 或改进的 $k\text{-}\varepsilon$ 模型。另外需说明的是，基于 RANS 的湍流模型仅能提供流场时均信息，这也是其固有的不足之处。

6.1.8.3 离散求解方法

CWE 模拟常用的求解思想可分为两大类：一类基于场的观点，通过离散模型方程对风场进行计算，离散化方法有流函数涡量方法、差分方法、有限单元法、有限体积法及谱方法；另一类则直接追踪流体质点运动，如涡方法。目前最具通用性的方法是通过求解描述湍流运动的 N-S 方程组获得流场变量。对 CFD 方程组而言，它由上百万甚至上千万个非线性方程组成,传统的克莱姆法则或高斯消元法的计算量为方程个数的三次幂,因此,CFD 问题的方程求解计算量和内存需要都是巨大的。针对此, Thomas 于 1949 年提出了快速求解对角矩阵系数方程组的 Thomas 算法 TDMA(Tri-Diagonal Matrix Algorithm)。为应用 TDMA,一般采用离散方法将控制方程组系数矩阵化为对角或上三角形式,但采用形体自适应网格技术时,每一个流场节点的离散方程往往包含相邻很多节点的贡献在内,因此,TDMA 显得力不从心。1968 年,由 Stone 提出并被 Schneider 和 Zedan(1981)改进的 SIP(Strongly Implicit Procedure)方法解决了这个问题。对具体流体控制方程而言,求解的关键在于速度 - 压力项解耦,目前有如下几种解决方法:其一,采用迭代法对动量方程和输运方程求解;其二,可将风场变量的定义由同位网格改为交错网格,规避高频空间压力振荡的问题;其三,采用 Patankar 和 Spalding(1972)提出的 SIMPLE 法(Semi-Implicit Method for Pressure-Linked Equations);其四,采用改进的半隐式 SIMPLER 法(Patankar, 1980)或者 SIMPLEC 法(SIMPLE-Conistent, Van Doormaland Raithby, 1984)可以获得较稳定的结果;其五,采用 PISO 方法(Pressure Implicit with Spliting of Operators, Issa, 1986),这种方法借助非定常瞬时 N-S 方程的压力速度解耦算法,时步要求大大降低,同时,和 SIMPLE 方法比较,每一迭代步有一个额外的改进步,计算效率较高。上述求解方法一般都需要采用低松弛技术保证数值稳定性,其适用性需视具体问题而定。

6.1.8.4 CFD 方法和随机分析的结合

目前,国内外一些学者热衷于将 CFD 用于实际工程的风荷载模拟,如 KTC 高铁客站、上海南站、广州站、越南国家体育场和国家游泳中心等,这些模拟都与风洞试验进行了比较,拓展了 CFD 在实际工程中的应用。但上述研究主要基于稳态时均流场,很难获得准确的脉动风场信息。随着计算科学的发展,将随机分析方法和非定常湍流模拟结合起来进行结构风致作用的研究已经成为一种新的手段。这种方法综合了 CFD 和 CSD 的优势,既可以研究建筑脉动风场的随机特性,也可以作为流固耦合问题的解决方法(FSI: Fluid Solid Interface)。同时,由于摒弃了传统 CSD 方法用于结构风致作用分析的诸多假定,该方法对输入参数的依赖性大大降低,因此更具有灵活性,而且能直接获得流场脉动信息。其主要流程如图 6-9 所示,本章将研究其在铁路客站建筑群风致作用中的应用。

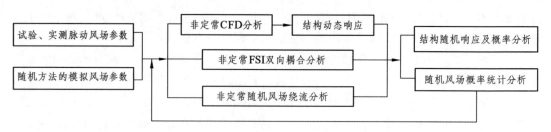

图 6-9 CFD 方法和随机分析的结合

6.2 CFD 模拟方法与技术

6.2.1 引 言

正如 Murakami 所说:"使用传统的方法,在时空上明确求解人居环境中的三维流场和温度场几乎是不可能的。"因此，采用 CFD 数值方法对大气环境的气流运动进行模拟成为可能。针对实际建筑物风场绕流现象及其气动作用的 CFD 解析方法便是建筑数值风工程。建筑绕流问题的 CFD 求解，其本质是对控制方程在所规定的区域上进行点离散（如有限差分法）或区域离散（如有限元法和有限体积法），得到各网格点上的物理量满足的线性代数方程组，然后迭代求解获得所需物理量。控制方程（Navier-Stokes 方程）求解有两大困难：

首先，对于低速等温不可压缩流动，连续方程和动量方程便可形成封闭，根据压力分布可解动量方程即得速度场。但是，由于速度场必须同时满足连续方程，而连续方程与压力却无直接关系，导致求解困难，现有模式化求解理论通过引入涡粘模型保证方程组封闭，并据此产生了多种解法。较为典型的如 SIMPLE 法以及由其改进的 SIMPLER 法、SIMPLEC 法、PISO 法等。

其次，数值模拟的另外一个难题便是高 Re 数条件下需要细密的网格和时间步长来分辨大气边界层的复杂流动，解决方法是针对特征湍动发展时均湍流模型、近壁区低 Re 数模型及近壁区解析模型。

总的来说，利用 CFD 研究大气边界层建筑气动作用是近 30 年发展起来的新兴学科，具体应用还涉及很多问题，譬如能够描述建筑物风场特征的湍流模型、输运参数定义、复杂网格生成、收敛参数设定、计算域尺度确定、具有稳定性且可控制的迭代算法等。基于此，本节将会就这些问题进行梳理，搭建起建筑数值风洞模拟的方法与技术框架，并基于全隐式瞬态算法提出准稳态时步逼近求解技术。

6.2.2　黏性流动控制方程

6.2.2.1　黏性流动的运动描述方法

CSD 和 CFD 对物质运动的描述方法是形成控制方程的基本条件，计算力学中，常采用 Lagrange 方法和 Euler 方法对物质运动进行描述。Lagrange 方法将运动坐标固定在物质材料上，其标记为材料质点，研究的是该点的运动状态（图 6-10a）。Euler 方法则将运动坐标固定在空间上，标记为固定点，同时，以当前阶段的变量为参考，把空间变量（稳态问题）和时间变量（瞬态问题）独立处理，将质点的速度场 $\vec{v}(\vec{R},T)$ 列入控制方程求解，研究的是空间某一固定点的场量变化状态（图 6-10b）。Euler 方法通常用于三维场变量非线性问题，如流体力学问题、显式刚体力学问题。简单来说，Euler 方法的网格在求解过程中没有变形，而 Lagrange 方法的网格允许变形。因此，计算流体力学中常用的有限体积法便用 Euler 法描述流体运动，计算结构力学求解则常以 Lagrange 法为主。两种方法各有优势，基于 Euler 坐标方法描述的流体运动状态，给出的是流场空间固定坐标点的流元速度、压力等流场变量，求解得到的是控制体内各积分点上的物理变量分布场。因此其具有三个优点：① 便于利用场论这一数学工具进行变量处理；② 运动方程是一阶偏微分方程，容易求解（Lagrange 方法得到的是二阶偏微分方程）；③ 无须关注流场微元体的来去踪迹，简化了计算。在流固耦合问题中，质点的空间坐标并非固定不变的，如果沿用 Euler 方法进行变量描述就具有一定局限性，便可以结合两种描述方法的优势，采用 ALE（Arbitrary Lagrange-Euler）方法进行运动描述。

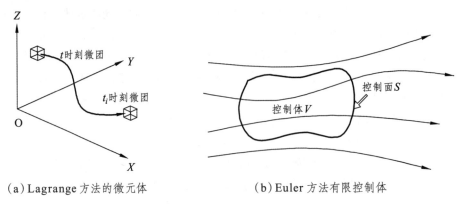

（a）Lagrange 方法的微元体　　　　　　（b）Euler 方法有限控制体

图 6-10　物质运动描述坐标

流体运动的描述坐标常采用正交坐标（Orthogonal Coordinate），这种坐标系对于矩形区域的流场具有良好的适应性。对于三维曲面以及复杂边界，往往采用曲线坐标（Generalized Curvilinear Coordinate）和贴体坐标（Boundary Fitted Coordinate）。对于具有复杂造型的钝体建筑，通常常采用绕钝体物面的贴体坐标网格（图 6-11）。

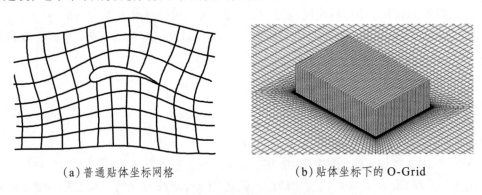

（a）普通贴体坐标网格　　　　　　　　（b）贴体坐标下的 O-Grid

图 6-11　典型贴体坐标模型

W.H.Chu 于 1971 年最早提出贴体坐标系的概念，F.Thomas 首次将其应用到计算流体动力学分析。近 30 年来，贴体坐标网格生成技术迅速发展，应用日益广泛，目前主流的贴体网格多采用 O-Grid（图 6-11b）。贴体坐标网格的生成方法主要有三种：代数方法，微分方程方法以及保角变换方法。由于实际问题的复杂性，一般都采用代数生成方法，即将整体坐标 (x, y, z) 与网格局部坐标 (ξ, n, ζ) 的关系通过离散的代数式表示。贴体坐标应尽可能地与壁面正交，网格疏密分布应与物理量的变化梯度相互匹配。目前常见的贴体坐标网格主要有六面体分层 O-Grid 和棱柱体分层 O-Grid。

6.2.2.2　本构方程

边界大气为牛顿流体，其本构方程可以表达为：

$$\sigma_{ij} = -p\delta_{ij} + \mu\left(\frac{\partial u_j}{\partial x_i} + \frac{\partial u_i}{\partial x_j} - \frac{2}{3}\delta_{ij}\frac{\partial u_k}{\partial x_k}\right) + \mu_V \delta_{ij}\frac{\partial u_k}{\partial x_k} \tag{6-1}$$

$$\sigma_{ij} = -p\delta_{ij} + \mu\left(\frac{\partial u_j}{\partial x_i} + \frac{\partial u_i}{\partial x_j}\right) = -p\delta_{ij} + 2\mu e_{ij} \tag{6-2}$$

式（6-1）中：δ_{ij} 为二阶单位张量；μ 为动力黏性系数；u_i 为速度场；x_i 为空间的三维方向；σ_{ij} 为雷诺应力；p 为流场压力；μ_V 为体积黏性系数。边界层空气体积黏性系数很小，应用中可将其视为 0，因此，式（6-1）可以简化为式（6-2）。

6.2.2.3 连续方程

空气微元在传输过程中满足守恒定律，即在一个封闭的流元体内，单位时间内流体质量的变化等于流进与流出的质量之差，数学上用连续方程表示为：

$$\frac{\partial \rho}{\partial t} + \sum_{i=1}^{k} \frac{\partial (\rho u_i)}{\partial x_i} = 0 \quad (k=1,2,3) \tag{6-3}$$

大气边界层中，空气质量密度 ρ 可视作常数，因此，式（6-3）可以简化为：

$$\frac{\partial u_i}{\partial x_i} = \left(\frac{\partial u_1}{\partial x_1} + \frac{\partial u_2}{\partial x_2} + \frac{\partial u_3}{\partial x_3} \right) = \nabla \cdot u = 0 \tag{6-4}$$

式（6-4）中，u、u_i 分别表示流元体的速度矢量和三个方向的分量。

6.2.2.4 N-S 方程

19 世纪上半叶，由法国科学家 M.Navier 和英国科学家 G.Stokes 分别独立得到纳维耶 - 斯托克斯方程（Navier-Stokes equation），该方程又被简称纳 - 斯方程或流体动量传输方程。根据牛顿第二定律，具有固定体积的流元 dV 采用欧拉方法描述的动量方程的微分表形式如式（6-5）：

$$\rho \frac{\partial u_i}{\partial t} = \rho f_i + \frac{\partial \sigma_{ij}}{\partial x_j} \tag{6-5}$$

定义 $\sigma_{ij}' = -\rho \langle u_i' u_j' \rangle$，$\sigma_{ij}'$ 为 Reynolds 应力项，将式（6-2）代入式（6-5）可以得到：

$$\rho \frac{\partial u_i}{\partial t} + \rho \frac{\partial u_i u_j}{\partial x_i} = p f_i - \frac{\partial p}{\partial x_i} + \mu \frac{\partial u_i}{\partial x_i \partial x_j} \tag{6-6}$$

大气边界层的空气绕流运动中，常采用等温绝热的假定，因此，能量守恒方程通常不需要进行专门定义。这样，由 N-S 方程（6-6）和连续方程（6-4）便组成了封闭的基本控制方程组。N-S 方程的求解方法主要有 2 类（图 6-12）。求解涡度方程的方法以涡度 ω 和流函数 ψ 为基本未知变量，理论严密，但难以向三维扩展，属于早期计算机技术不发达时代的产物。目前的主流是针对输运方程的速度场 u_i 和压力场 p 为求解未知量的数值模拟方法。理论上最为精确的 DNS 方法直接求解 N-S 方程式，可以得到各种尺度的湍流脉动，但是为了分辨非常细微的湍动现象，需要数量极大的网格和细密的时间步距，目前绝大多数计算机还很难胜任。空间平均和时间平均的方法均基于模式化理论，即利用湍流模型将湍流的雷诺应力在时间或空间上进行平均处理，使控制方程组封闭。湍流模式化理论大大降低了网格和时步尺度的要求，即使网格和时间步距较粗也能获得统计意义上的合理结果，下面将对典型湍流模型方程进行推导。

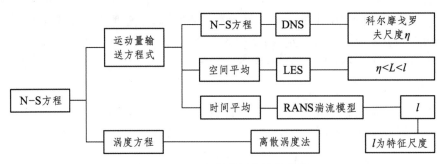

图 6-12 N-S 方程求解方法的分类

6.2.3 湍流模型

目前,根据湍流脉动分量平均处理方式的不同,N-S 方程的模式化湍流求解方法主要分为两种:RANS 方法和 LES 方法。

(1)RANS 方法对流体动量方程进行时均处理,脉动成分则通过时均模式化湍流模型实现,仅针对平均流动特征求解。RANS 方法主要分成两大类:Reynolds 应力模型和涡粘性模型。Reynolds 应力模型又分成两类,即 Reynolds 应力方程模型(RSM)和代数应力方程模型(ASM);涡粘模型主要以 $k\text{-}\varepsilon$ 系列模型为主,目前公认改进比较良好的涡粘模型以 RNG $k\text{-}\varepsilon$ 和 Realizable $k\text{-}\varepsilon$ 模型为代表。

(2)LES 方法采用空间滤波器对流体动量方程进行空间平均处理,大于滤波尺度的涡流结构采用直接数值解析(DNS),而低于该尺度的涡流结构按模式化处理。虽然 LES 模型在"较粗网格条件下的结果精度就可能高于 RANS 模型在精细网格条件下的结果",但由于滤波效应影响,网格需求量仍然很大,计算负载很高,且仍然存在一系列亟待解决的问题。但是,LES 能够获得时域上的各种统计信息,针对非定常流或流固耦合问题的优势较为明显。

湍流模型的选择在计算风工程中举足轻重,针对具体的问题常需要进行系统的校准研究方可采用。已有研究表明,经典的 $k\text{-}\varepsilon$ 模型并不适合用于大气边界层的建筑数值风洞模拟。目前,一般认为 LES 比较适合建筑数值风洞模拟,基于 RANS 的湍流模型如 RNG $k\text{-}\varepsilon$、Realizable $k\text{-}\varepsilon$、LRR RSM、SGS RSM 等也有其优势。鉴于本书后续工作需要,下面择重点对上述个别湍流模型进行简单推导和论述。

6.2.3.1 标准 $k\text{-}\varepsilon$ 模型及改进

各种 RANS 模型的根本差别在于 Reynolds 应力的解析方式不同。$k\text{-}\varepsilon$ 模型虽然不适合于边界层建筑绕流模拟,但很多湍流模型的改进和演化均基于 $k\text{-}\varepsilon$ 模型,因此首先结合经典 $k\text{-}\varepsilon$ 模型对 Reynolds 应力的解析方式进行推导。

对式(6-4)和(6-6)进行雷诺分解,可得式(6-7):

$$f = \langle f \rangle + f' \tag{6-7}$$

上式中:f 表示变量瞬时值;$\langle f \rangle$ 表示变量时均值;f' 表示变量脉动值。将式(6-7)代入式(6-4)和(6-6)可得到式(6-8)和式(6-9):

$$\frac{\partial \langle u_i \rangle}{\partial x_i} = 0 \tag{6-8}$$

$$\rho \frac{\partial \langle u_i \rangle}{\partial t} = p f_i - \frac{\partial \langle p \rangle}{\partial x_i} + \rho \frac{\partial}{\partial x_i} \left(\nu \frac{\partial \langle u_i \rangle}{\partial x_j} - \langle u_i' u_j' \rangle \right) \tag{6-9}$$

式（6-8）和式（6-9）分别为时均连续方程和雷诺方程，式（6-9）和式（6-6）相比增加了雷诺应力项 $-\langle u_i' u_j' \rangle$。在三维空间里，$-\langle u_i' u_j' \rangle$ 表示 9 个分量，该未知分量导致方程组无法直接求解，因此，需要将雷诺应力分量和变量 u_i 建立起适当的关系。RANS 方法不直接求解 $-\langle u_i' u_j' \rangle$，而是通过引入涡粘性系数 μ_t 对雷诺应力进行模式化处理来求解方程。如 k-ε 模型根据分子黏性 υ 产生的切应力和速度梯度的相似原理，引入涡粘性系数 μ_t，将雷诺应力 $-\langle u_i' u_j' \rangle$ 和变形张量率关联起来，如式（6-10）所示：

$$-\langle u_i' u_j' \rangle = \mu_t \left(\frac{\partial \langle u_i \rangle}{\partial x_j} - \frac{\partial \langle u_j \rangle}{\partial x_i} \right) - \frac{2}{3} \delta_{ij} = 2 \nu_t S_{ij} - \frac{2}{3} \delta_{ij} k \tag{6-10}$$

式（6-10）中，S_{ij} 是变形率张量，$S_{ij} = (1/2) \left(\partial \langle u_i \rangle / \partial x_j + \partial \langle u_j \rangle / \partial x_i \right)$。对于新增加的未知变量 μ_t，k-ε 模型通过 k 和 ε 两个物理量来确定（式（6-11））：

$$\mu_t = C_\mu k^2 / \varepsilon \tag{6-11}$$

上式中，$C_\mu = 0.09$，$k = \langle u_i' u_i' \rangle / 2$，$\varepsilon = C_\mu^{3/4} k^{3/2} / l$，$l$ 为湍流积分尺度。k 和 ε 是 k-ε 模型的两个基本未知量。大气边界层的风场，一般均忽略掉空气的浮力项并按不可压缩流体假定，对应的输运方程为：

$$\frac{\partial (\rho k)}{\partial t} + \frac{\partial}{\partial x_i} \left(\rho k \langle u_i \rangle \right) = \frac{\partial}{\partial x_j} \left(\left(\mu + \frac{\mu_t}{\sigma_k} \right) \frac{\partial k}{\partial x_j} \right) + G_k - \rho \varepsilon \tag{6-12}$$

$$\frac{\partial (\rho \varepsilon)}{\partial t} + \frac{\partial}{\partial x_i} \left(\rho \varepsilon \langle u_i \rangle \right) = \frac{\partial}{\partial x_j} \left(\left(\mu + \frac{\mu_t}{\sigma_k} \right) \frac{\partial \varepsilon}{\partial x_j} \right) + C_{1\varepsilon} \frac{\varepsilon}{k} G_k - C_{2\varepsilon} \rho \frac{\varepsilon^2}{k} \tag{6-13}$$

$$G_k = \mu_t \left(\frac{\partial \langle u_i \rangle}{\partial x_j} + \frac{\partial \langle u_j \rangle}{\partial x_i} \right) \frac{\partial \langle u_i \rangle}{\partial x_j} \tag{6-14}$$

上式中：G_k 为与平均速度相关的湍动能生成项，$C_{1\varepsilon} = 1.44$，$C_{2\varepsilon} = 1.92$，$C_\mu = 0.09$，$\sigma_k = 1.0$，$\sigma_\varepsilon = 1.3$。k-ε 模型在管道流的应用中获得了成功，但是，也存在两个弊端：

（1）虽然基于各向同性涡粘度 μ_t，但在复杂流场中，雷诺应力 $-\langle u_i' u_j' \rangle$ 却具有显著的各向异性特征，因此其预测精度较差。

（2）由于作了流场充分发展假定，因此对近壁区湍流的衰减效果和黏性特征无法准确模拟，导致结果精度变差。

k-ε 模型的弊端可以通过简单的钝体绕流场加以说明。图 6-13 为方体绕流分析结果的对比。标准 k-ε 模型角部分离作用较弱，甚至由于网格、对流项积分格式等，无法捕捉到角部分离涡团，同时，对应角部位置的湍动能驻留往往较高（图 6-14a）。正是由于标准 k-ε 模型对涡粘性系数 μ_t 估计不准，在建筑绕流模拟时，迎风侧檐口前侧气流剥离位置的湍动能容易估计过高，同时还会伴随后侧湍动分离不足。著名学者 Murakami、Launder、Menterl 和 Kato 等人对其进行了系列改进。如 LK-RNG k-ε 模型的湍动能生成项经过改进，流动分离及湍动能均获得明显改善（图 6-13b、图 6-14b）。

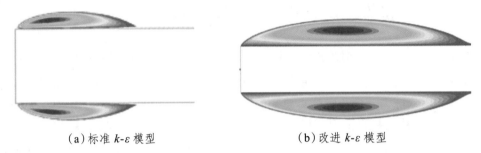

（a）标准 k-ε 模型 　　　　　　　　　　　（b）改进 k-ε 模型

图 6-13 厚板角部流动分离比较

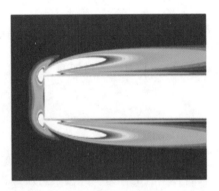　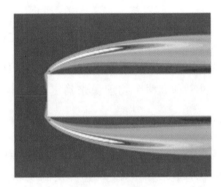

（a）标准 k-ε 模型 　　　　　　　　　　　（b）改进 k-ε 模型

图 6-14 厚板角部湍流动能分布

Murakami 对采用标准 k-ε 模型时钝体前缘动能驻值过高的原因进行了理论证明。为了便于对后续多个湍流模型的改进机理进行分析，特简要推导如下：

与式（6-14）等价，脉动量引起的湍动能生成项 G_k 可以表示为式（6-15）：

$$G_k = -\left\langle u_i' u_j' \right\rangle \frac{\partial \langle u_i \rangle}{\partial x_j} \qquad (6\text{-}15)$$

假定立方体中垂直流向剖面上 $\langle u_2 \rangle = 0$，$\partial \langle u_2 \rangle / \partial x_2 = 0$，式（6-15）可表达为式（6-16），其中 u_1 为主流动方向，u_2 为垂直流向，u_3 为竖直高度方向。

$$G_k = -\left(\left\langle u_1'^2 \right\rangle - \left\langle u_3'^2 \right\rangle \right) \frac{\partial \langle u_1 \rangle}{\partial x_1} - \left\langle u_1' u_3' \right\rangle \frac{\partial \langle u_1 \rangle}{\partial x_3} - \left\langle u_1' u_3' \right\rangle \frac{\partial \langle u_3 \rangle}{\partial x_1} \qquad (6\text{-}16)$$

经用 LES 测试，立方体中剖面流场的 $\left\langle u_1' u_3' \right\rangle$ 值几乎为零，因此式（6-13）右侧的第 2、3 项可以忽略。观察式（6-16）第 1、2 项，$\left\langle u_1'^2 \right\rangle$ 和 $\left\langle u_3'^2 \right\rangle$ 为互相衰减项，但是标准 k-ε 模型基于各向同性的涡粘性假定，可能导致实际和第一项存在矛盾。具体证明如下：

将 $\left\langle u_1'^2 \right\rangle$ 和 $\left\langle u_3'^2 \right\rangle$ 模式化后，可表达为式（6-17）：

$$\left\langle u_1'^2 \right\rangle = \frac{2}{3} k - 2\mu_t \frac{\partial \langle u_1 \rangle}{\partial x_1} \qquad (6\text{-}17a)$$

$$\left\langle u_3'^2 \right\rangle = \frac{2}{3} k - 2\mu_t \frac{\partial \langle u_3 \rangle}{\partial x_3} \qquad (6\text{-}17b)$$

结合连续方程，并考虑到中心断面上 $\partial\langle u_2\rangle/\partial x_2 = 0$，式（6-16）可变换为：

$$\langle u_3'^2\rangle = \frac{2}{3}k + 2\mu_t\frac{\partial\langle u_1\rangle}{\partial x_1} \tag{6-18}$$

将（6-17a）和（6-18）代入（6-16）并且忽略掉 2、3 项，则得到：

$$G_k = 4\mu_t\left(\frac{\partial\langle u_1\rangle}{\partial x_1}\right)^2 \tag{6-19}$$

式（6-19）恒为正，和式（6-16）第 1 项矛盾，故湍动能耗散不足，导致标准 k-ε 模型的 k 值计算过大。出现这种缺陷的原因是钝体绕流场中变形率张量 S_{ij} 存在对角分量。

针对此，Launder 和 Kato 在湍流动能生成项 G_k 中引入涡量（Ω）修正涡粘系数（式 6-20a）得到 LK 模型。该模型改善了迎风面角部附近湍动能 k 过高的问题，但仍然存在两个问题：其一，$-\langle u_i'u_j'\rangle$ 仍然基于涡粘假定，仅对 G_k 修正，导致湍流动能 k 输送方程中的 G_k 与平均湍动能 $k(=\langle u_i\rangle\langle u_j\rangle/2)$ 输运方程的能量输送项 G_k' 存在数学原理上的矛盾；其二，当涡量 Ω 大于变形率 S，建筑附近的流场空间会出现 $\Omega/S>1$ 的情况。为此，Murakami 提出了 MMK 模型，MMK 模型将涡粘性系数 $\mu_t = C_\mu k^2/\varepsilon$ 中的 C_μ 作为 Ω/S 的函数（式 6-20b、c）：

$$G_k = \mu_t S^2 = \frac{\mu_t}{2}\left(\frac{\partial\langle u_i\rangle}{\partial x_j} + \frac{\partial\langle u_j\rangle}{\partial x_i}\right)^2 \tag{6-20a}$$

$$\mu_t = C_\mu^*\frac{k^2}{\varepsilon},\quad C_\mu^* = C_\mu\frac{\Omega}{S},\quad (\Omega/S \leqslant 1) \tag{6-20b}$$

$$\mu_t = C_\mu^*\frac{k^2}{\varepsilon},\quad C_\mu^* = C_\mu,\quad (\Omega/S > 1) \tag{6-20c}$$

MMK 模型修正了 LK 模型的不足，应用于三维立方体绕流的数值模拟结果和风洞试验吻合非常好，即使在 45° 来流时，模型的适应性也很好。但是，LK 和 MMK 对 k-ε 模型的改进都是局部性质的，缺乏对复杂绕流运动描述的普适性，需要进一步研究。

6.2.3.2 LK-RNG k-ε 模型（Launder-Kato modified Renormalization Group）

LK-RNG k-ε 模型通过对 Yakhot 和 Orzag 提出的 RNG k-ε 模型的湍动能生成项 G_k 进行 LK 修正得到，控制方程和 RNG k-ε 极为相似（式（6-21a、b））：

$$\frac{\partial(\rho k)}{\partial t} + \frac{\partial}{\partial x_i}\left(\rho k\langle u_i\rangle\right) = \frac{\partial}{\partial x_j}\left(\alpha_k\mu_{\text{eff}}\frac{\partial k}{\partial x_j}\right) + G_k - \rho\varepsilon \tag{6-21a}$$

$$\frac{\partial(\rho\varepsilon)}{\partial t} + \frac{\partial}{\partial x_i}\left(\rho\varepsilon\langle u_i\rangle\right) = \frac{\partial}{\partial x_j}\left(\alpha_\varepsilon\mu_{\text{eff}}\frac{\partial\varepsilon}{\partial x_j}\right) + C_{1\varepsilon}^*\frac{\varepsilon}{k}G_k - C_{2\varepsilon}\rho\frac{\varepsilon^2}{k} - R_\varepsilon \tag{6-21b}$$

式（6-21a、b）中：$\mu_{\text{eff}} = \mu + \mu_t$，$\mu_t = \rho C_\mu\frac{k^2}{\varepsilon}$，$C_\mu = 0.0845$，$\alpha_k = \alpha_\varepsilon = 1.39$，$C_{1\varepsilon}^* = C_{1\varepsilon} - \dfrac{\eta(1-\eta/\eta_0)}{1+\beta\eta^3}$，$C_{1\varepsilon} = 1.42$（个别文献为 1.44），$C_{2\varepsilon} = 1.68$，$\eta = (2S_{ij}\cdot S_{ij})^{1/2}\dfrac{k}{\varepsilon}$，$S_{ij} = \dfrac{1}{2}\left(\dfrac{\partial\langle u_i\rangle}{\partial x_j} + \dfrac{\partial\langle u_j\rangle}{\partial x_i}\right)$，$\eta_0 = 4.377$，$\beta = 0.012$，$R_\varepsilon = \dfrac{C_\mu\rho\eta^3(1-\eta/\eta_0)\varepsilon^2}{(1+\rho\eta^3)k}$。

湍流动能生成项：$\Omega/S>1$ 时，$\quad G_k = \dfrac{\mu_t}{2}\left(\dfrac{\partial \langle u_i \rangle}{\partial x_j} + \dfrac{\partial \langle u_j \rangle}{\partial x_i}\right)$ （6-21c）

$\Omega/S \leqslant 1$ 时，$\quad G_k = \dfrac{\mu_t}{2}\left(\dfrac{\partial \langle u_i \rangle}{\partial x_j} + \dfrac{\partial \langle u_j \rangle}{\partial x_i}\right)\left(\dfrac{\partial \langle u_i \rangle}{\partial x_j} - \dfrac{\partial \langle u_j \rangle}{\partial x_i}\right)$ （6-21d）

LK-RNG $k\text{-}\varepsilon$ 模型的主要优点在于：

（1）通过修正湍动黏度，考虑了平均流动中的旋转以及旋流流动情况。

（2）在 ε 方程中增加了变形率相关项，反映了主流的时均应变率 S_{ij}，RNG $k\text{-}\varepsilon$ 模型可以更好地处理高应变率以及弯曲流动。

（3）普通 RNG $k\text{-}\varepsilon$ 模型的 G_k 项和标准 $k\text{-}\varepsilon$ 模型相同，钝体角部湍动能驻留过大的问题仍然没有解决。借助 Launder-Kato 方法（式 6-21c、d）对 G_k 进行了修正，可改善这一问题，且计算消耗变化很小。因此，LK-RNG $k\text{-}\varepsilon$ 模型的改进比较成功，值得进一步研究其在建筑绕流问题中的应用。

6.2.3.3 RSM 模型（Reynolds Stress Model）

完整的雷诺应力模型由 12 个偏微分方程组成，即 3 个动量方程（式 6-6）、1 个连续方程（式 6-4）、6 个雷诺应力方程（式 6-22a）和两个输运方程（6-22b、c）。时均雷诺应力方程可以写成式（6.22a）：

$$\frac{\partial \langle u_i' u_j' \rangle}{\partial t} = \frac{\partial}{\partial x_i}\left[C_k \frac{k^2}{\varepsilon}\frac{\partial \langle u_i' u_j' \rangle}{\partial x_i} + \nu \frac{\partial \langle u_i' u_j' \rangle}{\partial x_i}\right] + P_{ij} -$$
$$\frac{2}{3}\delta_{ij}\varepsilon - C_1 \frac{\varepsilon}{k}\left(\langle u_i' u_j' \rangle - \frac{2}{3}\delta_{ij}k\right) - C_2 \frac{\varepsilon}{k}\left(P_{ij} - \frac{2}{3}\delta_{ij}P_k\right)$$
（6-22a）

式（6-22a）中：$P_{ij} = -\left(\langle u_i' u_j' \rangle\dfrac{\partial u_j}{\partial x_k} + \langle u_i' u_j' \rangle\dfrac{\partial u_j}{\partial x_k}\right)$，$P_k = -\langle u_i' u_j' \rangle\dfrac{\partial u_i}{\partial x_j}$，常数 C_k=0.09，C_1=1.8，

C_2=0.6。模式化以后的 k、ε 方程可以写成式（6-22b、c）。

$$\frac{\partial(\rho k)}{\partial t} + \frac{\partial(\rho k \langle u_i \rangle)}{\partial x_i} = \frac{\partial}{\partial x_j}\left[\left(\mu + \frac{\mu_t}{\sigma_k}\right)\frac{\partial k}{\partial x_j}\right] + \frac{1}{2}P_{ij} - \rho\varepsilon$$
（6-22b）

$$\frac{\partial(\rho\varepsilon)}{\partial t} + \frac{\partial(\rho\varepsilon \langle u_i \rangle)}{\partial x_i} = \frac{\partial}{\partial x_j}\left[\left(\mu + \frac{\mu_t}{\sigma_\varepsilon}\right)\frac{\partial \varepsilon}{\partial x_j}\right] + C_{1\varepsilon}\frac{1}{2}P_{ij} - C_{2\varepsilon}\rho\frac{\varepsilon^2}{k}$$
（6-22c）

式（6-22）的常数 $C_{\varepsilon 1}$=1.44，$C_{\varepsilon 2}$=1.92。式（6-22b）可以通过 Reynolds 应力的三个正应力项推导出来，即 $k = \langle u_i' u_j' \rangle/2$，因此 k 一般不作为独立变量。目前较有代表性的 RSM 模型主要有 SSG RSM（Speziale, Sarkar and Gatski）、LRR RSM 模型（Launder, Reece and Rodi）。两者在 Reynolds 方程的压力应变项上存在差异，其中 LRR 的压力应变项为线性，关系最简单，SSG 模型的压力应变项为 2 次关系，参数最为丰富，但函数关系极其复杂，具体如下：

LRR RSM 模型的压力应变项如式 (6-23) 所示。

$$\Phi_{ij} = -C_1\rho\frac{\varepsilon}{k}\left(\langle u_i u_j\rangle - \frac{2}{3}\delta_{ij}k\right) - C_2\left(P_{ij} - \frac{2}{3}P\delta_{ij}\right)$$
(6-23)

SSG RSM 模型的压力应变项如式 (6-24) 所示:

$$\Phi_{ij} = -\rho\varepsilon\left[C_{s1}\alpha_{ij} + C_{s2}\left(\alpha_{ik}\alpha_{kj} - \frac{1}{2}\alpha_{mn}\alpha_{mn}\delta_{ij}\right)\right] - C_{r1}P\alpha_{ij} + \rho k S_{ij}\left(C_{r2} - C_{r3}\sqrt{\alpha_{mn}\alpha_{mn}}\right) +$$
$$C_{r4}\rho k\left(\alpha_{ik}S_{jk} + \alpha_{jk}S_{ik} - \frac{2}{3}\alpha_{kl}\alpha_{kl}\delta_{ij}\right) + C_{r5}\rho k\left(\alpha_{ik}\Omega_{jk} + \alpha_{jk}\Omega_{ik}\right)$$
(6-24)

式 (6-24) 中: $\alpha_{ij} = \langle u_i u_j\rangle/k - 2\delta_{ij}/3$; $S_{ij} = \frac{1}{2}\left(\partial u_i/\partial x_j + \partial u_j/\partial x_j\right)$; $\Omega_{ij} = \frac{1}{2}\left(\partial u_i/\partial x_j - \partial u_j/\partial x_j\right)$; C_{r1}=0.9; C_{r2}=0.8; C_{r3}=0.65; C_{r4}=0.625; C_{r5}=0.2; C_{s1}=1.7; C_{s2}= − 1.05;

RSM 虽然理论上较为完善，但是由于多求解 6 个 Reynolds 应力，因此计算消耗非常大。据统计，相同条件下 RSM 比 k-ε 多消耗 1.5 ~ 2 倍 CPU 时间，内存消耗也有类似规律。同时，RSM 的收敛性较差，回流的处理和 k-ε 相比也无优势可言，因此，用于时均流场模拟时争议较 大。ASM (Algebraic Reynolds Stress Model) 与 RSM 类似，也因为计算消耗大，雷诺应力方程代数化处理很困难，发展一直较为缓慢。但随着雷诺应力方程求解方法的改进，目前有一些良好的变化。

6.2.3.4 EARSM 模型 (Explicit Algebraic Reynolds Stress Model)

EARSM 为 ASM 模型家族的新改进形式，继承了传统 ASM 模型的优点，擅长描述各向异性弯曲流、二阶流。EARSM 对雷诺应力方程做了简化，计算消耗大为降低。Hellsten 基于 2D 平均流和经验系数，对 6 阶代数应力方程组显式处理后将 Reynolds 应力降至 3 个。同时，由于仅针对 Reynolds 应力改进，因此可以和 k-ε、BSL 等模型的方程进行耦合，形成所谓 k-ε EARSM 模型或者 BSL EARSM 模型。EARSM 模型的 Reynolds 应力如式 (6-25) 所示:

$$\langle u_i' u_j'\rangle = k\left(\alpha_{ij} + 2\delta_{ij}/3\right)$$
(6-25)

式 (6-25) 中，a_{ij} 为各向异性张量，δ_{ij} 用于保证 $i = j$ 时方程守恒。a_{ij} 的表达式如式 (6-26):

$$a_{ij} = \beta_1 S_{ij} + \beta_3\left(\Omega_{ik}\Omega_{kj} - \frac{1}{3}II\Omega\delta_{ij}\right) + \beta_4(S_{ik}\Omega_{kj} - \Omega_{ik}S_{kj}) +$$
$$\beta_6(S_{ik}\Omega_{kl}\Omega_{lj} + \Omega_{ik}\Omega_{kl}\Omega_{lj}) + \beta_9(\Omega_{ik}\Omega_{kl}\Omega_{lm}\Omega_{mj} - \Omega_{ik}\Omega_{kl}\Omega_{lm}\Omega_{mj})$$
(6-26a)

式 (6-26a) 中，S_{ij} 和 Ω_{ij} 表示无量纲变形率和涡度张量，分别定义如下:

$$S_{ij} = \frac{1}{2}\tau\left(\frac{\partial\langle u_i\rangle}{\partial x_j} + \frac{\partial\langle u_j\rangle}{\partial x_i}\right)$$
(6-26b)

$$\Omega_{ij} = \frac{1}{2}\tau\left(\frac{\partial\langle u_i\rangle}{\partial x_j} - \frac{\partial\langle u_j\rangle}{\partial x_i}\right)$$
(6-26c)

式中，τ 定义如下:

$$\tau = \max\left(\frac{1}{\beta^*\omega}, C_r\sqrt{\frac{\upsilon}{\beta^* k\omega}}\right)$$
(6-27)

式（6-26） 和（6-27） 中：$C_\tau=6.0$，$\beta^*=0.09$，$\beta_1=-N(2N^2-7II_\Omega)/Q$，$\beta_3=-12IV/NQ$，$\beta_4=-2(N^2-2II_\Omega)/Q$，$\beta_6=-6N/Q$，$\beta_9=-6/Q$，$Q=5(N^2-2II_\Omega)(2N^2-II_\Omega)$，$II_s=S_{kl}S_{lk}$，$II_\Omega=\Omega_{kl}\Omega_{lk}$，$IV=S_{kl}\Omega_{lm}\Omega_{mk}$。

根据二维平均流动，将 N 简化为三次方程，并且应用于三维流动（式 6-28）：

$$N=\begin{cases} A_3/3+\left(P_1+\sqrt{P_2}\right)^{1/3}+\operatorname{sign}\left|P_1-\sqrt{P_2}\right|^{1/3} \\ A_3'/3+2\left(P_1^2-P_2\right)^{1/6}\cos\left(\dfrac{1}{2}\left(P_1/\sqrt{P_1^2-P_2^2}\right)\right) \end{cases} \tag{6-28}$$

式（6-28）中，$P_1=\left(\dfrac{A_3'^2}{27}+\dfrac{9}{20}II_S-\dfrac{2}{3}II_\Omega\right)A_3'$，$P_2=P_1^2-\left(\dfrac{A_3'^2}{9}+\dfrac{9}{10}II_S+\dfrac{2}{3}II_\Omega\right)$，

$A_3'=\dfrac{9}{5}+\dfrac{9}{4}C_{\text{Diff}}\max\left(1+\beta^{(eq)}II_S,0\right)$，$\beta_1^{(eq)}=-\dfrac{6}{5}\dfrac{N^{(eq)}}{(N^{(eq)})^2-2II_\Omega}$，$N^{(eq)}=\dfrac{81}{20}$，$C_{\text{Diff}}=2.2$，涡粘度 $\mu_t=C_\mu k\tau$，$C_\mu=-(\beta_1+II_\Omega\beta_6)/2$。

总的来说，和传统 ASM 模型相比，EARSM 模型主要有两点大的改进：

（1）湍流方程扩散项中引入涡粘系数 μ_t，并且同时用于 Reynolds 应力的隐式项，提高了 ASM 模型的计算稳定性。

（2）由于为高 Re 数湍流模型，时间尺度 τ（式 6-27）仅需由 k 和 ε 的比值确定。

与 RSM 模型相比，EARSM 减少了 Reynolds 应力的解析数量，避免了过高的计算消耗，同时保留了 Reynolds 应力方程模型的优点，且计算量和标准 k-ε 大致相当，具有综合优势，值得进一步研究其在建筑数值风工程中的应用。

6.2.3.5 LES（Large Eddy Simulation）

LES 采用空间滤波器对流动滤波，大尺度涡结构采用 DNS，低于亚格子尺度（Sub-grid scale: SGS）的脉动则进行模式化处理。和 RANS 相比，LES 可以获得更多的瞬态湍动信息。多位学者对 LES 进行了发展，Murakami 采用 LES 研究了 TTU 模型的绕流特性及风荷载，Ogawa 等人基于有限单元法的 LES 开展了穹顶建筑的绕流模拟，Kondo 专门研究了 LES 的脉动入流边界，Bouris 利用 LES 研究了方柱的涡脱现象，Selvam 则利用 LES 对桥梁断面、TTU 模型、圆柱绕流进行了研究。目前，Smagorinsky SSG 模型是 LES 的基本型，其控制方程如下：

$$\frac{\partial\langle u_i\rangle}{\partial t}+\frac{\partial\langle u_i u_j\rangle}{\partial x_j}=-\frac{1}{\rho}\frac{\partial\langle p\rangle}{\partial x_i}-\frac{\partial}{\partial x_i}\left(\upsilon\frac{\partial\langle u_i\rangle}{\partial x_j}\right)-\frac{\partial\tau_{ij}}{\partial x_i} \tag{6-29}$$

$$\frac{\partial\langle u_i\rangle}{\partial x_i}=0 \tag{6-30}$$

$$\tau_{ij}=\langle u_i u_j\rangle-\langle u_i\rangle\langle u_j\rangle \tag{6-31}$$

式（6-29 ~ 6-31）中：$\langle\rangle$ 内的量为滤波尺度以上解析变量，τ_{ij} 为亚格子应力项。

$$v_{\text{SGS}}=\left(C_s\overline{\varDelta}\right)\sqrt{\frac{\partial\langle u_i\rangle}{\partial x_j}\left(\frac{\partial\langle u_i\rangle}{\partial x_j}+\frac{\partial\langle u_j\rangle}{\partial x_i}\right)} \tag{6-32}$$

$$\overline{\varDelta}=(\varDelta_1\varDelta_2\varDelta_3)^{1/3} \tag{6-33}$$

$$\tau_{ij} = \delta_{ij} R_{kk} / 3 - 2\nu_{\text{SGS}} \langle S_{ij} \rangle \tag{6-34}$$

$$\nu_{\text{SGS}} = (C_s \overline{\varDelta})^2 |\langle S \rangle| \tag{6-35}$$

$$\langle S_{ij} \rangle = (\partial \langle u_i \rangle / \partial x_j + \partial \langle u_j \rangle / \partial x_i) / 2 \tag{6-36}$$

$$|\langle S \rangle| = \sqrt{2(\langle S_{ij} \rangle \langle S_{ij} \rangle)} \tag{6-37}$$

上式中: $\varDelta_i$ 为网格滤波宽度, 一般分别借用计算网格的三向尺度; ν_{SGS} 为亚格子的涡粘系数; S_{ij} 为变形张量 (1/s); C_s 为亚格子常数, 一般为 0.1 ~ 0.25。

标准 Smagorinsky 模型和 RANS 相比, 取得了光辉的业绩, 同时发展了一系列改进模型, 如 DS、LDS、DM 等。改进模型主要针对 SSG 模型的 C_s 常数做了优化处理, 但从工程应用角度来说, 其改进效果并不是非常明显。LES 分析与 RANS 相比, 有 3 点需要注意:

(1) 由于滤波效应, 在非定常流动分析中, 必须进行网格无关性检验, 不合适的网格尺度可能产生过大的滤波效应, 导致不合理的湍动能衰减。

(2) 严格意义上, LES 只适合于非定常流动, 但这不影响利用 LES 获得定常性质的时均结果, 前提是必须保证获得足够的统计样本。

(3) 非定常计算时, 为了避免壁面残余散度向流场扩散, 可对入流脉动速度进行无散度 (Divergence-free) 修正, 能同时提高计算收敛性。不做无散度修正, 减少时间步长也能提高收敛性, 但计算代价较大。另外, 采用全隐式耦合计算方法则从算法上避免了残余散度的产生。

6.2.4 网格生成技术

网格生成既是技术, 也是一门艺术, 是决定数值模拟周期与提高模拟结果精度的首要条件。数值风洞模型既需要对建筑表面进行网格敷面, 同时, 还需对三维流域进行网格填充。目前, 根据形态及其拓扑结构, 可将流场网格分为三大类: 分区结构化网格、非结构化 Tetra 网格、混合网格 (Hybrid) 三种。

6.2.4.1 分区对接结构化网格 (Structured Hexa Grid)

分区网格生成技术始于 20 世纪 80 年代中期, 目前, 已经形成代表性的商业化网格程序有 TrueGrid、Griden、ICEM/CFD 等。区域分割的基本原则是: 使每个子域的边界尽量简单以便于网格的建立; 各子域大小尽量保证相同以实现计算负载的平衡, 满足并行计算分区需求。分区对接处理又有相邻子域可重迭对接 (Overlapping) 和子域无重迭对接 (Patched) 两种分法, 为避免界面插值误差, Patched 法 (图 6-15a) 使用较多。分区网格生成的步骤通常可归结为:

(1) 根据外形和流动特点分区, 并确定每区中的网格拓扑 (图 6-15b)。

(2) 按要求的网格疏密分布生成各部件表面的网格分布 (图 6-15c)。

(3) 生成交接面网格。空间流场分区后, 相邻区之间的公共交界面一般是一个空间曲面, 它在空间的位置、走向及其上的网格点分布极大地影响着以它为边界的两相邻空间网格的生成过程和网格质量。

(4) 空间网格的生成。当表面和交界面上的网格生成后, 子域边界即已确定, 子域内的 3D 网格可以用代数方法或求解椭圆型方程的方法生成。若用后一种方法, 可以先求解 Laplace 方程生成流场网格, 再用修正源项方法调整网格线与边界的夹角及与边界的间距, 以改善空间网格的质量。

 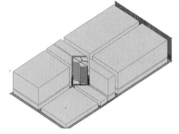 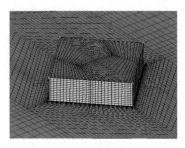

（a）流场结构网格　　　　　　（b）流场分区　　　　　　（c）生成边界网格

图 6-15　分区对接结构化网格生成过程

6.2.4.2　非结构化四面体网格（Unstructured Tetra Grid）

非结构 Tetra 网格的基本思想如下：四面体是最简单的三维形状，可以填充任意形状的空间。这种网格摒弃了网格节点的结构性排列要求，易于控制网格大小、形状及节点位置，具有相当高的灵活性和适应性；非结构网格抛弃了网格线和平面的连续性要求、物体边界和相邻网格的正交性要求，网格生成条件极大放松；网格和节点可根据需要自适应处理，合理分布网格的疏密，从而提高精度。由于上述优点，非结构网格生成术在 20 世纪 80 年代末到 90 年代初迅速发展，目前形成了三类方法：Delaunay 三角化方法、八叉树阵面推进法（Advancing Front Method）以及基于阵面推进法改进的修正四叉树／八叉树方法（Modified-Quadtree/Octree Method）。

（1）Delaunay 三角化方法。

Delaunay 三角化方法基于 Dirichlet 提出的凸多边形理论(1850 年)，其原理为：设空间上有一离散点集 $\{P_i\}$，$i=1, 2, 3, \cdots, N$，选择一点 P_i，则空间上距离 P_i 最近的所有点构成一个子集 S_i，该子集称为 Voronoi 区域，即：

$$\{S_i\} = \{P_i : |P-P_i| < |P-P_j|, \forall i \neq j\} \tag{6-38}$$

相邻 Voronoi 区域的中心点 P_i 可连接成 Delaunay 三角形。假定已经实现 n 个节点的三角化，则后续增加一个节点就必须对原结果进行修改。为此，首先在原三角形中找出外接球中新增加节点的四面体单元，这些单元破坏了 Delaunay 性质，应删除。这些被删除的网格将形成空穴（Hole），将空穴的角点与新增节点相连就形成新的四面体，完成了新的三角化。重复上述过程，直至完成最终的三角化。Delaunay 三角化的优点是得到的三角形都接近于正三角形。和结构化网格相比，Delaunay 网格的密度分布自由、自适应性强，因此，对于复杂建筑的贴体性很好，优势明显。图 6-16 为 Delaunay 三角化网格案例。

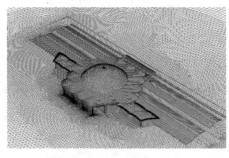 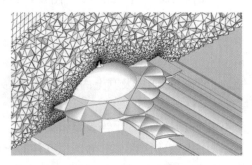

（a）表面网格　　　　　　　　　　　　（b）空间 Tetra 网格

图 6-16　复杂几何的 Delaunay 三角化

（2）阵面推进网格（Advancing Front Method）。

该方法是同时形成网格和节点的非结构网格生成方法，整体过程为：①构造背景网格；②初始阵面的生成；③阵面推进生成网格。该法生成非结构网格的质量对背景网格的依赖性很大，较好的背景网格决定其是否成功。阵面推进过程如图 6-17 所示。

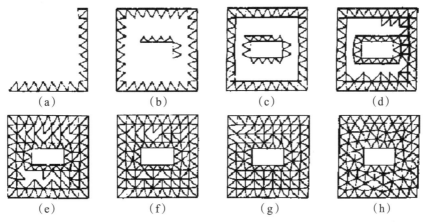

图 6-17 阵面推进过程

由阵面推进法生成的四面体非结构化网格可以通过八叉树方法细分（Refine）。基于八叉树方法，采用递归再分的途径，将需要处理的网格不断细分，直到满足要求为止。被细分的第 i 层次网格和第 $i+1$ 层次网格满足八叉树递归准则。

6.2.4.3 非结构化混合网格（Hybrid Grid）

针对多体（Multiple zone）复杂外形生成混合网格的方法实际上是重迭结构网格技术的一种补充，即先对多体几何的每一个子域生成贴体结构网格，再在相邻重迭区中挖洞，洞体由非结构网格来填充，通过连续节点实现相邻两网格之间的通量守恒。拉链网格（Zipper grid）和龙形网格（Dragon grid）皆属此类。图 6-18 为龙形网格示意图，其中图 6-18（a）为重迭网格中挖出的"洞区"，图 6-18（b）为用非结构网格填充洞区而成的"龙形网格"。龙形网格利用重迭网格技术的挖洞结果，用非结构网格填补空隙。实际应用可对其简化，比如，强制形成孔洞，然后利用金字塔单元实现结构化网格和非结构化网格的对接。这样的网格结构由于结构化网格占优势，而且是物面边界层相邻的地方才出现非结构网格，因此，能有效地利用结构化网格黏性计算的优势和非结构网格对外形的适应能力。

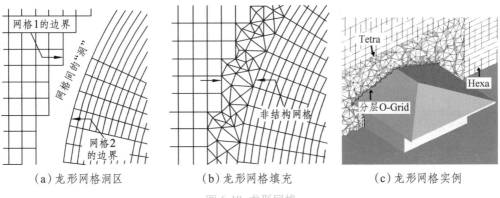

（a）龙形网格洞区　　（b）龙形网格填充　　（c）龙形网格实例

图 6-18 龙形网格

6.2.5 边界条件

数值风工程模拟的稳定性与准确性很大程度上依赖于边界,需要结合专业进行综合判断。目前,数值风洞模型的边界条件主要包括两大类:壁面边界和流场无穷远空间边界。壁面边界主要指建筑近壁边界、场地边界、流-固耦合边界、流-流耦合边界、滑移边界等;无穷远边界则主要指各种入流、出流和自由表面边界。

6.2.5.1 近壁区处理

前述湍流模型并不适合于近壁区流动分析,因为在钝体近壁区,特别是在黏性底层,流动基本上是层流,湍流应力基本不起作用,所以一般采用壁面函数法或者低 Re 数湍流模型处理。低 Re 数湍流模型因其计算稳定性较差,实际应用受到一定制约。壁面函数法简单易用,计算稳定性较好,相对而言应用较广,其核心思想是:湍流核心区采用高 Re 数湍流模型求解,而近壁区边界层则通过半经验公式与核心区的湍动变量联系起来,这样,流场变量便可以直接通过与其相邻的核心区变量插值求解。壁面函数法的表达方式主要基于简单的平行流动边界层实测资料归纳而来,并不能精确地计算黏性底层的分子黏性作用,具有一定近似性。无论采用哪一种处理方法,近壁区的网格布置一般均采用结构化六面体 O-Grid 或棱柱体 O-Grid。由于近壁网格基本呈结构化序列状态布置,流场变量的插值计算更为准确,求解速度也更快;近壁区网格及分层方式和近壁区处理模式相关,即使采用壁面函数法,不同的解析方式对近壁区网格的要求也不同。同时,近壁区网格对对流与扩散的结果准确性影响很大,直接影响速压、湍动能等重要变量的计算结果。为此,关键需要确定近壁区第一层网格厚度(图 6-19),一般可以用无量纲的距离 y^+ 表示:

$$y^+ = \rho u_z \Delta y / \mu \qquad (6-39)$$

$$u_\tau = \langle u \rangle / [\ln(y^+)/\kappa + B] \qquad (6-40)$$

式(6-39)中,ρ 和 μ 分别为流体密度和动力黏性系数;式(6-40)为摩擦速度 u_τ, $\langle u \rangle$ 为时均速度,κ=0.4,B=5.5,Δy 为近壁区第一排节点至壁面的法向距离。对数率边界层的厚度尺度和压力梯度及雷诺数有关,一般认为在 $y^+ \approx 11.6 \sim 500$ 范围适用(个别文献认为 $y^+ \approx 60 \sim 300$),采用壁面函数模拟近壁面流动时,第一层网格的节点应落在该区域之内。一般做法为第一层网格应布置在对数率的下限 $y_1^+ =30$ 左右(个别文献认为 $y_1^+ \approx 11.6$ 或 $y_1^+ \approx 60$),则第一排网格的厚度 $h=2\Delta y$,若采用四面体,则 $h=3\Delta y/2$。根据 y^+ 确定第一排网格节点距离壁面距离时,常用式(6-41)或者式(6-42)估算,L 为建筑物特征尺度,式(6-41)和式(6-42)本质上相同,可以推导转换。近壁区采用低 Re 数湍流模型时,边界层网格需要加密,应该保证不少于 15 个节点落入壁面边界层之内(图 6-19b)。

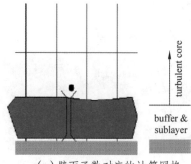

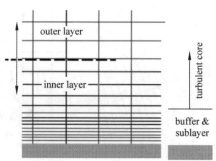

（a）壁面函数对应的计算网格　　　　（b）低 Re 湍流模型的计算网格

图 6-19 近壁区定义

$$\Delta y = 30 \cdot \mu / \rho u_\tau \tag{6-41}$$

$$\Delta y = 8.95 \cdot L \cdot y^+ \cdot Re^{-13/14} \tag{6-42}$$

实际应用中，由于 y^+ 值的确定具有一定经验性，且争议较大，同时加上近壁区边界网格厚度对湍动能、速压影响非常显著，Δy 取值需要进一步结合湍流模型、壁面函数构成和研究的问题具体分析。

6.2.5.2 无滑移侧壁面（No slip wall）

假定在壁面处由于黏性效应，壁面切向的风速为零，根据壁面处线形速度分布来赋予壁面剪切应力 τ_ω 的值：

$$\frac{\tau_\omega}{\rho} = \nu \frac{\partial u}{\partial y_n}\Bigg|_{wall} = \nu \frac{u_p - 0}{(1/2)h_p} = \nu \frac{u_p}{(1/2)h_p} \tag{6-43}$$

上式中：u_p 为距离壁面第 1 排网格位置处的壁面切向速度。如果为六面体或者矩形网格，则位于 $y_n = h_p/2$ 处；如果为四面体或者三角形网格，则位于 $y_n = 2h_p/3$ 处，h_p 为壁面法向外推第一个网格的厚度。

6.2.5.3 自由滑移侧壁（Free slip wall）

自由滑移壁面假定壁面法向的速度梯度在壁面上为 0。式（6-44）中，壁面处的剪切应力 $\tau_\omega = 0$，这个条件由于和实际情况不一致，因此，较少在钝体表面或者地表壁面采用。但是，这个条件适合于设置流场的无限远自由壁面，某些商业化 CFD 平台也称其为 Uniform flow 边界。实际应用中，对称边界（Symmetry wall）与自由滑移边界容易混淆，对称边界的法向速度为 0。

$$\frac{\partial u}{\partial y_n}\Bigg|_{wall} = 0 \tag{6-44}$$

6.2.5.4 入流输运参数

入流输运参数常根据实测统计给出，主要包含以下条件：风速剖面、边界湍动能 k 和耗散率 ε。输入值既可能是均布的，也可能是函数分布变量。不同的湍流模型，入流输运参数要求不尽相同，如果采用 LES，则入流速度同时是时间和空间的函数，湍动强度由入流脉动速度的统计特性间接确定。

当不考虑风速在入流剖面上的横向空间分布时，风速剖面函数沿空间高程按一定数学函数分布，主要有指数律、对数律以及后来的修正对数律：

指数率： $\qquad v(z) = v_s (z/z_s)^\alpha \tag{6-45a}$

对数律： $\qquad v(z) = v* \cdot \ln(z/z_0)/\kappa \tag{6-45b}$

修正对数律： $\qquad v(z) = v* \cdot \ln[(z/z_0) + 5.75 z/z_g]/\kappa \tag{6-45c}$

上式中：v_s 一般为 10 m 高度的风速；$v*$ 为摩擦速度；α 为粗糙度指数，A、B、C、D 四类地貌对应的 α 一般为 0.12、0.16、0.22 和 0.3，各国规范略有差异；z_s 为流场标准高度位置；z 为实际流场相对大气边界层底部的高度；z_0 为地面粗糙度高度，取值依赖地面性质；z_g 为梯度高度；κ 为 Karman 常数，取 0.4。相关文献认为 100 m 以下的近地空间对数律更符合实测记录，也有学者认为随着高度增加对数律风速剖面比实测值偏增大，相关文献认为式（6-45c）在

300 m 以下高度与实测比较非常吻合。

来流湍动特性主要通过直接给定湍流动能 k 以及耗散率 ε 值的方式给出:

$$k = 1.5[v(z)I]^2 \qquad (6\text{-}46a)$$

$$\varepsilon = 0.09^{3/4} k^{3/2} / l = 0.164 k^{3/2} / l \qquad (6\text{-}46b)$$

上式中, I 和 l 分别为湍流强度函数和湍流积分尺度,和瞬态流场相比较,时均稳态流场的 l 对流场运动的影响较小,各个文献的取法也呈多样化,如相关文献认为 $l=D$, D 为物体特征尺度,Adina-CFD 认为 $l=0.05D$, Fluent CFD 认为 $l=0.07D$, CFX 则认为 $l=0.05D_h$, D_h 为入流水力直径。另外,也可以根据入流断面的湍流强度 I 和湍流积分尺度 l 来确定 k 和 ε 值,湍流强度为某一高度 z 脉动风速 $\sigma_{vf}(z)$ 和平均风速 $\bar{v}(z)$ 的比值为:

$$I(z) \qquad _{vf}(z) \quad (z) \qquad (6\text{-}47)$$

上式中, $\sigma_{vf}(z)$ 一般随高度增加而减少,而 $\bar{v}(z)$ 则随高度的增加而增加,所以,总体上湍流强度 I 随高度增加而减少。各国规范根据实测数据拟合出了湍流强度的取值,典型的有 ESDU 湍流强度经验公式(式(6-48))、日本规范公式(表 6-1)和澳大利亚公式(表 6-2)。

ESDU 湍流强度经验公式:
$$I_u = \frac{(0.867 + 0.556 \lg z - 0.246 \lg^2 z)}{\ln(z/z_0)} B \qquad (6\text{-}48)$$

上式中: $B=1$, $z \leqslant 0.02$ m; $B=0.76 z_0^{-0.07}$, 0.02 m$< z \leqslant 1.0$ m; $B=0.76$, $z \geqslant 1.0$ m。

表 6-1 日本规范湍流强度取值

离地高度	地面粗糙度类别				
	Ⅰ	Ⅱ	Ⅲ	Ⅳ	Ⅴ
$z \leqslant z_b$	0.18	0.23	0.31	0.36	0.4
$z_b < z \leqslant z_g$	$0.1(z/z_b)^{-a-0.05}$				

表中: $z_b=5$ m(Ⅰ), 5 m(Ⅱ), 5 m(Ⅲ), 10 m(Ⅳ), 20 m(Ⅴ); $a=0.1$(Ⅰ), 0.15(Ⅱ), 0.2(Ⅲ), 0.27(Ⅳ), 0.35(Ⅴ); $z_g=250$ m(Ⅰ), 350 m(Ⅱ), 450 m(Ⅲ), 550 m(Ⅳ), 65 m(Ⅴ)。

表 6-2 澳大利亚规范湍流强度取值

离地高度	地面粗糙度类别			
	Ⅰ	Ⅱ	Ⅲ	Ⅳ
$z \leqslant z_b$	0.171	0.207	0.271	0.342
$z_b < z < 500$ m	$-0.0115 \ln z$ $+0.1836$	$-0.0261 \ln z$ $+0.2453$	$-0.0357 \ln z$ $+0.3255$	$-0.059 \ln z$ $+0.5069$

表中: $z_b=3$ m(Ⅰ), 3 m(Ⅱ), 5 m(Ⅲ), 20 m(Ⅳ)。

湍流积分尺度(Turbulence integral length)又称为湍流长度尺度(Turbulence length scale),是气流中湍流平均涡旋尺寸的量度,可以认为是由平均风所输送的理想旋涡叠加而成的。数学上定义湍流积分尺度如式(6-49)所示:

$$L_x = \frac{1}{\sigma_{vf}^2} \int_0^\infty R_{v_1 v_2}(r) \mathrm{d}r \qquad (6\text{-}49)$$

当只考虑顺风向湍流尺度时, L_x 和式(6-46)中的 l 是等效的。 $L_x R_{v_1 v_2}(r)$ 是两个顺风向速度

分量 $v_1=v(x,y,z,t)$ 和 $v_2=v(x',y',z',t)$ 的互相关函数, σ_{vf} 是 v_1 和 v_2 的均方根值。为了实际使用方便, 各国分别提出了几种代表性的统计经验公式, 典型的如日本风荷载规范公式、库尼汉 (Counihan, 1975) 公式以及相关文献中提及的 2 种公式:

(1) 日本公式: $\qquad L_x = 100(z/30)^{0.5}$ $\qquad$ (6-50a)

(2) 库尼汉公式: $\qquad L_x = Cz^m$ $\qquad$ (6-50b)

(3) 相关文献公式 1: $\qquad L_x = 280(z/z')^{0.35}$ $\qquad$ (6-50c)

(4) 相关文献公式 2: $\qquad L_x == 25z^{0.35}/z_0^{0.063}$, $\quad L_x == 10z^{0.3}/z_0^{0.068}$ $\qquad$ (6-50d)

上式中: C 和 m 取决于地面粗糙度 z_0, 取值可参看相关文献, z 和 L_x 均以米为单位, 湍流积分尺度随着地面粗糙度的增加而降低。库尼汉公式适用于 $10 \sim 240$ m 范围, 用于全比例尺模型时, 对流场断面高度适应能力有限, 且和实测值相比偏大; 日本公式中积分尺度仅仅是高度的函数, 忽略了粗糙度的影响和超过一定离地高程空气接近各向同性这一特性; 相关文献公式均考虑了风速高程以及粗糙度高度影响, 且离地高程的适用范围更大 $(z \leqslant z', z' = 1000z_0^{0.18})$ 相对更准确。CFD 分析时, $v(Z)$, $I(z)$, $L_x(z)$ 一般均采用高级语言或程序内部语言编程生成对应分布函数。

6.2.5.5 出流条件

出口位置一般常采用速度出流条件和压力出流条件。RANS 模型常采用出口主流向速度梯度为 0 的出流条件, LES 与之相似。但近年来, 对流型出流条件用得较多:

$$\partial u_i / \partial t + U_c(\partial u_i / \partial x_{nout}) = 0 \qquad (6-51)$$

上式中: u_i 为速度的 3 个分量; u_c 为对流速度; x_{nout} 为垂直于出流边界方向的空间坐标。关于对流速度 u_c, 一般常采用入流平均速度。但是式 (6-51) 的物理意义并不是很明确, 因此目前还存在争议。 u_c 也可以看作式 (6-51) 左边第一项的时间微分项和第二项的加权变量。当 u_c 为零的时候, 上式变为 $\partial u_i / \partial x_{nout} \approx 0$, 就和自由流出条件相同。与速度条件相比, 压力边界条件容易导致计算稳定性变差, 因此不太常用。

6.2.5.6 边界设定及稳定性

数值风工程中, 边界条件与数值计算的鲁棒性紧密关联, 常用边界组合方式 (图 6-20) 及其稳定性可以总结如下:

(1) 流场空间中, 对称的流域几何和边界参数, 不一定有对称的解, 典型的现象如卡门涡街, 俗称"柯恩达效应", 对称型处理不适合于非定常流动。

(2) 边界条件应松紧适宜, 边界过严, 容易导致收敛困难, 约束不足, 数学物理方程可能难以求解, 因此, 无限远侧壁边界不一定都采用开边界。

(3) 根据边界条件对计算稳定性的影响, 最稳健的边界组合方式为: 入流采用速度条件, 出流速度的流向梯度为 0。较稳健的设置为: 入流采用压力条件, 出流速度的流向梯度为 0。瞬态流场对初始条件非常敏感, 入流一般为速度或压力, 出流一般为静压出流; 当入流为静压入流, 出流亦为静压出流, 这时的计算稳定性最差, 因为入流的总压和质量流在流场预测中都是隐含的。

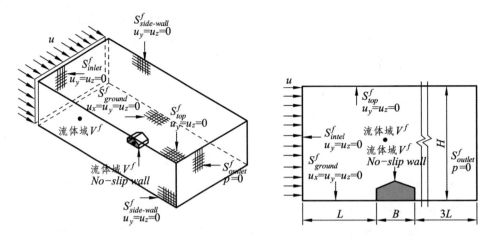

图 6-20 流场边界示意图

6.2.6 N-S 方程离散

6.2.6.1 变量的空间离散

采用有限体积法计算流场变量,必须对控制体边界上的变量(图 6-21)进行插值求解,这种插值求解方式也称为离散格式(discretization scheme)。常用的离散格式有中心差分格式、Quick 格式、一阶迎风格式、二阶迎风格式和混合格式,CFX 采用了后三种离散格式。下面将对其进行简单推导。

对于稳态、无源项的对流 - 扩散问题,以一维问题(图 6-21a)为例,输运方程和连续方程如式(6-52):

$$F_e\phi_e - F_w\phi_w = D_e(\phi_E - \phi_P) - D_w(\phi_P - \phi_W) \tag{6-52a}$$

$$F_e - F_w = 0 \tag{6-52b}$$

上式中, $F_w = (\rho u)_w$, $F_e = (\rho u)_e$, $D_w = \Gamma_w/(\delta x)_w$, $D_e = \Gamma_e/(\delta x)_e$, f 为广义变量。在此基础上定义 Peclet 数: $P_e = F/D = \rho u/(\Gamma/\delta x)$, F 为界面对流质量通量,D 表示界面的扩散传导性,$\tilde{A}$ 为广义扩散系数。

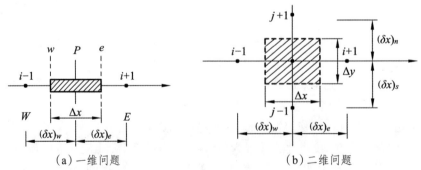

(a)一维问题   (b)二维问题

图 6-21 典型控制体界面

6.2.6.2 一阶迎风格式

中心差分格式对界面上的物理量采用线性插值公式计算。以图 6-21 所示一维问题为例,

流动沿正向时,引入连续方程(6-53),式(6-52a)变为:

$$F_w > 0, \quad F_e > 0 \ 时, \qquad [(D_w + F_w) + D_e + (F_e - F_w)]\phi_P = (D_w + F_w)\phi_W + D_e\phi_E \qquad (6\text{-}53\text{a})$$

$$F_w < 0, \quad F_e < 0 \ 时, \qquad [D_w + (D_e - F_e) + (F_e - F_w)]\phi_P = D_w\phi_W + (D_e - F_e)\phi_E \qquad (6\text{-}53\text{b})$$

令 $\alpha_W = D_w + \max(F_w, 0)$, $\alpha_E = D_e + \max(0, -F_e)$, $\alpha_P = \alpha_w + \alpha_F + (F_e - F_w)$,则式(6-53)可表示为 $\alpha_P\phi_P = \alpha_w\phi_W + \alpha_E\phi_E$,这便是对流 - 扩散方程的一阶迎风离散方程。由于方程中的系数恒大于零,因此,一阶迎风格式无条件稳定。但是由于对流项按一阶差分格式计算,当 Peclet 数很大的时候,界面上的扩散作用接近 0,过度夸大了流场扩散流动,因此在较高的 Peclet 数条件下,可能会高估扩散作用。同时,一阶迎风虽然不会导致数值求解的振荡,但由于只有一阶截断误差,数值求解精度降低,需要在绕流核心区加密网格,防止假扩散。

6.2.6.3 二阶格式

二阶格式的特点在于,插值函数除了参考相邻上游节点(W 和 E)的物理量,同时还引用了另外两个上游节点(WW 和 EE)的对应物理量(图 6-22)。

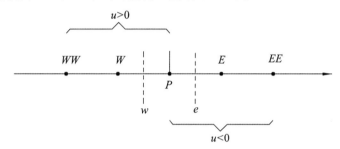

图 6-22 二阶迎风格式示意图

对于一维问题,二阶离散格式的输运方程规定控制体边界上的 f 值分两种情况单独计算。当流动沿着正方向,即 $u_w > 0$, $u_e > 0$ 时:

$$\phi_w = 1.5\phi_w - 0.5\phi_{ww}, \phi_e = 1.5\phi_P - 0.5\phi_W \qquad (6\text{-}54)$$

将上式代入(6-52a)中,可得:

$$\left(\frac{3}{2}F_e + D_e + D_w\right)\phi_P = \left(\frac{3}{2}F_w + \frac{F_e}{2} + D_w\right)\phi_W + D_e\phi_E - \frac{1}{2}F_w\phi_{WW} \qquad (6\text{-}55)$$

当流动沿着负方向,即 $u_w < 0$, $u_e < 0$ 时:

$$\phi_w = 1.5\phi_P - 0.5\phi_E , \quad \phi_e = 1.5\phi_E - 0.5\phi_{EE} \qquad (6\text{-}56)$$

$$\left(D_e - \frac{3}{2}F_w + D_w\right)\phi_P = D_w\phi_W\left(D_\varepsilon - \frac{3}{2}F_e - \frac{1}{2}F_w\right)\phi_E + \frac{1}{2}F_e\phi_{EE} \qquad (6\text{-}57)$$

综合来说,对流扩散方程的二阶迎风格式离散方程为:

$$\alpha_p\phi_p = a_W\phi_W + \alpha_{WW}\phi_{WW} + \alpha_E\phi_E + \alpha_{EE}\phi_{EE} \qquad (6\text{-}58)$$

式中: $\alpha_P = \alpha_E + \alpha_{EF} + \alpha_{WW} + (F_\varepsilon - F_w)$, $\alpha_w = (D_w + 1.5\alpha F_w + 0.5\alpha F_e)$,

$\alpha_E = D_e - 1.5(1-\alpha)F_e + 0.5\alpha F$, $\alpha_{WW} = -0.5\alpha F_w$, $\alpha_{EE} = 0.5(1-\alpha)F_e$ 。

当 $F_w > 0$, $F_e > 0$ 时, $\alpha = 1$;当 $F_w < 0$, $F_e < 0$ 时, $\alpha = 0$ 。

二阶迎风格式考虑了流场变量在空间分布的非线性影响,因此具有二阶截断精度。这种格式只针对对流项进行二阶离散,扩散项仍然为中心差分格式。

6.2.6.4 混合迎风格式(Blend Order)

混合格式综合了一阶迎风和二阶格式的优点,规定当 $|P_e| < 2$ 时采用二阶格式,当 $|P_e| > 2$ 时采用一阶迎风。对应的输运方程结构形式和一阶迎风相似(式(6-59)):

$$\alpha_p \phi_p = a_W \phi_W + \alpha_E \phi_E \tag{6-59}$$

上式中: $\alpha_W = \max(F_w, 0, D_w + F_w/2)$; $\alpha_E = \max(0, -F_e, D_e - F_e/2)$; $\alpha_P = \alpha_w + \alpha_E + (F_e - F_w)$ 。

混合格式根据实际流动的 P_e 数在一阶迎风和二阶格式之间切换,离散方程的系数恒为正且无条件稳定。虽然混合格式也是一阶精度,但在相同网格数量条件下,总能比中心差分格式或者一阶迎风格式获得更真实的解,因此被广泛采用。另外,采用重启动技术,以一阶格式的初步计算结果为初始条件,再改以二阶迎风格式继续计算出最终解也是一种有效的处理方法。

6.2.7 多重网格方法(Multiple Grid Method)

Selvam 较早研究了多重网格技术在数值风工程中的应用。目前,这种方法已经在商业化 CFD 程序中与全隐式耦合算法协同使用。多重网格技术加快了流场计算的误差消除,能有效加速收敛。

从误差分析的角度来看,将计算过程的误差看作矢量,并满足 Dirichlet 条件,因此可以展开为傅立叶级数,其复数形式的三角技术多项式可以表达为式(6-60):

$$y_i = \sum_{k=-N}^{N} C_k e^{I\left(\frac{2\pi k}{2N+1}\right)x_i} , \quad I = \sqrt{-1} , \quad i = 0, 1, 2, \cdots, 2N \tag{6-60}$$

上式中,当 x 为节点值时,y 为对应节点上的误差值。如果将上式中的幂次项 $\frac{2\pi k}{2N+1}x_i$ 进行变化,令 $x_i = i\Delta x$, $\frac{2\pi k}{2N+1} = k_x$, 则 $\frac{2\pi k}{2N+1}x_i = ik_x\Delta x = i\theta$, θ 为相位角,k_x 为波数。上式表明,有限个离散点上误差矢量可以用不同频率的谐波叠加而成,扰动波幅成衰减状态或稳定状态,则求解稳定,否则求解发散。这可以用一个衰减因子来表达:

$$\varphi^{(n)}/\varphi^{(n-1)} = r = e^{I\theta}/\left(2 - e^{-I\theta}\right) \tag{6-61}$$

对式(6-61)进行分析之后易知:在一定网格步长 Δx 下,越大的 $k_x\Delta x$ 值就代表高频短波分量,当 $\pi/2 < k_x\Delta x < \pi$ 时,误差分量衰减很快。同理,越小的 $k_x\Delta x$ 值就代表低频长波分量,所以在固定网格下,开始时短波分量迅速衰减,随后则是以长波分量为主,由于得不到迅速衰减,所以收敛速度很慢。多重网格方法就是为了克服固定网格的缺点而发展起来的迭代解法。该方法先在较细的网格上进行迭代(图 6-23),把短波误差分量衰减掉,然后再在较粗网格上迭代,把次短波误差分量衰减掉(随着 Δx 的增加,满足 $\pi/2 < k_x\Delta x < \pi$ 的 k_x 变小,即波长增加)。如此逐步过渡到最粗的网格上,把误差分量基本上都消去,再经历相反的过程,最后在最细的网格上获得解。可见,由于各种频率分量的误差可以得到比较均匀的衰减,因而多重网格方法加快了迭代收敛的速度。

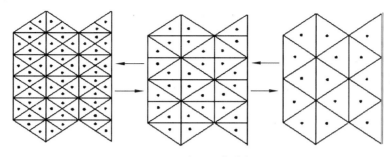

图 6-23 多重网格求解

6.2.8 准稳态时步逼近技术

对于复杂流场，目前基于准定常假定的稳态解析方法对收敛性问题尚无有效的制衡手段，而传统瞬态解法则由于细密的时步要求，计算量明显增加，对大规模问题求解仍然存在制约。基于此，本章在全隐式时步算法的基础上进一步提出了准稳态时步逼近求解技术（QSMA），该技术利用瞬态控制方程求解稳态流场，但降低了时步及容差限制，计算消耗与稳态分析相当，可以提高复杂建筑数值风洞模拟的收敛性。

6.2.8.1 准稳态逼近求解原理

严格意义上讲，稳态解法仅适合定常流动。对于建筑物的风场，非定常流动客观存在，由此产生两个不利影响：其一，风场的非定常本质，容易导致数值计算出现周期性振荡，特别是复杂建筑的绕流计算，经常难以获得平稳的结果；其二，稳态计算过滤掉脉动流态可能会导致误差。上述不利因素既容易导致 RANS 求解发散，也加大了结果的误差。虽然通过调整网格、边界、离散格式一定程度上能够改善，但由于算法本身以及湍流假定的限制，作用有限。

众所周知，稳态问题在数学上属于椭圆型方程的求解问题（图 6-24a），需要同时求解影响区内的全部变量。换言之，必须同时保证求解域所有点位上的变量具有收敛解。因此，对迭代收敛性要求更高，这增加了计算难度。但是，如果将稳态问题的时间无关入流条件变换为定常时间序列，两者在物理意义上仍然具有一致性。这是因为在定常入流作用下，虽然控制方程是瞬态的，但入流的定常特性使得非定常分析的结果仍然具有趋于平稳的特点（图 6-25a）。这一规律为采用瞬态算法求解稳态问题提供了理论支撑。从数学意义上来看，采用瞬态算法求解定常时间序列作用下的稳态流动问题，其本质是将椭圆型问题转换为抛物型问题 (图 6-24b)。由于抛物型问题为开边界，数值算法的精度和稳定性取决于时间积分格式的稳定性以及求解时间域的截断长度，同时，瞬态时步逼近过程的解答不作为参考，结果只需要关注时域最终截断位置的变量状态，因此每个时步上的收敛性要求大为降低，规避了一般瞬态算法要求每一个时间步都满足容差目标的限制。换言之，准稳态逼近过程只需保证时间步进过程中的方程稳定性和残差不断减小（即误差的趋零特性）即可。因此，借助这一规律，可将瞬态算法引入模式化湍流模型的时均流动计算，本章将其称为准稳态时步逼近技术（图 6-25b）。和全隐式瞬态积分方法不同，这种技术具有三个特点：其一，每个时间步的迭代容差可以放宽至 0.1 ~ 1，因此计算过程几乎不存在收敛问题，可以视作无收敛容差检验的过程；其二，积分时间 Δt 可以设置为 1s，因此时间增量和稳态算法的迭代步具有等同的数学意义，计算消耗不会增加；其三，可以借助全隐式时间积分步进格式，因此算法过程可以保证无条件稳定。

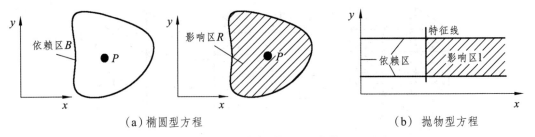

（a）椭圆型方程　　　　　　　　　　（b）抛物型方程

图 6-24　椭圆型方程、抛物型方程的依赖区和影响区

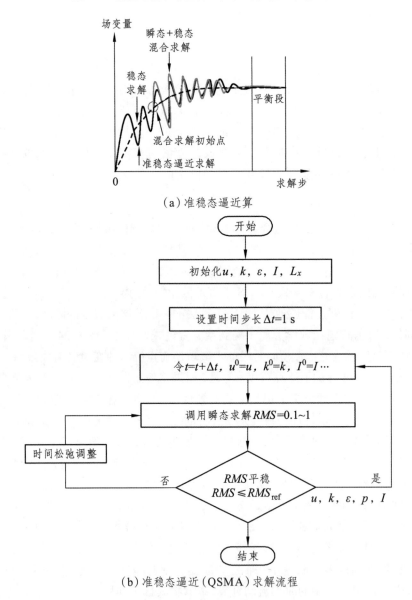

（a）准稳态逼近算

（b）准稳态逼近（QSMA）求解流程

图 6-25　准稳态逼近技术

6.2.8.2　时间步进的稳定性

首先对准稳态逼近技术的时步离散格式的稳定性进行证明。由于入流输运参数为平稳序

列$(u、v、p)$，根据 N-S 方程（式（6-6））易知可以忽略其瞬态项，即方程左边第一项为 0。同时，即使控制方程中的其他输运参数为瞬态，但由于其具有时间不变的特征，这样相当于每一个时间步内将瞬态控制方程转换为稳态方程，简言之，即使 $\Delta t=1$ s，也不会影响对应时间步内的 N-S 方程求解；另外，由于求解问题转换为开边界的抛物型问题，Δt 只影响其时间步进的稳定性。下面对其原理进行简单的数学推导。

根据流场变量的通用时间积分关系（式（6-62））：

$$\int_{t}^{t+\Delta t}\phi_P^t\mathrm{d}t=\left[f\phi_P^t-(1-f)\phi_P^{t+\Delta t}\right]\Delta t \tag{6-62}$$

上式中：f 为 0 到 1 之间的加权因子，加权因子的值决定了离散方程的具体形式；ϕ 为广义变量；上标为对应的时间及其增量步时间。由于入流速度保持不变，因此控制方程瞬态项为 0，新老时刻的变量间没有瞬态分量传递，即 t_i 时间步上的变量 ϕ_i 仅仅作为 t_{i+1} 时刻变量 ϕ_{i+1} 的初始条件。由于没有瞬态分量的影响，因此变量步进和时间步长无关，每一个增量步 Δt 内的容差目标仅起到保证数值稳定的作用，设置值可以放松至 $0.1\sim1$。据此，往复循环形成准稳态逼近过程（图 6-25b）。由于不断逼近稳态解，所以残差水平和稳态求解一样呈不断降低趋势，当全场最终残差低于目标值，并且监测变量趋于平稳时，便可以人工截断步进时间，时间消耗和稳态单工况分析持平。下面通过简单的数学推导，证明这种方法的时间步进是稳定的。式（6-63）为一维问题 N-S 方程基于一阶迎风格式的通用瞬态离散方程：

$$\begin{aligned} a_P\phi_P=&a_W[f\phi_w+(1-f)\phi_w^0]+a_E\left[f\phi_E+(1-f)\phi_E^0\right]+\\ &\left\{\rho\Delta V/\Delta t-(1-f)\left[D_e+F_e/2\right]-(1-f)\left[D_e-F_e/2\right]+(1-f)S_p\Delta V\right\}\phi_P^0+S_c\Delta V \end{aligned} \tag{6-63}$$

上式中：ϕ_P 表示流场中新时刻的广义变量，ϕ_P^0 表示老时刻的广义变量，F 表示控制体界面上的对流量，D 表示界面上的扩散量，S_p 表示源项瞬态量，S_c 表示源项常数项。其他符号可参考图（6-21）。$a_p=f(a_E+a_w)+f(F_e-F_w)+a_p^0-fS_p\Delta V$；$a_p^0=\rho\Delta V/\Delta t$；$a_w=D_w+\max(F_w,0)$；$a_E=D_e+\max(0,-F_e)$。采用隐式时间积分方案时，$f=1$，因此，式（6-63）可以变换为式（6-64）：

$$a_P\phi_P=a_W\phi_w+a_E\phi_E+\rho\Delta V/\Delta t\phi_P^0+S_c\Delta V \tag{6-64}$$

式（6-64）中，$a_p=f(a_E+a_w)+f(F_e-F_w)+a_p^0-fS_p\Delta V$，当 $\Delta t=1$ 时，可以进一步变换为式（6-65）

$$a_P\phi_P=a_W\phi_w+a_E\phi_E+\rho\Delta V\phi_P^0+S_c\Delta V \tag{6-65}$$

式（6-63）~（6-65）的各个变量的含义可参考文献。式（6-65）表明每一个时间增量步上，新老时刻的变量为隐式耦合的，这和全隐式时间积分格式相同。需要特别明确的是，各系数中的因子如式（6-66）所示：

$$\begin{cases} F_w=(\rho u)_w A_w \\ F_e=(\rho u)_e A_e \\ D_w=\Gamma_w A_w/(\delta x)_w \\ D_e=\Gamma_e A_e/(\delta x)_e \end{cases} \tag{6-66}$$

式（6-66）决定了式（6-65）中广义变量的系数正负号。以一维准稳态问题为例，在离散空间上 $(\delta x)_w=(\delta x)_e=\Delta x$，界面面积 $A_e=A_w=1$，因此，控制体积 $\Delta V=\Delta x\cdot A=\Delta x$。同时，由于入流速度为定常时间序列,因此结合式(6-63)和式(6-65)容易证明各个系数恒为正。据此表明,式(6-65)表示的步进关系无条件稳定。

6.2.8.3 残差趋 0 的证明

数学上稳定的格式未必能产生"真实的"物理解,原因在于数值误差可能导致离散结果偏离真实解。比如由于误差累积原因,微分算子的离散化就可能会导致这一问题。采用瞬态算法时,由初始条件和过程求解产生的误差可能会在步进过程中被放大,甚至导致物理解偏离真实过程,因此需要对准稳态逼近求解技术的误差传递进行验证。Von Neumann 方法经常作为初值问题的数值稳定性验证,其基本思想在于将误差的传递看作微幅扰动,当扰幅随时间步进衰减时,数值解将无限逼近真实解。仍然以一维问题的求解为例,将误差矢量的谐波分量代入离散方程,可得相邻时刻的谐波振幅之比(式(6-67))。如果 μ 满足式(6-67)所示关系,则数值误差的传递为稳定格式,可以保证获得逼近物理真实解。

$$\left|\phi(t+\Delta t)\phi(t)\right| = \mu \leqslant 1 \qquad (6-67)$$

令误差矢量为时间的函数,且将其谐波化,可得:

$$\varepsilon(t) = \phi(t)\mathrm{e}^{\mathrm{I}i\theta} \qquad (6-68)$$

对其进行差分处理可得:

$$\frac{\phi(t+\Delta t)-\phi(t)}{\Delta t}\mathrm{e}^{\mathrm{I}i\theta} = \Gamma\frac{\phi(t)}{\Delta x^2}\left[\mathrm{e}^{\mathrm{I}(i+1)\theta} - 2\mathrm{e}^{\mathrm{I}i\theta} + \mathrm{e}^{\mathrm{I}(i-1)\theta}\right] \qquad (6-69)$$

式(6-69)代入式(6-67)整理后可得式(6-70):

$$-1 \leqslant \mu = 1 - 2(\Gamma\Delta t/\Delta x^2)(1-\cos\theta) = 1 - 4(a\Delta t/\Delta x^2)\sin^2(\theta) \leqslant 1 \qquad (6-70)$$

容易看出,式(6-70)右端无条件满足,当左端满足时,可得式(6-71):

$$\Gamma\Delta t/\Delta x^2 \leqslant 0.5 \qquad (6-71)$$

式(6-71)中,令 Δx 为最小网格步距,同时,根据通用 N-S 方程,当流场介质为空气时,Γ 为空气运动黏度,一般取常数 $\Gamma=\mu=1.5\times10^{-5}\mathrm{m}^2/\mathrm{s}$。因此可将式(6-71)可改写为:

$$\Delta t \leqslant \Delta x^2/2\mu \qquad (6-72)$$

建筑绕流问题,网格最小步距一般取决于近建筑表面近壁区第一层网格厚度,可以根据式(6-42)近似确定。以低矮小体量建筑为例,假设特征长度为 5 m,时均速度为 20 m/s 代入式(6-42)可以算出近壁区第一层网格厚度约为 $\Delta x=0.0002\sim0.01$ m。为了防止湍流核心区渗入近壁区引起收敛困难,计算时,可取 Δx 的上限值,因此,可得 Δt 的上限值:

$$\Delta t \leqslant 10^{-4}/3.0\times10^{-5} \approx 3.3 \qquad (6-73)$$

易知,本章 $\Delta t=1$ 满足要求。同时,这也保证了即使初始容差为 1,总体的误差谐波随着时间步近过程也会不断下降,直至达到目标容差。实际计算时,随着网格步距加大,Δt 可以进一步加大。上述推导证明,准稳态逼近的参数取值可以保证其误差谐波幅值呈不断下降趋势(式(6-67))。

但要指出的是，在准稳态逼近过程中，不合适的初始场量可能导致数值振荡甚至计算失败。针对此，可以预先进行 5 ~ 20 步稳态计算，待残差下降至一定水准，再将得到的场量作为初始状态，继续进行准稳态逼近的重启动分析（图 6-25）。实践证明，这种方式对数值振荡有抑制作用，每一个时间步距内的求解过程如图 6-26 所示。由于时步尺度加大、容差限制放松，因此准稳态逼近求解与 MPCCI 的无收敛检查算法及 P_iSO 方法是不同的。

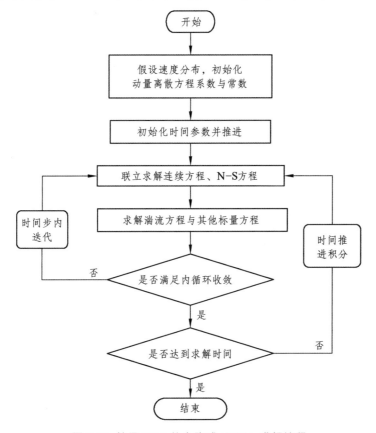

图 6-26 基于 CFX 的全隐式 QSMA 求解流程

6.2.8.4 逼近过程的多目标监测

准稳态逼近过程的方程残差及监测点变量趋于平稳的过程具有不同步的特征，因此需要采用多目标收敛控制。所谓多目标收敛监测，即收敛性判别需同时满足多个标准 —— 质量通量残差、动量残差、局部或全局非平衡（RMS Imbalance）、壁面反射以及监测点变量残差等多个因素均需达到平稳。结构风工程的计算流场湍流度很高，收敛非常困难，如 RSM 模型参数非常丰富，但方程压力应变项存在壁面反射，导致其收敛性较差，即使经过多种改进，笔者目前仍然没有发现收敛性较好的 RSM 模型，这也是影响其"看不出更好的应用前景"的因素之一。

残差水平影响了结果精度，一般认为：当残差大于 10^{-4} 时，结果可做定性判断使用；当残差等于 10^{-4} 时，可用于工程；当残差小于 10^{-5} 时，结果数值精度较高；残差为 10^{-6} 时，其实现具有不确定性。就结构风工程关注的变量（C_{pa}、C_{prsm} 等）而言，已有研究表明，即使残差为 10^{-3} 或 $5×10^{-4}$ 也能与实测吻合较好，这说明残差目标与研究对象直接相关；监测点变量趋于平稳也是收敛性判断的重要参考,如 RSM 模型,对复杂的非流线型钝体,流场残差目标达到 10^{-4} 比较困难,且大量分析表明,当残差在 $10^{-3} \sim 10^{-4}$ 范围振荡时,监测点变量往往已经平稳。因此笔者以为:在 20 个左右的迭代步内,震荡幅差低于 5% 时,可视作收敛;同时,残差振荡往往集中在局部流域,这既包含计算因素,也可能是物理现象所致,如稳态分析中,钝体角部剥离流动的瞬态特征明显,多表现为残差振荡。因此,残差目标设定需要进行综合判断,过高的残差目标并不可取。加上残差和算法、湍流模型也有关,一般可设为 $5 \times 10^{-4} \sim 10^{-5}$。质量通量残差、耗散率如果始终处于较高的振荡水平,则应该仔细审视本章前述多种因素的影响。综合而言,收敛控制需要结合 3 个关键因素:其一是上述残差目标选取;其二是关键场变量,如壁面压力、流域速度和湍动等趋于稳定;其三是流场壁面反射量也要求达到平稳,如自由滑移边界的法向速度、地面与建筑表面的压力总量等。采用上述多目标收敛监测方法可有效保证结果的数值稳定性。举例而言,当监测场变量稳定时,方程残差可能处于较高状态,壁面反射也没有趋 0,结果可能不可靠;同时,振荡的场变量可能会导致建筑物壁面变量具有重新分布并趋于新平衡的特点,因此采用多目标收敛监控是保证分析结果鲁棒性与精确性的有效方法。目前,针对各种残差和场变量值,多目标监控的主要参数可按如下设置:

(1)质量通量残差、动量残差是分析结果精度判别的主要指标,通常,质量通量残差设置应该小于 10^{-4},动量残差不宜高于 5×10^{-4}。

(2)全局平均湍动能变化残差(RMS K-Turb KE)和全局平均湍动能耗散率残差(RMS E-diss)宜低于 10^{-4}。

(3)一般而言,建筑物表面观测点变量,如压力、湍流动能在 20 个左右迭代步(或时间步)保持平稳便可以认为该点变量趋于平稳。但值得指出的是,监测点一般应避免设置在屋檐、屋脊等存在较强气流分离作用或者较强旋涡作用的位置,由于这些位置附近的流场本身具有瞬态特征,振荡往往难以避免,因此不宜作为监测点。

(4)全局非平衡动量与质量残差宜控制在 10^{-4} 以下,且在 20 个迭代步以上不再振荡。

(5)建筑物壁面和地面的 X、Y、Z 三向 Total Wall force 在 20 个迭代子步以上基本平稳,振荡幅度低于 5%;自由滑移壁面附近的速度梯度接近为 0;出流边界附近的压力波动接近为 0。

6.2.8.5 计算稳定性控制

由于流体方程构成极其复杂,流场物理量变化具有高度非线性特征,加之影响参数众多,因此,CFD 计算的稳定性控制是关键环节。结合准稳态时步逼近求解,其稳定性控制参数有以下几个方面需要明确:

(1)湍动黏度 ν_t 对计算稳定性影响较大,很多商业化 CFD 分析软件对湍动黏度值均统一采用 3,但实际流场复杂多变,不合适的湍动黏度可能导致角隅等容易出现气流剥离的位置产生错误的湍动能分布,因此需要有合理的数学模型对其解析。一般根据湍流动能和湍流积分尺度进行计算(式(6-74))。

$$\mu_t = \rho C_\mu^{0.25} k^{0.5} I \tag{6-74}$$

上式中:ρ 为空气质量密度,可取 1.225 kg/m^3;C_μ 为流动方程常数,取 0.09;k 为湍流动能;l 为湍流积分尺度,可取 $l=0.07L$ 或者 $l=0.05L$,L 为钝体特征尺度。

（2）对流项采用高精度格式与混合迎风格式时，均为二阶截断误差，可从数值离散角度防止假扩散，但对非线性湍流模型的适应性较差，参数最为丰富的 RSM 模型更是如此；对于经典 k-ε 模型或者其系列改进模型，由于采用各向同性的涡粘性假定，考虑二阶截断误差可以提高结果精度，提高计算稳定性。对于非线性湍流模型，混合迎风格式的 Blend Factor 一般采用 0.5 ~ 0.8。同时，对流项采用高精度迎风格式时，应适当降低准稳态逼近时步，一般取值为（0.25 ~ 0.5）Δt，Δt 可近似按 1 ~ 2 s 考虑，对于稳态流动问题，其实质为增量加载控制系数。

（3）边界输运参数显著影响数值计算稳定性。对于 k-ε 系列模型，不合适的初始湍动能强度与耗散率会导致计算稳定性变差，模拟之前需对这两个参数的数学协调性进行检查。研究发现，初始湍流积分尺度和入流速度剖面对计算收敛性影响不大。

（4）通常，由于控制方程不同，准稳态时步逼近求解比传统稳态求解的流场湍动程度更大。实际应用中常采用 Open 型出流边界代替 Outlet 型出流边界，Open 型边界允许回流，可自动调整出流位置压力，比 Outlet 型边界鲁棒性更好。

（5）CFL 数（Courant-Friedrichs-Lewy number）表示网格大小和时步的关系，是脉动流场求解时保持计算稳定性的重要参数，合理的 CFL 数能增强非流线形钝体绕流计算的稳定性，避免在尖锐位置由于流速或者压力过大导致数值发散。其取值大小和求解器类型相关，在隐式算法中，CFL 数常取 0 ~ 1，显式分离算法取 0 ~ 5，准稳态时步逼近求解过程一般推荐取 0.1 ~ 0.5，根据稳定性适当加大 CFL 数可提高计算速度。

6.2.8.6 算例验证

为了进一步证明准稳态时步逼近技术（QSMA）对定常流动问题在计算收敛性和计算消耗上的特点，对 Murakami-3D 立方体模型进行了数值风洞模拟，并且与隐式稳态算法的模拟结果进行了比较。通过模型缩尺及标准高度位置处的平均风速折减，考虑了三种不同 Re 数条件（Re 数根据立方体特征尺度计算，平均速度取对应缩尺风速剖面的标准高度），模型网格示意见图 6-27，模型参数见表 6-3。针对两种方法得到的沿流向中轴线不同位置的速度剖面、立方体附近空间沿流向中轴剖面的湍动能分布系数和立方体中轴附近空间的风速分布等代表性场场量进行了比较。

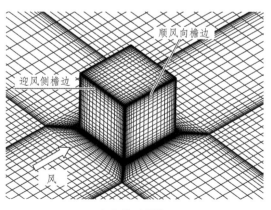

（a）壁面网格

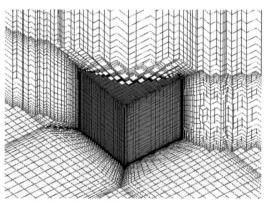

（b）流场空间网格

图 6-27 模型网格示意图

表 6-3 模型参数

网格控制参数	模型 1	模型 2	模型 3
Re 数	$2.6×10^7$	$2.6×10^5$	$8.6×10^4$
立方体尺度	20 m×20 m×20 m	2 m×2 m×2 m	0.67 m×0.67 m×0.67 m
计算域尺度 /m³	120×200×300	12×20×30	4×6.667×10
边界层尺度 /m	（0.025 ~ 1 m）×30	（0.01 ~ 0.07 m）×30	（0.001 ~ 0.04 m）×30
上游网格种子分布 /m	（1.2 ~ 7.4 m）×25	（0.08 ~ 1.0 m）×25	（0.05 ~ 0.34 m）×20
下游网格种子分布 /m	（1.2 ~ 6.8 m）×40	（0.09 ~ 1.4 m）×40	（0.05 ~ 0.37 m）×40
沿流向模型侧边 /m	（0.1 ~ 1.4 m）×25	（0.02 ~ 0.3 m）×25	（0.005 ~ 0.05 m）×25
流向左右两侧 /m	（1.2 ~ 11 m）×20	（0.08 ~ 1.2 m）×20	（0.05 ~ 0.29 m）×20
建筑物迎风侧边 /m	（0.1 ~ 1.4 m）×25	（0.02 ~ 0.3 m）×25	（0.005 ~ 0.05 m）×25
建筑上空 /m	（1.2 ~ 7.5 m）×25	（0.08 ~ 1.2 m）×20	（0.05 ~ 0.35 m）×20
建筑物高度 /m	（0.1 ~ 1.5 m）×25	（0.02 ~ 0.26 m）×25	（0.007 ~ 0.06 m）×25
总网格 / 节点数	374645/359340	372525/357156	356800/341976
网格质量指标	0.6	0.6	0.6
入流边界	速度剖面：$v(z)=v_*.\ln(z/z_0)/\kappa$		
流场侧壁	自由滑移壁面		
出流边界	流向压力梯度 =0		
地面边界	无滑移粗糙地面，考虑粗糙度修正		
钝体边界	无滑移壁面		
湍流输运参数	湍流动能：$k=1.5[v(z) \cdot I]^2$；耗散率：$\varepsilon=0.164k^{3/2}/l$		
特别说明	考虑流线弯曲修正；对流项离散格式采用 1 阶迎风；定常流		

图 6-28 ～图 6-31 为沿流向对称剖面立方体附近空间的湍动能系数分布。经对比易知，在三种雷诺数条件下，QSMA 的模拟结果与 Murakami 的研究结果极为接近（Murakami 的模型 $Re=8.4×10^4$，具体结果参考相关文献，本书不再单独给出），同时，与隐式稳态算法的模拟结果比较来看，两者也非常一致，这说明 QSMA 针对时均流场的计算结果并没有因为引入瞬态控制方程而出现改变。图 6-32 生产为典型位置的速度剖面，QSMA 的时间截断位置统一取 100 s（时间增量步 $\Delta t=1s$），与隐式稳态计算模拟得到的风速剖面几乎完全一致。

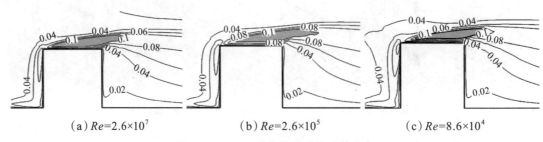

（a）$Re=2.6×10^7$　　　（b）$Re=2.6×10^5$　　　（c）$Re=8.6×10^4$

图 6-28 QSMA 模拟的湍动能系数分布

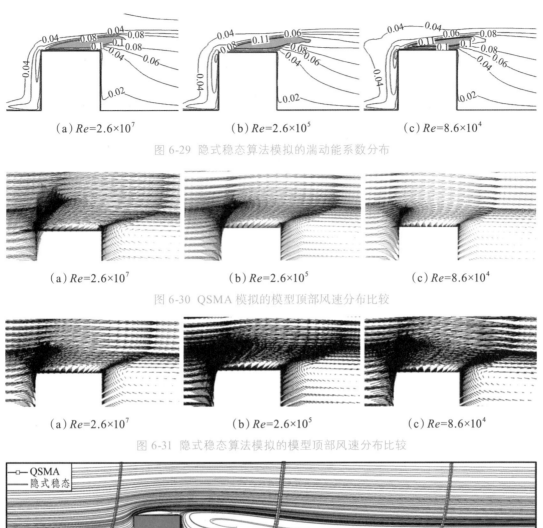

（a）$Re=2.6\times10^7$ （b）$Re=2.6\times10^5$ （c）$Re=8.6\times10^4$

图 6-29 隐式稳态算法模拟的湍动能系数分布

（a）$Re=2.6\times10^7$ （b）$Re=2.6\times10^5$ （c）$Re=8.6\times10^4$

图 6-30 QSMA 模拟的模型顶部风速分布比较

（a）$Re=2.6\times10^7$ （b）$Re=2.6\times10^5$ （c）$Re=8.6\times10^4$

图 6-31 隐式稳态算法模拟的模型顶部风速分布比较

图 6-32 不同算法的风速剖面比较（模型 1）

    另外，结合计算的收敛曲线（图 6-33）来看，QSMA 与隐式稳态算法主要常变量残差达到平稳的变化曲线具有一致性。因为模型较为简单，QSMA 与稳态算法的残差达到平稳状态的计算子步数接近，当步进时间达到 40s 之后，主要场变量均达到平稳状态，且稳定残差也处于相同水准。但是，QSMA 的残差曲线振荡更为明显，这和 QSMA 基于瞬态控制方程求解有关，但不影响数值计算的稳定性。综合来说，由于降低了时步大小和残差的限制，结合 QSMA 技术的瞬态求解对场变量达到平稳所需要的计算消耗和隐式稳态算法基本接近，两者的模拟结果具有很高的一致性，且和 Murakami 的研究结果吻合也很好。但是，由于 Murakami 模型过于简单，这个算例没能明显体现出 QSMA 在收敛性控制方面的优势，本章后续研究内容中结合 QSMA 技术的数值风洞模拟从侧面反映了其优势，因此此处不再单独对其另行验证。

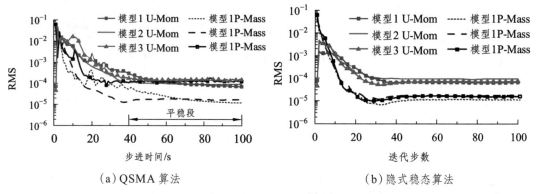

图 6-33 不同算法残差变化曲线

6.2.9 计算误差与控制

和计算力学的其他问题一样,计算风工程的结果判断以及准确性验证一直是风工程界普遍关注的问题。特别是由于数值解法本身的逼近本质,误差存在是难免的,研究目标是尽量将误差控制在工程接受范围之内。一般来说,数值风工程的误差主要源于三个方面:建模误差、离散误差、数值误差。下面就三种误差的产生原因及应对策略进行简要分析。

6.2.9.1 建模误差

建模误差主要包含以下项目:①控制方程引起的误差,如 RANS 和 LES 对脉动现象的模式化解析方式;②边界条件和初始条件的误差,如入流风速剖面的统计误差、高程适应性、入流边界上风速空间相干性;③气流物性参数的误差,如气流随着海拔高程和空间位置变化,质量密度和黏性特征都可能发生变化,但实际计算中常按定常物性参数考虑。

6.2.9.2 离散误差

离散误差主要包含以下项目:①截断误差,取决于离散格式;②连续边界条件离散到网格上产生的误差;③网格疏密、形式、正交性导致误差,容易理解,变量梯度较大的区域,较粗的网格产生的数值插值误差一定较大;④瞬态问题的时间离散误差,时间步越大,计算速度越快,但稳定性越差,伴随误差也越大,精细的时间步对提高数值稳定性和模拟精度有益,但计算消耗很大。

6.2.9.3 数值误差

数值误差主要包含以下项目:①计算过程的舍入误差,一般来说,双精度的数据格式比单精度的数据格式精度要高;②不完全迭代计算的误差,迭代计算是相对逼近的过程,受收敛残差设置对模拟精度影响很大,较粗的残差目标容易获得稳定解,但是结果可能偏离“理论精确解”,残差控制过严,则容易造成数值振荡与计算发散,因此具有一定经验性。

6.2.9.4 减小误差的手段

上述多个因素对数值结果的影响客观上是有规律的,虽然无法根除,但可以通过一系列手段加以改善。如网格尺度、分布、形式等因素可以通过无关性检验获得合理的设置参数。然后,特定模型的参数一般缺乏普适性,往往需要结合具体问题进一步研究。再如,入流条件也是影响数值模拟结果精度的因素。以典型的边界层平衡流动控制为例,由于钝体对流场的干扰影响,输入的湍流参数(ν, k, ε)在流动中是不可能保持平衡的(图 6-34)。同样,即使在一个没有放置任何钝体障碍物的空流域中,随着流动发展,边界层的形状也可能发生改变,这是数值黏性导致近地面区黏性剪切作用加大,k 和 ε 也发生变化所致。而工程实用的平均风压系数、脉动风压系数等仍然以入流风速的动压做无量纲化,结果自然就会发生偏差。减少数值误差的方式还有算法甄选,如隐式算法一般比显式算法更容易获得精确的数值解,高阶迎风格式比低阶迎风格式更准确等。

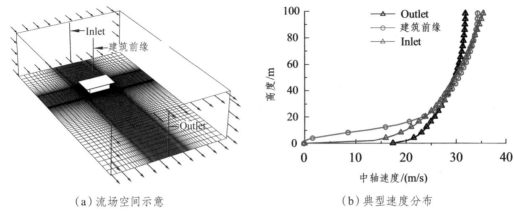

(a)流场空间示意   (b)典型速度分布

图 6-34 非平衡流场示意

6.2.9.5 数值模拟与实测、试验的综合校准方法

大量文献进行了数值模拟和实测、试验的数据对比,但某些验证工作并不具有普适性,对比参数单一,误差判别标准参差不齐。再加上实测、试验的信号干扰因素很多,完全迷信试验数据也不尽科学,简单地把两者的差别归咎于 CFD 的模拟误差是不科学的。合理的办法是结合数值模拟、参数校验、理论判断和试验实测等手段进行综合校准,以充分利用 CFD 这一工具。

6.2.10 计算结果的工程应用

工程设计主要关注平均风压系数(C_{pa})和脉动风压系数(C_{prsm})等主要衍生变量。数值风洞模拟结果的工程应用需注意以下问题:

(1)C_{pa} 为控制体节点上的无量纲参数,工程使用时需要专门转换,一般采用分区分块法将风压系数转换为体型系数 μ_{si},如式(6-75)所示。这样处理只是为了方便工程使用,两者仅有数学意义上的差别,物理意义上是同一个概念。

$$\sum A_i P_i \bigg/ \sum A_i = \mu_{si} \tag{6-75}$$

(2)计算 C_{pa} 时,参考风速取值存在两种做法:一种为 10 m 高度的统计风速;另一种为建筑高度对应的入流风速。当采用第一种方法时,风压系数须经过高度系数 μ_{zi} 修正才能得到体型系数。

(3)建筑体量很大时,受制于边界输运参数的统计高程制约,数值风洞断面高度相应受到限制,可能需要进行缩尺处理。若保持全比例尺模型,可能产生阻塞效应。相关文献认为,采用式（6-76）对阻塞效应进行修正具有较高精度：

$$C_{Dc} = C_D \big/ (1 + KS/C) \qquad (6\text{-}76)$$

式中：C_{Dc} 为修正后的风压系数；C_D 为数值模拟得到的风压系数；S 是 C_{Dc} 和 C_D 所用的参考面积；C 为流场入流面积；S/C 也等于阻塞比；K 为阻塞系数修正因子，受顺风向钝体尺度与横风向钝体尺度比值影响很大，一般，当比值大于 1.0 时，K 值稳定保持为 1.6 左右。

（4）和非定常流场不同，基于 RANS 的定常湍流场，无法直接获得压力系数的脉动值。Paterson 和 Holmes（1989）基于伯努利方程推导出计算脉动风压系数的模型，该模型表达式如下：

$$C_{\text{prsm}} = 2\left(K/3 + 0.816\left|C_p\right|v_0 K_0^{1/2}\right)\big/v^2 \qquad (6\text{-}77)$$

Selvam（1992）也给出了类似的计算脉动风压系数的模型公式：

$$C_{\text{prsm}} = 2\left|C_p\right|\left(v(2K)^{1/2} + K\right)\big/v_0^2 \qquad (6\text{-}78)$$

上式中，v_0 和 K_0 是来流中计算高度位置上的平均速度和湍动能，v 和 K 是来流中建筑物高度上的平均速度和湍动能，C_P 为稳态流场计算得到的平均风压系数。但是，由于式（6-77）、式（6-78）具有近似性，其普适性还需深入校验。

6.2.11 小　结

本节对 CFD 方法及重要的前沿研究成果进行了梳理、总结和论述，并提出了基于全隐式时间步近算法的准稳态时步逼近技术，小结如下：

（1）基于 CFX 的隐式瞬态时步分析方法，提出了改进的准稳态时步逼近技术，通过数学推导证明了这种方法的时间离散格式的稳定性、误差传递的趋零特性。由于准稳态时步逼近过程对时距、容差的要求降低，这种方法的计算消耗与传统稳态算法相当，但提高了稳态数值风洞模拟的收敛性。同时，研究了准稳态时步逼近方法的多目标收敛监控、计算稳定性控制参数，明确了准稳态迭代计算的截断时间判别依据，保证了结果的数值精度。最后通过 Murakami-3D 立方体模型验证了准稳态时步逼近方法的有效性。

（2）对数值风洞模拟方法、参数进行了梳理搭建。对标准 $k\text{-}\varepsilon$ 模型用于钝体绕流时局部位置湍动能驻留过高的形成机理进行了数学推导；论述了 L-K RNG $k\text{-}\varepsilon$、$k\text{-}\varepsilon$ EARSM、SSG RSM、LRR RSM 模型和 LES 的湍流方程，为后续研究提供了湍流模型的选用依据；论述了典型的结构化、非结构化网格生成技术；论述了近壁区网格的 Δy 值、入流输运参数、侧壁条件、出流条件的设置方法，对边界组合的鲁棒性进行了总结；对控制方程的空间离散格式如一阶迎风、二阶迎风及混合格式进行了推导；论述了多重网格法的原理与特点。

6.3　CFD 案例应用

6.3.1 引　言

近 30 年来，Davenport、Holmes、Murakami、Uematsu、Y.L.Xu 和沈世钊等人先后对

多个各具特征的低矮建筑进行了试验研究,其中包括双坡建筑(Gable roof)、四坡建筑(Hip roof)、穹顶建筑(Latticed dome)、鞍形膜结构、伞形膜结构及经典的 TTU 模型等。为了进一步掌握 CFD 的实际应用,本节将结合 CFD 方法对一些经典建筑展开数值风洞模拟。分析模型均采用 k-ε EARSM,计算 C_{pa} 时,参考风速均为建筑物最高点的对应入流风速。

6.3.2 经典案例

6.3.2.1 Y.L.Xu 带挑檐四坡屋顶模型(Hip Roof)

1997 年,Y.L.Xu 对四坡建筑模型进行风洞试验并发表了研究成果,试验模型包括 15°、20°、30° 三种坡度和 0°、45°、90° 三种风向角(图 6-35)。基于 Xu 的成果,我们构建了 9 个计算模型(表 6-4)。研究对象主要包括压力等值线(图 6-36 ~ 图 6-41)、屋面中剖线上的压力(图 6-42 ~ 6-44)。图 6-42 ~ 图 6-44 的 X 轴以靠近来流风向一侧作为起始位置。值得一提的是,虽然 Y.L.Xu 四坡屋面模型带有挑檐,但和 D. Meecham 给出的四坡屋面风荷载研究结果在规律上具有相似性,这一定程度说明局部拓扑特征发生改变不足以改变宏观绕流特征。

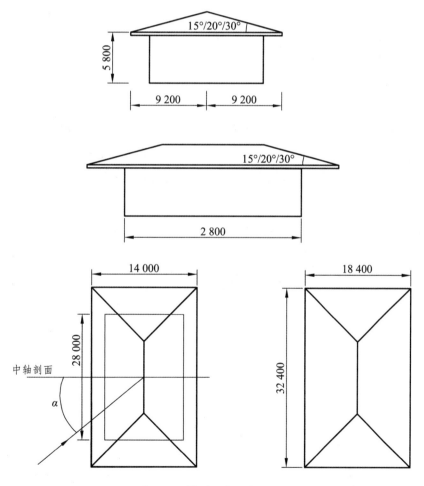

图 6-35 模型示意图(mm)

表 6-4 CFD 模型基本信息

风向角（°）	坡度（°）	网格数	节点数	壁面网格	分析方法	对流项
0°	15°	948 878	918 086	63 694	QSMA-trans	2 阶
	20°	958 566	991 121	32 822	QSMA-trans	2 阶
	30°	938 768	906 855	64 316	QSMA-trans	2 阶
45°	15°	931 960	900 837	62 776	QSMA-trans	2 阶
	20°	932 150	900 837	62 966	QSMA-trans	2 阶
	30°	932 150	900 837	62 966	QSMA-trans	2 阶
90°	15°	851 563	823 480	56 682	Steady-state	2 阶
	20°	851 563	823 480	56 683	Steady-state	2 阶
	30°	851 563	823 480	56 683	Steady-state	2 阶

（1）平均风压分布。

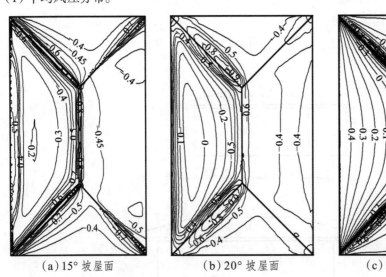

（a）15° 坡屋面　　　（b）20° 坡屋面　　　（c）30° 坡屋面

图 6-36　0° 风屋面 C_{pa}（k-ε EARSM，CFX）

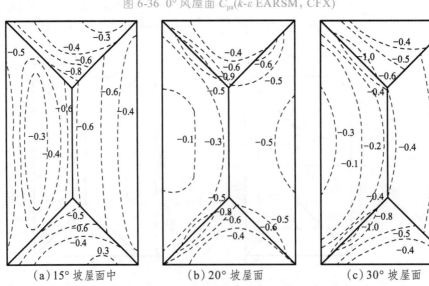

（a）15° 坡屋面中　　　（b）20° 坡屋面　　　（c）30° 坡屋面

图 6-37　0° 风屋面 C_{pa}（Y.L.Xu）

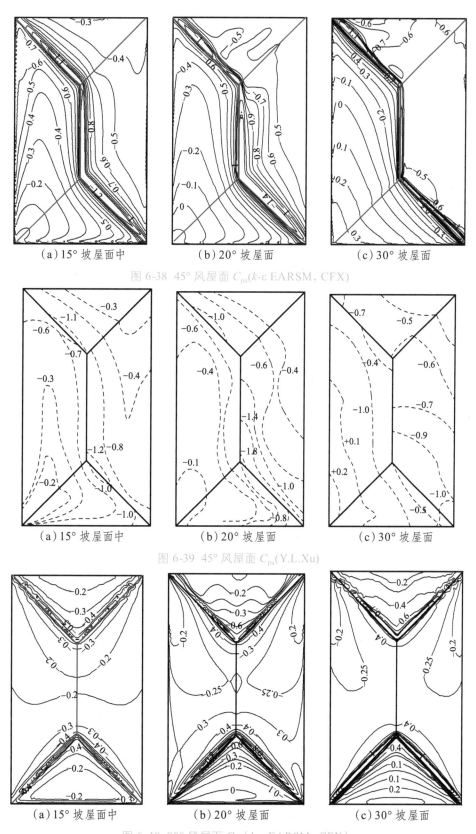

（a）15°坡屋面中　　（b）20°坡屋面　　（c）30°坡屋面

图 6-38　45°风屋面 C_{pa}（k-ε EARSM，CFX）

（a）15°坡屋面中　　（b）20°坡屋面　　（c）30°坡屋面

图 6-39　45°风屋面 C_{pa}（Y.L.Xu）

（a）15°坡屋面中　　（b）20°坡屋面　　（c）30°坡屋面

图 6-40　90°风屋面 C_{pa}（k-ε EARSM，CFX）

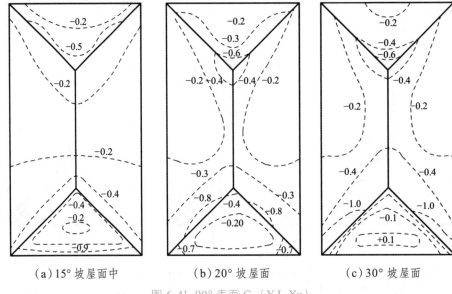

(a)15°坡屋面中　　　　　　(b)20°坡屋面　　　　　　(c)30°坡屋面

图 6-41　90° 表面 C_{pa}（Y.L.Xu）

　　三种风向角下，随着坡度变化，尽管屋面风压改变较为明显，但也在一定程度上表现出相似性：首先，檐口和屋脊位置容易发生流动分离，其对应钝边附近是高负压区，衰减非常快，影响区域很小，对主结构影响不大，从统计平均角度来看，甚至可以忽略；其次，迎风侧屋面檐口较薄，撞击分离作用不明显，前侧屋面气流均匀分离，当坡度小于 20° 时，前侧屋面几乎没有再附着现象，均为负压，且梯度均匀，当坡度为 30° 时，迎风侧屋面发生再附作用，约 1/2 以上的区域出现正压，但量值较小。值得注意的是，虽然正压作用不大，但在大跨度屋面结构中，由于正压和恒载、活荷载的叠加效应，即使较小的正压作用，叠加以后也会导致结构产生明显的挠度变形，对结构刚度控制极为不利，这在实际应用中需要注意。屋脊位置气流分离作用较明显，导致气流跨过屋脊之后，下游屋面均表现为负压，尤其是屋脊附近的负压作用较为强烈，在纵脊和斜脊交汇区域更为明显，但衰减非常迅速。越过屋脊后，下游屋面区域负压值较低，且梯度较为均匀。根据中轴剖切线上的 C_{pa} 比较（图 6-42 ~ 图 6-44），CFD 分析结果与试验测试数值吻合非常好，同样体现出前述规律。这也直接说明本节研究取得的计算参数具有可移植性。

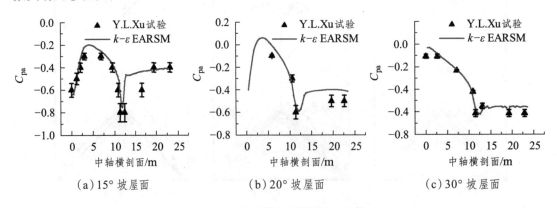

(a)15° 坡屋面　　　　　　(b)20° 坡屋面　　　　　　(c)30° 坡屋面

图 6-42　0° 风横轴中剖面 C_{pa} 比较

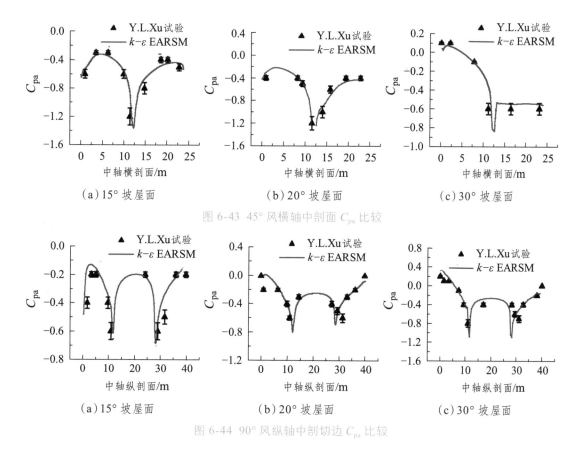

图 6-43　45° 风横轴中剖面 C_{pa} 比较

图 6-44　90° 风纵轴中剖切边 C_{pa} 比较

（2）流线特征。

据图 6-45 ~图 6-47 流线特征分析可知，相同风向角下，不同屋面坡度的流线分布有明显相似性。迎风侧墙面附近产生的撞击作用非常明显，导致形成柱状驻涡，生成逆向梯度风；迎风侧前屋面由于挑檐的"切割"作用，气流沿着屋盖上下表面均匀分离。风场的差异主要体现在屋脊后侧屋面，以图 6-45 为例，由于坡度影响，气流越过屋脊之后的分离尺度差别非常显著，表现为坡度越大，下游分离尺度越大，形成的回流旋涡越明显。再以图 6-45（c）为例，尾流区形成了三个非常明显的旋涡，且伴随着强烈的自由剪切，气流的再附位置远大于建筑物的横向特征尺度；同时，随着屋面坡度加大，背风侧挑檐位置的旋涡逐渐上移，当坡度达到 30° 时，气流越过屋脊后，在屋脊后侧立即形成明显的分离旋涡，但在下游回流环绕的逆风作用下，屋脊附近的负压峰值反而有所降低（图 6-45c）。再结合前述 TTU 模型比较分析，由于坡度加大，Y.L.Xu 模型的迎风侧屋面前缘的气流分离受到附着作用抑制，没有出现明显的分离涡，这也是迎风侧屋面 C_{pa} 整体偏小的主要原因之一。当风向角变化时，流线的紊乱程度加剧，主要原因在于纵脊和斜脊位置的钝边导致气流分离，但主要的特征仍然非常显著，包括前侧的撞击驻涡、墙体角域的锥形涡、后侧墙体附近的回流环绕等。这些特征决定了建筑物风压分布规律和量值大小，并形成可利用的"不变"因素。随着风向角由 0° ~ 90° 变化，屋面风压量值经历了逐渐上升到逐渐下降的倒"V"形变化历程，90° 风向角时的屋面 C_{pa} 明显低于 45° 风向，流线紊乱程度也有所下降。

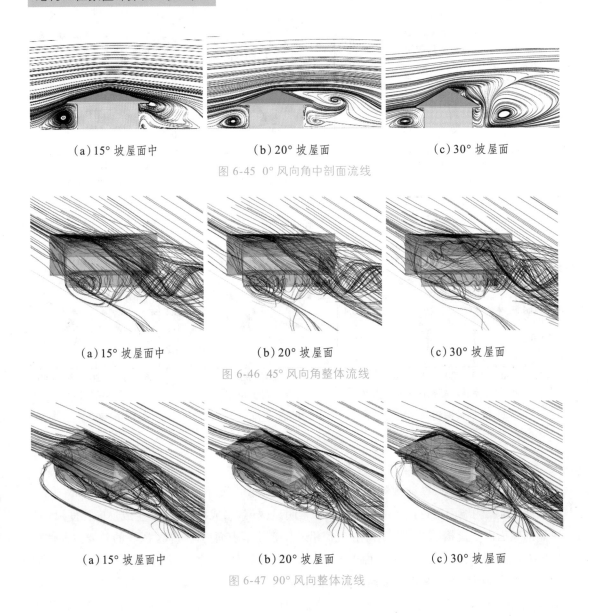

（a）15°坡屋面中　　　　　　（b）20°坡屋面　　　　　　（c）30°坡屋面

图 6-45　0°风向角中剖面流线

（a）15°坡屋面中　　　　　　（b）20°坡屋面　　　　　　（c）30°坡屋面

图 6-46　45°风向角整体流线

（a）15°坡屋面中　　　　　　（b）20°坡屋面　　　　　　（c）30°坡屋面

图 6-47　90°风向整体流线

6.3.2.2　Gable Roof & Hip Roof 模型

1991 年，D. Meecham、D. Surry 和 A.G. Davenport 发表了双坡屋面模型和相同尺度无挑檐四坡屋面模型（图 6-48、表 6-5）的风洞试验研究结果。研究表明，由于屋面拓扑特征不同，两组模型的风荷载差异明显。具体表现为：0°风向时，四坡模型在两翼斜脊与中脊交汇区域负压偏高；45°和 90°风向时，双坡屋面在纵脊两翼位置的负风压显著增加；同时，四坡屋面对应位置的负压明显低于双坡屋面，最不利负风压降幅约达 50%，实际的灾害调查结果也证明了这一点。但是 Y.L.Xu 认为这只是屋面坡度为 18.4°条件下的特殊情况。为了进一步研究其成因，结合 6.3.2.1 节结果，针对坡度对四坡屋面风荷载的影响、屋面拓扑形状对风荷载的影响进行了理论分析。

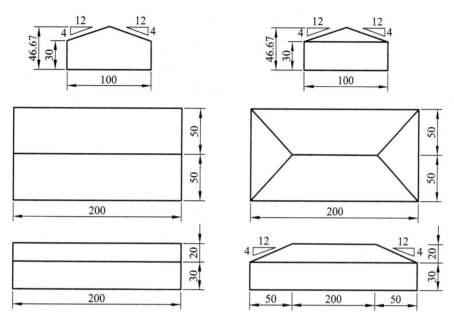

图 6-48 双坡屋面与四坡屋面模型（单位：m）

表 6-5 CFD 模型基本信息

风向角	模型	网格数	节点数	壁面网格	分析方法	对流项
0°	Gable	832944	802995	60504	QSMA-trans	2 阶
	Hip	2539512	2476866	125862	QSMA-trans	2 阶
45°	Gable	827838	798270	59738	QSMA-trans	2 阶
	Hip	1066211	1032043	68959	QSMA-trans	2 阶
90°	Gable	842640	812800	60292	QSMA-trans	2 阶
	Hip	992462	960877	63746	QSMA-trans	2 阶

（1）平均风压。

结合图 6-49 ~ 图 6-53 分析易知，模拟值与试验结果吻合较好，但是由于两组模型具有不同的几何拓扑，因此风压分布特征的差异较为明显，风向角对其影响很大。0° 风向角时，四坡屋面侧翼 C_{pa} 值偏大，其余位置均在一个量值等级，加之坡度影响以及屋面附近的气流附着、分离共同作用，因此，除了屋脊背风侧局部区域外，四坡和双坡屋面均没有出现大面积高负压区。差异体现在风向角为 45° 时，双坡屋面两翼 C_{pa} 值明显大于四坡屋面。究其原因，在于：斜风下双坡屋面两翼不仅伴随较强的气流分离，同时沿着屋面横向檐边存在明显的锥形涡，因此局部产生较强的风吸作用；而四坡屋面由于两翼存在小坡，再附作用对气流分离具有抑制作用，降低了负压作用。同样，在 90° 风向角下也存在上述规律。上述分析与文献的风灾调查规律一致。

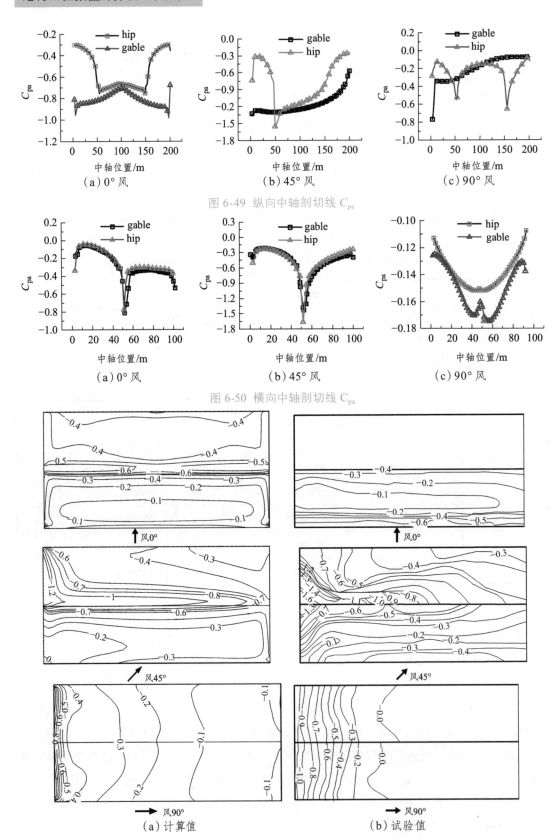

（a）0°风　　　　　　　（b）45°风　　　　　　　（c）90°风

图 6-49　纵向中轴剖切线 C_{pa}

（a）0°风　　　　　　　（b）45°风　　　　　　　（c）90°风

图 6-50　横向中轴剖切线 C_{pa}

（a）计算值　　　　　　　　　　　　　　（b）试验值

图 6-51　Gable 模型 C_{pa}

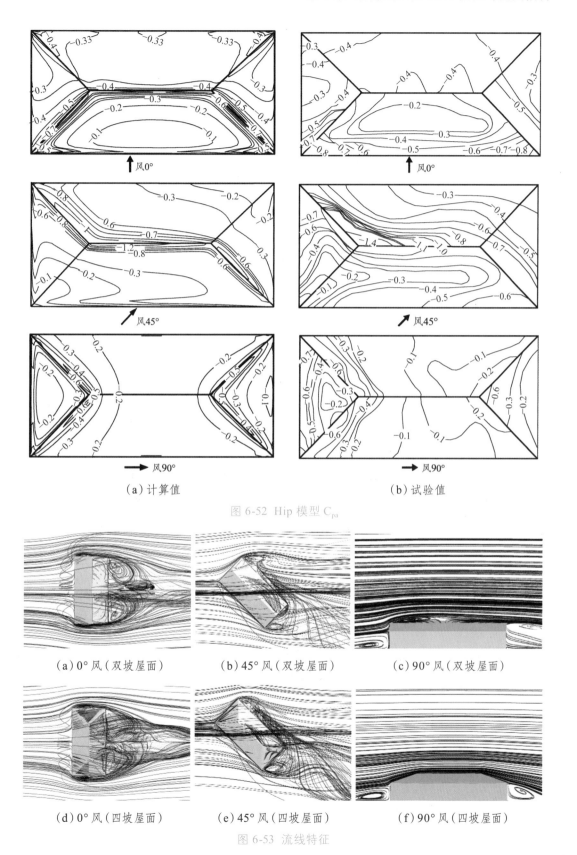

（a）计算值　　　　　　　　　　　（b）试验值

图 6-52　Hip 模型 C_{pa}

（a）0°风（双坡屋面）　　　（b）45°风（双坡屋面）　　　（c）90°风（双坡屋面）

（d）0°风（四坡屋面）　　　（e）45°风（四坡屋面）　　　（f）90°风（四坡屋面）

图 6-53　流线特征

（2）流线特征。

从图 6-53 流线特征来看，两组模型在相同风向角时，典型流动特征如迎风侧撞击驻涡、角域锥形涡、背风侧环绕均非常相似，差别主要体现在屋面纵轴两翼：三种风向角下，气流在屋脊两翼附近区域均存在流动分离，主要表现为负压，其中，0° 风向时，两翼位置由于四坡屋面两翼屋脊交汇，气流分离作用更为强烈，负压值比双坡屋面两翼略高；45°、90° 风向时，四坡屋面在两翼小坡区域内由于坡度影响，存在气流再附作用，抑制了气流分离，因此并无大尺度分离涡旋出现（图 6-53c、f），从而降低了风吸作用。上述分析从流动特征角度解释了四坡屋面两翼负压值较小的原因。

D.Meecham 四坡屋面模型的坡度为 18.4°，和 Y.L.Xu 模型具有相似性，两者互为补充，可以反映出坡度变化对四坡屋面风荷载的影响，据此研究了中轴剖切线位置的 C_{pa} 分布规律（图 6-54）。为了便于比较，对压力系数分布的 X 坐标进行了归一化处理，从结果易知，迎风侧屋面 C_{pa} 受坡度增大的影响较大，随坡度增大 C_{pa} 逐步向正压转变，但背风侧负压变化很小，规律不明显。虽然 Y.L.Xu 模型存在挑檐，但并不影响两者的这种相似性，同理，D.Meecham 双坡模型和 TTU 模型也具有类似的拓扑结构和风压变化规律。结合 6.4.3.1 研究结果易知，随着坡度增大，气流再附作用对气流分离的抑制作用导致迎风侧屋面很难捕捉到明显的分离涡旋，前侧屋面负压逐渐下降，甚至转换为正压，而背风侧 C_{pa} 则随坡度的增大变化较小。根据上述分析容易看出，Y.L.Xu 模型、TTU 模型 Meecham 模型的风压变化具有相似规律，可划分为同一类特征体。

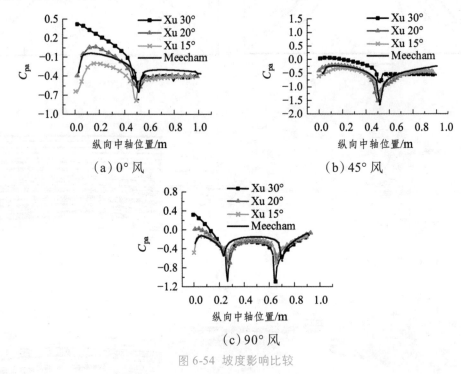

（a）0° 风　　　　　　　　　　（b）45° 风

（c）90° 风

图 6-54 坡度影响比较

6.3.2.3　W.D.Baines 模型和 Y. Uematsu 盒体模型

1965 年，W.D.Baines 研究并报告了均匀流场和大气边界层流场条件下的标准立方体模型、1:8 柱体模型的风洞试验测压结果[2]。和 TTU 模型一样，W.D.Baines 模型是风洞试验和 CFD 仿真计算的标尺（Benchmark）模型之一，对比研究结果分散于多篇文献。结合文献构建了 Baines 立方体数值风洞模型（图 6-55），模型边长为 12 m，支撑于地面，流场 $L \times B \times H$ 为 192 m×100 m×60m，阻塞率为 2.4%（< 3%），全结构化网格总数达 236060 个，其中壁面网格 23810 个。

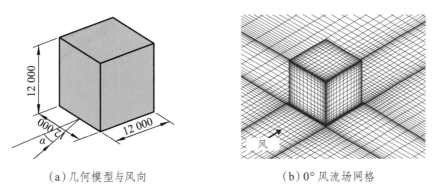

（a）几何模型与风向   （b）0° 风流场网格

图 6-55 模型示意图

结果和文献进行了比较（图 6-56），两者平均风压系数结果吻合很好。沿来流方向，侧壁角隅附近区域由于气流分离，产生了高负压区，计算 C_{pa} 值比文献试验结果略大。和试验结果相比，屋顶前缘也存在明显的高负压区，但 C_{pa} 衰减较快，屋顶前侧 1/2 区域的 C_{pa} 比试验结果略小，屋顶后半侧区域 C_{pa} 值则非常接近。统计平均后，屋面和侧壁的试验的 C_{pa} 值分别为 0.56、0.58，本节的模拟结果分别为 0.52、0.55，模拟值比试验结果略小。究其原因，可能和 k-ε EARSM 的湍动能生成在分离区抑制过大导致衰减过快有关。背面 C_{pa} 实测约为 -0.21，模拟结果约 -0.25，略偏大，其原因和数值风洞模型下游再附距离增大导致背风侧壁面由环绕产生的逆向压力不足有关，但总体而言两者仍然吻合较好，且测试、试验数据拟合等因素可能也是导致 C_{pa} 值存在误差的原因。值得一提的是，本节模型的网格数量仅不足 24 万个，远小于文献的网格规模（120 万个），计算消耗大为减少，但结果精度基本一致，这一方面说明合理的网格方案（图 6-55b）能有效提高精度，另一方面也说明了非线性 k-ε EARSM 改进湍动能生成项对数值模拟结果精度的改善明显高于其他改进 k-ε 模型。

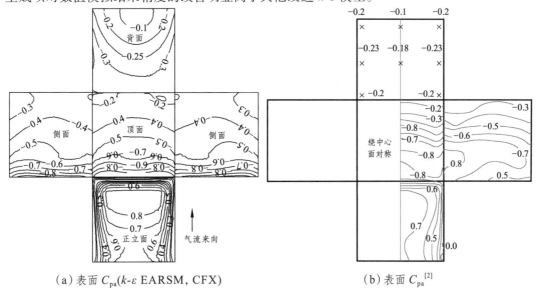

（a）表面 C_{pa}（k-ε EARSM, CFX）   （b）表面 C_{pa}[2]

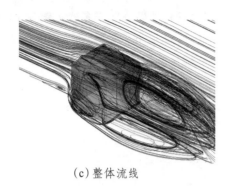

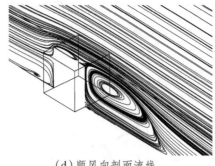

（c）整体流线　　　　　　　　　　　　　（d）顺风向剖面流线

图 6-56　立方体立场分析结果

W.D.Baines 模型还包括一个 $B：H=1：8$ 的柱体。本节的柱体模型尺寸为 12 m×12 m×96 m（$L×B×H$），底部支撑，流域长×宽×高为 1000m×200m×350m，阻塞率 0.2%（< 3%），结构化网格总数达 687 232 个，其中壁面网格 50 016 个，六面体网格 637 216 个。结果和文献 [2] 给出的试验数据进行了比较：正面的最大平均风压系数为 0.92，梯度平稳，略大于试验值 0.9；侧面下方 1/3 区域和背面下方 1/4 区域的风压系数比试验数据偏小；从均值来看，试验条件下，侧面的 C_{pa} 分别为 – 0.4 ~ – 0.5，计算值约为 – 0.43，屋顶位置的 C_{pa} 试验值为 – 0.5 ~ – 0.6，数值模拟值约 – 0.55，两者吻合较好（图 6-57a、b）。进一步结合模型的流线特征分析（图 6-57c、d）：气流与迎风侧壁面撞击作用较明显，在柱体高度约 $2H/3$ 位置处沿上下流动，越过柱体顶部前缘后发生分离并形成分离涡，分离作用一直延续到柱顶后缘，在背风侧下游发生自由剪切并形成剪切涡（图 6-57c）；柱体背风侧在自由剪切以及回流环绕作用下，形成了较大尺度的复杂涡旋流动，并延续到约 2.5H 的下游流场空间。值得一提的是，依据气流运动的一般规律，侧壁前缘角隅由于存在较强的涡流分离，容易形成锥形涡，因此，前缘角隅附近往往存在高负压区，负压值较大，并且向侧壁后侧逐渐减小，但文献侧壁风压分布结果（图 6-57b）却正好相反，初步判断其风向标注错误。

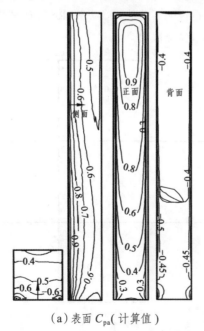

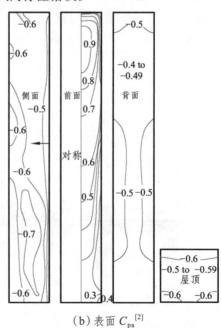

（a）表面 C_{pa}（计算值）　　　　　　　　　（b）表面 C_{pa}[2]

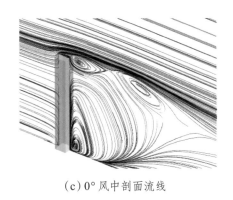

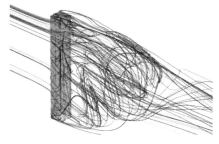

(c) 0° 风中剖面流线 　　　　　　　　　　 (d) 0° 风整体流线

图 6-57 柱体流场分析结果

相关文献构建了 Uematsu 模型（图 6-58）。Uematsu 模型为一大跨度平屋面低矮建筑，模型长×宽×高为 100 m×100 m×25 m。流域长×宽×高为 1260 m×200 m×700 m，阻塞率 1.8%（< 3%），结构化网格总数 588560 个，其中壁面网格 43920 个，六面体网格 544640 个。据屋面 C_{pa} 等值线分析（图 6-59），0° 风向角下，模拟计算值和实测值规律基本相似，但屋面前缘附近存在一定差异，主要体现在模拟计算的 C_{pa} 值衰减梯度较大，在较小范围内，由 -1.4 衰减至 −0.9，而试验结果的梯度变化相对平稳。同时，文献提及：C_{prsm} 值与平均风压的分布非常相似，但峰值较平均风压大很多。本节进一步比较了 EARSM 与 LES/SGS 的模拟结果，两者均有效地抑制了钝体前缘峰值 C_{pa} 过大的问题，同时，与文献相同模型的试验结果更为接近，因此对于钝体前缘 C_{pa} 模拟值衰减较快的原因不排除和测试数据的离散性有关。45° 风向角，计算值和试验结果非常相似，迎风侧钝体前缘附近均出现了较高的负压区，且在 $\xi/H \approx 1$ 的范围内（ξ 为距离屋面边界的距离），C_{pa} 迅速衰减至 -0.4，屋面下游大部分区域 C_{pa} 值较小，为 − 0.3 ~ − 0.4，梯度变化非常平稳，与文献的研究结果基本一致。据流线图（图 6-60）可知，计算结果完整捕捉到了前缘驻涡、后缘环绕、屋面分离涡、角域锥形涡等流动现象。0° 风向角时，锥形涡主要集中在迎风侧两角隅，屋面分离涡主要集中在钝体前缘 $\xi/H \approx 1$ 范围内；45° 风向角的流动相比更为紊乱，屋面气流沿着檐边分离，出现大量沿着屋面水平檐边的柱状旋涡，位置同样集中在 $\xi/H \approx 1$ 范围内；同时，由于前侧气流受到迎风侧立面上 45° 钝边的切割作用，模型两侧壁产生附着、分离作用，撞击作用减弱，侧壁风压降低，同时，屋面较大区域没有明显的分离涡出现。

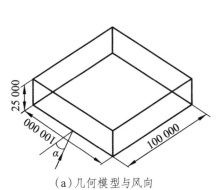

(a) 几何模型与风向 　　　　　　　　　　 (b) 0° 风流场网格

图 6-58 盒体模型示意图

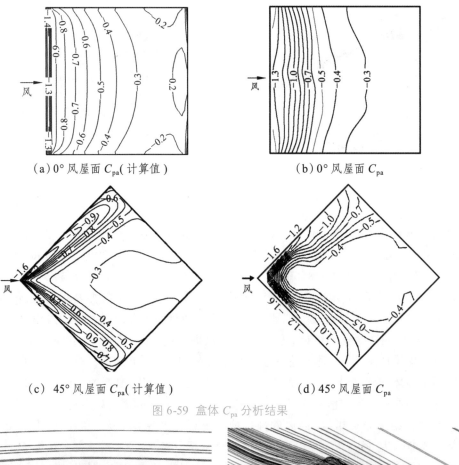

（a）0°风屋面 C_{pa}（计算值）　　　　　（b）0°风屋面 C_{pa}

（c）45°风屋面 C_{pa}（计算值）　　　　（d）45°风屋面 C_{pa}

图 6-59　盒体 C_{pa} 分析结果

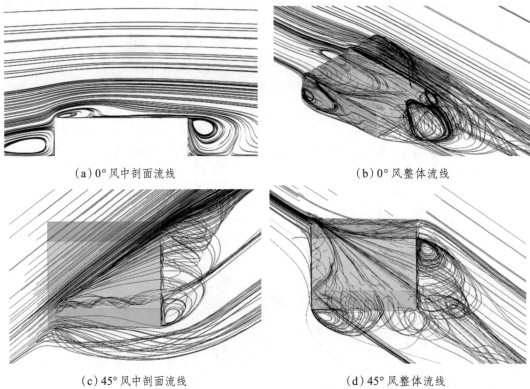

（a）0°风中剖面流线　　　　　　　（b）0°风整体流线

（c）45°风中剖面流线　　　　　　（d）45°风整体流线

图 6-60　盒体流线分析结果

综合来看, 3 组模型均具有相似的几何拓扑, 差异主要在于长宽比例以及高度。但是, 三者的风压分布具有相似性, 以位于中轴剖切线的 C_{pa} 比较 (图 6-61) 可知, C_{pa} 计算值在屋顶迎风侧前缘普遍较试验值小, 其余位置较为一致。LES/SGS 模型也有相似规律, 这可能和湍流模型本身对流动分离描述不足有关。结合图 6-61 还容易看出, 随高度增加, 屋顶 C_{pa} 呈下降趋势, 迎风侧前立面与背风侧后立面 C_{pa} 总体呈上升趋势, 其中, 低矮盒体模型的屋面风压系数相对偏大; 从流线特征比较来看, 随着高宽比 H/B 下降, 迎风侧两角隅的锥形涡尺度随之增大。就模型的流线特征来看, 锥形涡尺度几乎上升到与屋面分离涡及背风侧下游环绕回流涡同等程度, 这说明低矮建筑物屋面风荷载及其不利影响作用更为显著。

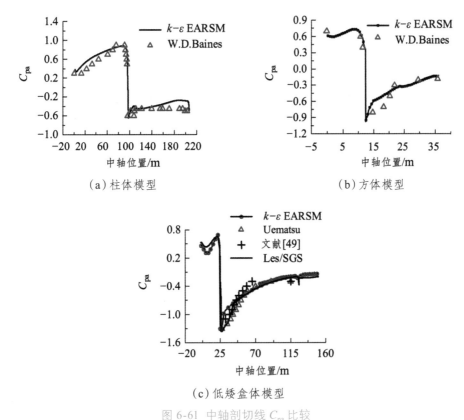

（a）柱体模型　　　　　　　　　　　（b）方体模型

（c）低矮盒体模型

图 6-61 中轴剖切线 C_{pa} 比较

6.3.2.4 伞形膜结构

20 世纪 90 年代, Kazakevitch 报道了一个 108 m×60 m 机库膜结构屋顶的风洞试验结果。同期, 沈世钊和向阳分别利用木材和防雨绸制作了一组伞形膜结构的风洞试验模型, 模型缩尺比例 1/40, 据此进行了刚性模型试验及气弹模型试验, 研究了矢跨比、风向角、底部围护开敞与否的影响。2001—2005 年, 王吉明和余世策陆续报道了一组弹性平膜及组合膜结构屋面的测压结果。膜结构的风致作用逐渐受到重视。膜结构因其造型夸张新颖, 在大型公共建筑中经常使用。我们结合文献结果进行了模拟分析。分析时采用全尺寸模型 (图 6-62), 粗糙度指数 α=0.16, 近地湍流度大于 5%, 模型边界与网格控制参数见表 6-6。膜结构找形 (Form

finding）采用支座提升法。基于动态增量非线性有限元方法，求解支座提升的最终状态，从而实现膜面张力与几何形态的平衡并获得找形结果。计算模型参数如下：膜材为只受拉 2D Membrane 单元，拉索为等参索单元，输入膜面张力 2 kN/m，脊索张力 10 t/m，边界索张力 20 t/m，找形结果如图 6-62b 所示，膜面初张力分布为 2～3 kN/m。由于结构高度对风荷载的影响具有相似性，因此本章仅针对文献报道的模型 2、4 进行了分析，主要探讨膜结构底裙开敞与否以及不同风向角作用的流场特征。下文将底裙开敞模型称为模型 1，底裙封闭模型称为模型 2。

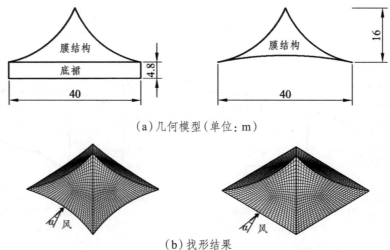

（a）几何模型（单位：m）

（b）找形结果

图 6-62 分析模型示意

表 6-6 CFD 模型基本信息

风向角	模型	网格数	节点数	壁面网格	分析方法	对流项
0°	模型 1	1 054 100	1 123 374	69 274	Steady-state	2 阶
	模型 2	880 945	851 605	59 081	QSMA-trans	2 阶
15°	模型 1	877 154	847 096	60 450	Steady-state	2 阶
	模型 2	699 673	673 835	52 229	QSMA-trans	2 阶
30°	模型 1	850 366	821 047	59 086	Steady-state	2 阶
	模型 2	677 289	652 297	50 529	QSMA-trans	2 阶
45°	模型 1	863 295	833 359	59 996	Steady-state	2 阶
	模型 2	758 921	732 263	53 771	QSMA-trans	2 阶

风压等值线结果比较显示，理论分析和测试结果总体吻合较好，差异主要位于下游的膜结构尾部区域（图 6-63、图 6-64），计算值偏小，在斜风向作用下更为明显，当风向角变化至 45° 时，差异最大，其中又以底裙开敞的模型 1 为甚（图 6-63g）。上表面气流越过膜脊线之后发生流动分离，C_{pa} 值较高，为 -0.6～-0.9，伞顶局部区域甚至达到 -1.4；迎风侧膜面下表面气流分离，均为负压，和上表面风压产生叠加效应。背风侧下表面由于阻滞作用导致气流附着，产生指向膜面外侧的压力作用，和背风侧上表面负压叠加，总体而言，呈水平 "S" 状分布。

从不同风向角的分析结果来看，迎风侧正压均较为明显，0°～30° 风向时正压值相对较大，背风侧负压则随着风向角增加而加大，可以预测，随着矢高增大，正负压作用还会进一步增强；比较底裙开敞与否，模型 1 正压值相对较高，局部增幅达到近 200%（图 6-63a、b、c），原因在于迎风侧上下表面风压叠加。而模型底裙封闭的时候，迎风侧底裙檐边导致气流分离，削弱了膜面迎风侧的附着作用。有趣的是，底裙开敞与否对背风侧膜面压力影响较小，分析原因，可能是由于模型 1 下表面空间同时存在气流附着与分离，相互抵消导致对总体负风压的贡献减弱。另外，随着模型 1 矢高加大，下表面的风压（膜面外法线方向）可能进一步加大，对背风侧膜面的总体风压值影响增大。

膜面弦割坡度近 38°，结合流线分析结果（图 6-65）可知，模型 1 主要包含下表面空间的环绕涡以及背风侧上表面分离涡，同时，上表面涡旋几乎完全覆盖膜面，下表面空间则因为环绕涡的影响，同时存在分离与附着，随着矢高加大，附着作用会进一步加大；底裙封闭模型的流线特征（图 6-66）与 Y.L.Xu 的 30° 四坡模型（图 6-45）相似，具有明显的前侧驻涡、背风侧分离涡、后侧环绕涡等流动现象。

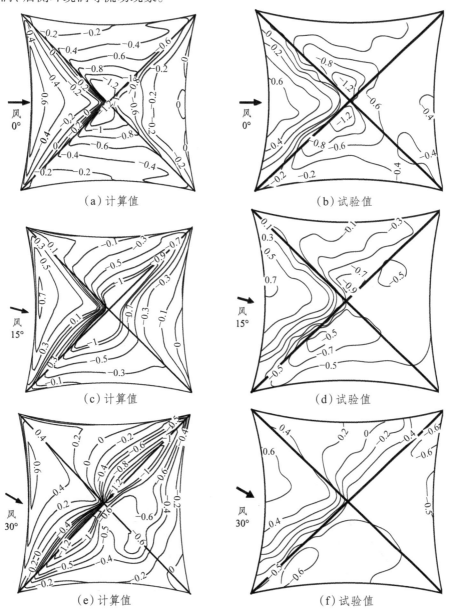

（a）计算值　　　　　　　　　　　　（b）试验值

（c）计算值　　　　　　　　　　　　（d）试验值

（e）计算值　　　　　　　　　　　　（f）试验值

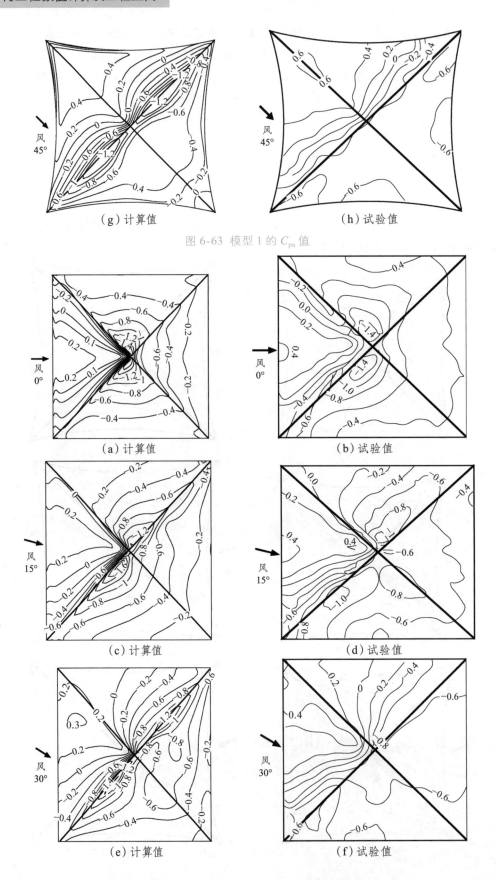

图 6-63 模型 1 的 C_{pa} 值

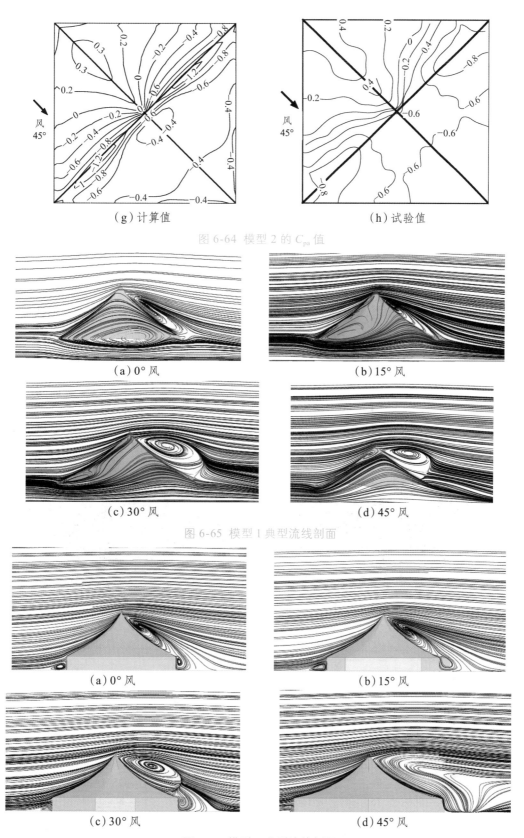

（g）计算值　　　　　　　　　（h）试验值

图 6-64　模型 2 的 C_{pa} 值

（a）0° 风　　　　　　　　　（b）15° 风

（c）30° 风　　　　　　　　　（d）45° 风

图 6-65　模型 1 典型流线剖面

（a）0° 风　　　　　　　　　（b）15° 风

（c）30° 风　　　　　　　　　（d）45° 风

图 6-66　模型 2 典型流线剖面

6.3.2.5 穹顶与柱壳模型

1997 年，Uematsu 发表了下部带支撑墙体的大跨度单层网壳穹顶静风荷载及其风致动力响应研究成果，论述了穹顶矢跨比以及下部支撑墙高 / 穹顶跨度比对风荷载特性的影响。2000 年，Letchford 研究了壁面粗糙度对穹顶表面的平均风压及脉动风压的影响，发现粗糙度效应能有效降低屋面顶部风吸，但尾流影响区加大。2006 年，Li Y.Q 发表了单层球冠形穹顶以及单层柱面网壳的等效静风荷载研究结果，并且采用 POD 法研究了穹顶的基本风致动力特性。2008 年，Uematsu 基于气动数据库，采用神经网络方法预测了薄壳穹顶的风荷载。除此以外，Taylor、王旭和顾明也发表了半球形屋面结构的风荷载特性研究结果。这些研究丰富了球面特征体风荷载特性的研究成果，可为进一步提炼总结规律提供丰富的参考资料。基于此，本节对具有较典型的 Li 模型以及 Uematsu 模型进行了分析。

（1）Li Y.Q. 模型。

图 6-67a 所示 Kewitt 型单层球面网壳跨度 L=120 m，矢高 f=40 m。图 6-67b 所示单层柱面网壳跨度 L=129.2 m，纵向宽度 B=L，矢高 f=43.1。模型基本信息见表 6-7。

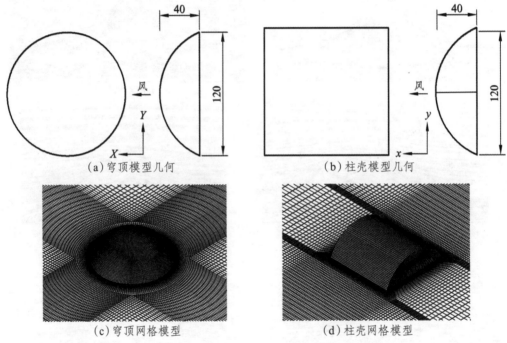

(a)穹顶模型几何　　　　　　　　　　(b)柱壳模型几何

(c)穹顶网格模型　　　　　　　　　　(d)柱壳网格模型

图 6-67 模型示意图

表 6-7 CFD 模型基本信息

风向角（°）	坡度（°）	网格数	节点数	壁面网格	分析方法	对流项
0	15	948878	918086	63694	QSMA-trans	2 阶
	20	958566	991121	32822	QSMA-trans	2 阶
	30	938768	906855	64316	QSMA-trans	2 阶
45	15	931960	900837	62776	QSMA-trans	2 阶
	20	932150	900837	62966	QSMA-trans	2 阶
	30	932150	900837	62966	QSMA-trans	2 阶
90	15	851563	823480	56682	Steady-state	2 阶
	20	851563	823480	56683	Steady-state	2 阶
	30	851563	823480	56683	Steady-state	2 阶

结果分析表明，由于矢高影响，无论是球冠穹顶还是柱状穹顶，屋面前缘 C_{pa} 均出现了明显的正压，大致位于前缘弧面 $D/8$ 范围(图 6-68)，分析原因主要是前缘的气流撞击作用所致，撞击作用加剧了后续的气流分离，因此沿中轴后续位置主要以负压为主(图 6-68、图 6-69)，且沿中轴风压梯度变化非常明显；在个别地貌条件下，后缘局部很小位置可能会出现较小的正压，分析其原因可能和屋面尾部区域的逆向回流旋涡导致的再附作用有关，但往往较小。结合图 6-69、图 6-70 还容易看出，无论球体还是柱状壳体，其特征轴上的 C_{pa} 分布规律都非常相似，这也和 6.4.1 节的研究内容具有一致性。图 6-71 为两种模型的典型流线分布特征，易知，这类屋面流线型特征非常相似，屋面除了前缘与后缘有较小的逆向旋涡以外，大部分区域的气流均表现为较均匀的分离作用，流线分布的规律性较为明显。

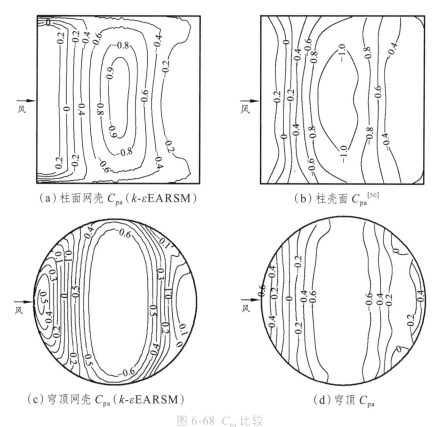

（a）柱面网壳 C_{pa}（k-εEARSM）　　　　（b）柱壳面 C_{pa}[50]

（c）穹顶网壳 C_{pa}（k-εEARSM）　　　　（d）穹顶 C_{pa}

图 6-68　C_{pa} 比较

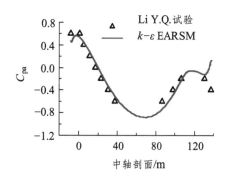

图 6-69　柱面网壳中轴 C_{pa} 对比　　　　图 6-70　穹顶网壳中轴 C_{pa} 对比

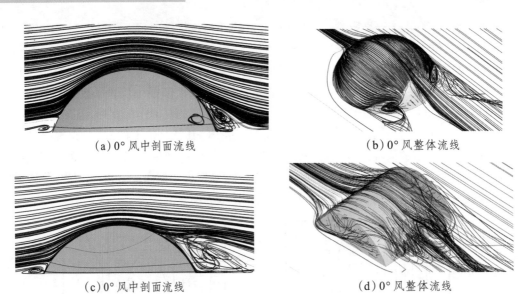

(a) 0°风中剖面流线　　　　　　　　　(b) 0°风整体流线

(c) 0°风中剖面流线　　　　　　　　　(d) 0°风整体流线

图 6-71　典型流线特征

（2）Uematsu&Yamada 模型。

虽然 9 个模型存在差异，但具有相似的拓扑结构（图 6-72），因此，采用了参数化拓扑分块网格，这样可以保证网格数量、分布基本一致，同时，还能大幅度提高前处理建模的效率和提高结果的可比性。表 6-8 为模型基本信息。

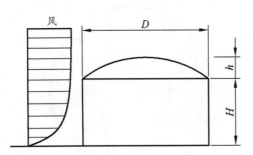

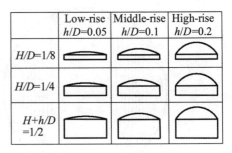

图 6-72　Uematsu–Yamada 模型参数

表 6-8　CFD 模型基本信息

h/D	H/D	网格数	节点数	壁面网格	分析方法	对流项
0.05	1/8	596176	574547	43408	QSMA-trans	2 阶
	1/4	596209	574547	43441	QSMA-trans	2 阶
	1/2	708944	684887	48336	QSMA-trans	2 阶
0.1	1/8	596176	574547	43408	QSMA-trans	2 阶
	1/4	596209	574547	43441	QSMA-trans	2 阶
	1/2	708944	684887	48336	QSMA-trans	2 阶
0.2	1/8	596176	574547	43408	QSMA-trans	2 阶
	1/4	596209	574547	43441	QSMA-trans	2 阶
	1/2	708944	684887	48336	QSMA-trans	2 阶

据图 6-73 ~图 6-78 分析可知,随穹顶底部墙体高度变化,屋面风压系数整体呈平稳增长趋势,且保持着相似的分布规律与变化梯度。以 Low-rise 模型为例,负压最为明显的屋面顶部,C_{pa} 由 − 0.3 增至 − 0.5,其余位置也有不同程度增长。其成因可能是:底部支撑墙壁加高后,气流撞击作用加强,迎风面逆向风梯度加剧,屋面气流剥离作用增大,再附作用减弱,导致屋面负风压逐步增长。同样,据图 6-73 ~图 6-78 分析可知,保持支撑墙高度不变,随着穹顶矢高逐渐加大,沿中轴屋面 C_{pa} 变化梯度明显增加,当矢跨比达到 0.2 时,穹顶迎风侧前缘出现明显正压。易知,矢高加大导致迎风侧的气流附着增强,削弱了穹顶前缘的气流分离,导致负压逐步减小,矢高进一步加大,附着可能会演变为撞击作用,直至出现正压;同时,这种作用导致气流越过附着撞击区域后加剧了后续流动分离作用,表现为屋顶中心区域负压增加,沿中轴的风压变化梯度非常剧烈(图 6-78)。总体而言,与文献相比,模拟结果精度很高,无论是分布形式还是数值大小,均较为一致;但要指出的是,大矢高条件下,两者误差相对偏大,集中表现在负压较为明显的中轴后半段(图 6-77c),分析原因,可能和湍流模型的湍动分离描述有关。就矢高与底部墙高对穹顶风压的影响程度比较而言,矢高的影响更为显著(图 6-78),简而言之,墙高主要影响穹顶 C_{pa} 的数值大小,但幅度较小;而矢高不仅影响穹顶 C_{pa} 数值大小,还影响其整体梯度分布规律。从图 6-79 ~图 6-81 流线特征来看,随着矢高加大,穹顶表面的气流并不是理想的均匀分离,矢高加大产生的撞击作用可能导致屋面前缘大约 D/4 位置附近出现较强的气流剥离,从而加大了后缘 3D/4 范围内的屋面负风压。

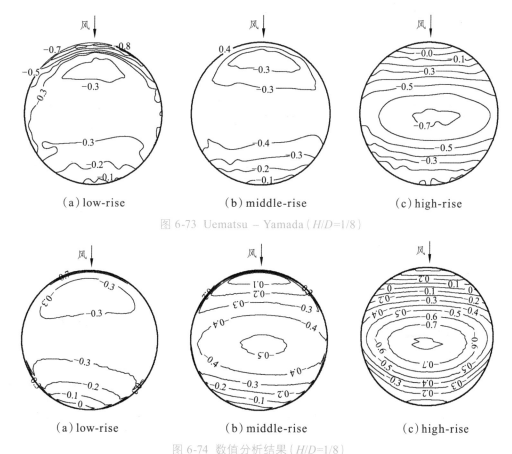

(a)low-rise　　　　(b)middle-rise　　　　(c)high-rise

图 6-73 Uematsu – Yamada(H/D=1/8)

(a)low-rise　　　　(b)middle-rise　　　　(c)high-rise

图 6-74 数值分析结果(H/D=1/8)

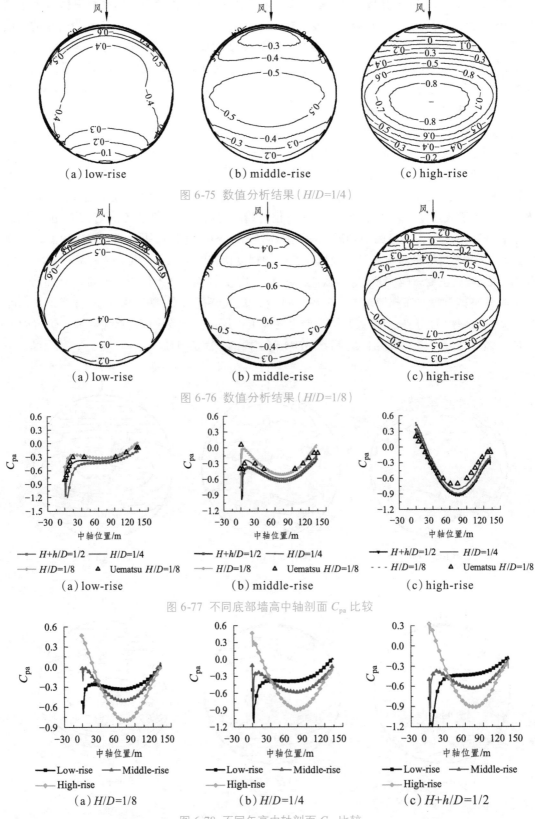

图 6-75 数值分析结果（$H/D=1/4$）

图 6-76 数值分析结果（$H/D=1/8$）

图 6-77 不同底部墙高中轴剖面 C_{pa} 比较

图 6-78 不同矢高中轴剖面 C_{pa} 比较

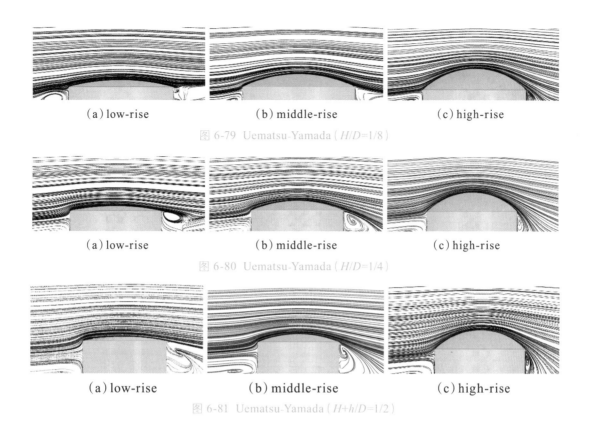

(a) low-rise　　　　　　　(b) middle-rise　　　　　　　(c) high-rise

图 6-79　Uematsu-Yamada（H/D=1/8）

(a) low-rise　　　　　　　(b) middle-rise　　　　　　　(c) high-rise

图 6-80　Uematsu-Yamada（H/D=1/4）

(a) low-rise　　　　　　　(b) middle-rise　　　　　　　(c) high-rise

图 6-81　Uematsu-Yamada（$H+h/D$=1/2）

6.3.3　特征体分析方法在铁路客站风荷载计算中的应用

本节将结合在建的大丽铁路丽江站，结合数值风洞与特征体解构的分析方法对其风荷载进行研究。丽江火车站位于丽江市西部上吉村附近，距丽江古城 5 km，主站房位于主线靠近城市一侧，建筑面积约 50 000 m²，包括站房与无柱雨棚。主站房建筑吸取了双坡重檐屋面的民族风格元素（图 6-82a），采用空间全焊接箱型梁柱钢框架结构，沿纵脊开间方向，结构最大长度 255 m，沿横脊进深方向，不含挑檐的最大跨度约 40 m，结构跨向屋脊最高点高度约为 33 m。整个站房包括 3 个组合体（图 6-82b），整体结构左右对称，组合体之间设置变形逢，1 ~ 3 组合体形成重檐屋面，重叠空间高差约 1.3 m。屋面沿纵脊左右两侧放坡，坡度为 27°，其余沿纵脊方向若干小坡坡度均为 34°。雨棚长约 450 m，进深约 60 m，暂不考虑站台扩建。该工程跨度大、荷载重。纵脊两翼由斜放直拱形成的挑檐最大悬挑 30 m，变形控制困难，且该位置的风荷载来流方向变化时可能出现正负（正为风压力，负为风吸力）反向，而正风压和竖向荷载组和作用时将产生很大变形，因此，该部分刚度控制与风荷载关系极大，是工程设计的关键。据体型特征判断，本工程的体量与《建筑结构荷载规范》的典双坡型及前述 Y.L.Xu 模型具相似性，可视作同一种特征体。基于此，在初设阶段，基于准稳态时步逼近技术，进行了风荷载分析。由于该工程具典型线侧式客站的布局特征，其风场特征具有一定典型性，因此根据 C_{pa} 以及绕流特征，进行模化处理，分解为若干个特征体，和《建筑结构荷载规范》相互结合，为工程抗风设计提供了依据。

（a）效果图

（b）建筑立面

图 6-82 建筑概貌

6.3.3.1 分析模型

模型兼顾了几何真实性和网格处理，既保证与建筑的统一，也对小于 100 mm 的局部构造及容易形成破碎边、面的几何进行了过滤、修复。流场最终尺度为：长×宽×高 =1500 m×1300 m×300 m，阻塞率为 2.1%（<3%），核心加密区长×宽×高 =360 m×150 m×60 m。模型采用混合网格进行剖分：核心区为四面体网格（图 6-83a）；建筑表面近壁区为棱柱形五面体附面网格，附面层网格厚度 0.2m，细分为 10 层，最小尺度为 0.02m，这样可以保证附面层网格节点数 ≥ 10，厚度方向和壁面法线方向重合；外围为结构化 Hexa 网格，最大尺度 10m，位于下游远端；混合网格边界采用金字塔形过渡网格。数值模型共考虑了 13 种风向：0° ~ 180°，间隔 15°（图 6-83b）。网格整体质量最低控制指标为 0.25，低于 0.5 的网格数量不超过 5%，且均为最小网格角度起控制作用。N-S 方程的对流项离散为二阶迎风格式，求解方法引入 QSMA 技术的为全隐式瞬态算法；为提高收敛，还引入了多重网格技术。计算终止判别条件为：全场质量残差低于 10^{-4}，其余变量残差低于 $5×10^{-4}$；同时，监测点振荡趋于平稳。

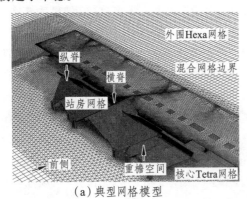

（a）典型网格模型

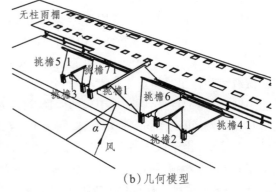

（b）几何模型

图 6-83 CFD 计算模型示意

6.3.3.2 边界参数

湍流积分尺度和湍流动能参见公式(6-79)、式(6-80)，B 类场地，其他输运参数及边界条件参考表 6-6，地面粗糙度高度为 0.01m。

湍流积分尺度：
$$L_x = 280\left(z/1000z_0^{0.18}\right)^{0.35} \tag{6-79}$$

湍流强度函数：
$$I = 0.1(z/z_b)^{-a-0.05}(z_b < z < z_g); I = 0.23(z \leqslant z_b) \tag{6-80}$$

上式中：z 为流场任意高度；z_0 为地面粗糙度高度；L_x 为湍流积分尺度；I 为湍流强度函数。式(6-80)中 z_b 对 B 类场地取值 5 m，对应 z_g 可达 350 m，具有较大的高度适应范围，满足本节模型的计算域尺度要求。

6.3.3.3 结果分析

（1）站房屋盖平均风压。

与 Y.L.Xu 的研究结果具有一定相似性，当风向又从 0° ~ 180° 变化时，迎风侧屋盖（包含挑檐上表面）均出现了较为明显的正压作用，C_{pa} 值为 0.2 ~ 0.6（图 6-84），显然这是屋面坡度影响导致的气流附着作用所致；背风侧由于气流分离基本为负压作用，C_{pa} 值为 - 0.2 ~ - 0.6。值得一提的是，由于屋面起伏较大，斜风作用下的气流分离及再附作用较为明显，从而周期性地产生正压作用（图 6-84b）；前侧来流时，随风向角变化挑檐上表面的气流基本上表现为切割（0° 与 90°）与附着（斜风），加之挑檐本身具有一定厚度，前缘迎风面还存在撞击、分离，但尺度并不显著，因此，挑檐前缘上表面均存在较高的负压，C_{pa} 值为 0 ~ - 0.7，梯度明显，靠近挑檐根部位置时，逐步趋近为 0。风向角为大于 90° 时，挑檐风压分布与 0 ~ 90° 呈反对称相似，差异在于前侧挑檐坡度多为 M 形变化，由此导致风向角为大于 90° 时，背风侧气流分离与附着共同作用，负压区 C_{pa} 值略有下降（图 6-84c、e）。

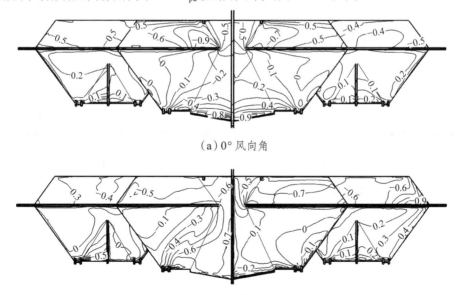

（a）0° 风向角

（b）30° 风向角

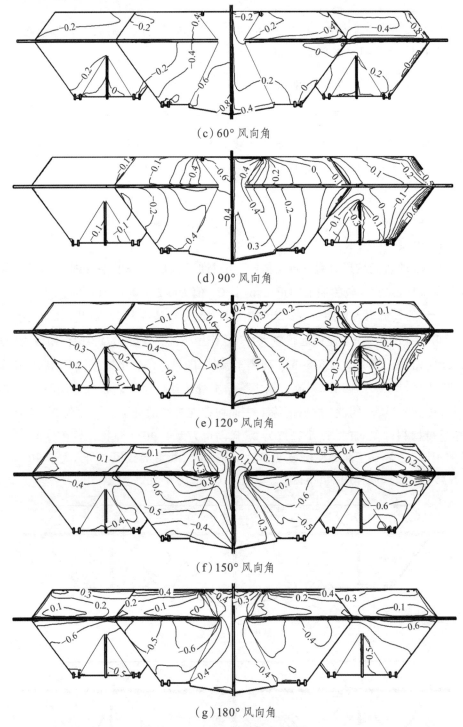

(c) 60° 风向角

(d) 90° 风向角

(e) 120° 风向角

(f) 150° 风向角

(g) 180° 风向角

图 6-84 屋面上表面风压系数

　　挑檐下表面的风压相对复杂（图 6-85）。0° 风向角下，气流和前侧墙面撞击，出现柱状涡，产生逆向梯度风，导致前侧挑檐下表面均为正压，尤以挑檐 1 内表面更为突出，C_{pa} 值达到 0.8，挑檐 2、3 为 0.3～0.5，上下表面负压叠加后产生掀覆作用；纵脊两翼的挑檐 4、5 下方由于气流分离导致风吸作用,特别是挑檐 4、5 的前侧,总的 C_{pa} 值达 0.8,和其他竖向荷载组合之后对结构受力更加不利。30° 风向角下,挑檐 4、5 下侧山墙导致的撞击效应产生逆向风,削弱了气流分离产生的负压,挑檐 4 的 C_{pa} 下降为 − 0.3 ~ − 0.4,尤其是流场下游的挑檐 5 前侧还出现了正压,C_{pa} 为 0.3,这样会和上表面的正风压相互抵消;挑檐 1、2 变化不大,挑檐 2 下表面 C_{pa} 有所下降,约为 0.2。60° 风向角下,这种趋势进一步强化,挑檐 5 下表面均为正压,而挑檐 1 ~ 3 下表面 C_{pa} 进一步下降到 0.2 ~ 0.4,挑檐 1、2 之间甚至局部还出现 − 0.2 的 C_{pa} 值,挑檐 4 下表面负压进一步降至 − 0.2。风向角为 90° 时,挑檐 1 ~ 3 下表面均为负压,C_{pa} 为 0 ~ − 0.4,挑檐 4 下表面风压则几近减至 0,下游的挑檐 5 下表面空间气流几乎不受干扰,因此,表现为正压,C_{pa} 值约 0.6。风向角大于 90° 时,随着角度逐渐增大,对两翼的正压影响也逐渐减弱,特别是迎风侧的翼部挑檐,由于山墙对气流的撞击阻滞作用减弱,逆向梯度风减弱,挑檐下表面正压变小;与之相反的是,前侧挑檐 1 ~ 3 的下表面负风压则逐步增加,趋于均匀,C_{pa} 值为 − 0.4 ~ − 0.5。

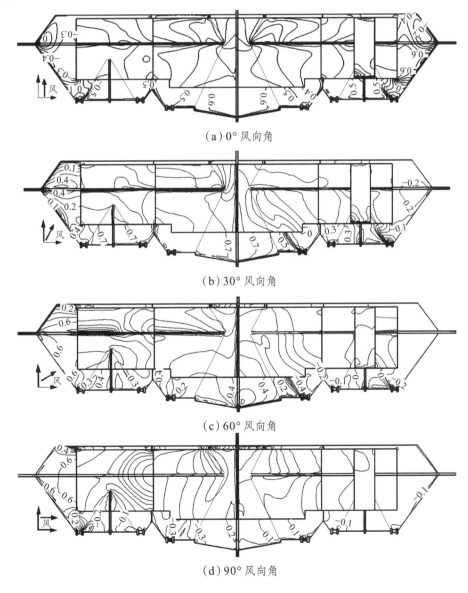

(a) 0° 风向角

(b) 30° 风向角

(c) 60° 风向角

(d) 90° 风向角

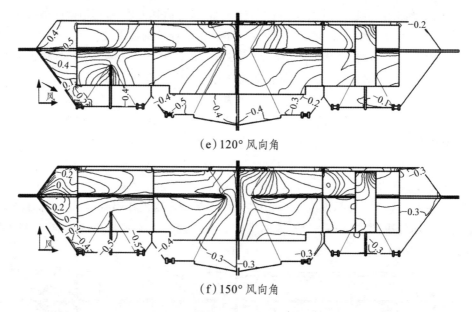

（e）120°风向角

（f）150°风向角

图 6-85 挑檐下表面风压系数分布

（2）无柱雨棚风荷载特性。

雨棚与站房背侧檐口搭接，形成 C 形封闭区（图 6-86），由此会产生复杂的流动现象，导致雨棚产生与空旷的普通平板明显不同的绕流特征。为便于研究，提取了 4 根剖切线上的 C_{pa}，得到图 6-87 所示的风压变化曲线。

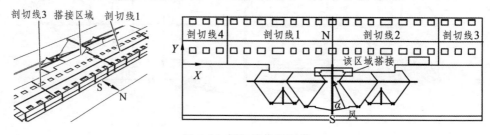

图 6-86 剖切线位置示意

根据图 6-87a 分析，风向角对站台背侧区域雨棚（1~20 轴）的风压影响远大于两翼，随着风向角从 0°~180°，该区域雨棚经历了正负风压变化。风向角从 0° 至 90° 变化时，剖切线 1 位置的 C_{pa} 由 0~0.2 变化（图 6-87a），但由于为下压作用，对结构有不利影响；风向角 90°~180° 时，C_{pa} 变化区间约为 0~-0.7，同时，无柱雨棚远离站房侧（N 方向）C_{pa} 近 -1.6（图 6-87b），由剖切线 2 往东西两侧呈辐射状缓慢减弱，直至剖切线 3、4，"N"侧附近仍然达到近 -0.6（图 6-87c、d），靠近站房侧区域内，更是高达 - 0.7~ - 1.2。由此可见，在风压偏高的地区，风荷载作用有可能抵消轻型屋盖的结构自重，甚至产生反向弯曲，对结构受力较为不利。图 6-87a、b 均显示：当风向角接近 90° 时，由于雨棚下方非常空旷，气流沿着雨棚上下表面均匀流动，与平板绕流非常相似，C_{pa} 值几近为 0。同样，风向变化时，雨棚纵向的两翼风压变化很小，C_{pa} 为 - 0.1~0.1（图 6-87a），对结构影响较小；结合图 6-87b、c、d 分析，随着风向角增大，靠近站房后侧雨棚屋面上下方，由于气流阻滞，产生撞击驻涡，导致雨棚上下表面均有逆向梯度风，产生附着效应，靠近"N"侧的雨棚边缘，下表面的正压与 N 侧上表面的负压叠加导致负压值增高,靠近站房后侧位置,雨棚上表面撞击效应与其上方分离效应相互削弱,因此该位置的雨棚上下表面风压叠加值低于"N"侧,沿 N-S 方向,总体呈下降趋势(图 6-87c、d)。

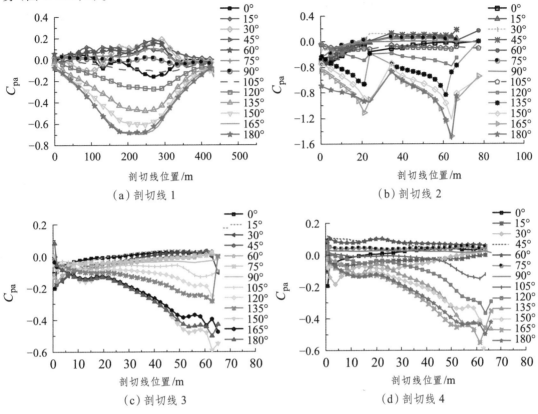

图 6-87 C_{pa} 随风向角变化规律

(3)墙面风压。

墙面风压分布相对简单,正压峰值约为 0.8,比一般低矮房屋迎风侧墙面正压略微偏大;0°、90°、180° 风向角时,墙面正压峰值大,面积广,原因在于墙体与挑檐或者站台雨棚围合形成了"C"形半围合空间,气流强烈阻滞,导致墙面正压峰值上升,影响区增大。当风向变化时,墙面角隅容易形成锥形涡,沿着角隅钝边两侧存在高负压区,C_{pa} 峰值可达 $-1.0 \sim -1.5$,垂直于钝边两侧急剧衰减至 $-0.5 \sim -0.6$,角隅位置围护结构设计需考虑这一因素。

(4)重檐位置流场分析。

从分析结果来看,因重檐位置空间狭小,气流阻滞并且流动缓慢,风压梯度较平缓,C_{pa} 较均匀,重叠空间内迎风侧主要表现为附着,后侧表现为分离(图 6-88),且流动平稳,这也是压力较为均匀的原因。具体来说,风向角从 0° ~ 90° 变化,上挑檐的内表面正压区逐渐扩大,具有从前侧向后侧扩散的趋势,当来流与重檐悬挑方向基本平行时,上挑檐内表面几乎全为正压,C_{pa} 为 0.3 ~ 0.5,下游分离区的重叠空间内部上下表面表现为稳定的气流分离,C_{pa} 为 $-0.2 \sim -0.4$。值得注意的是,风向角接近 90° 时,沿纵脊,迎风侧上挑檐的内外表面可能出现同向风压,其中上表面为负,下表面为正,叠加后 C_{pa} 大致为 $-0.3 \sim -1.0$,对挑檐具有掀覆作用;迎风侧重檐空间的下屋面也局部出现正压,C_{pa} 值较为均匀,为 0.3 ~ 0.5,设计时需考虑这一因素。

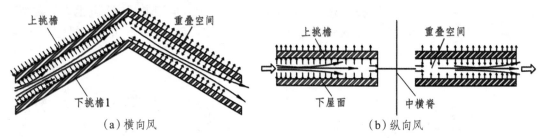

（a）横向风   （b）纵向风

图 6-88　重檐空间压力场与流线

（5）雨棚与站房的相互干扰及其流线特征。

总体而言，风向角为 0°～90° 时，站房和雨棚的风压随风向变化改变不大。0° 风向时，站房后侧存在明显的气流剥离（图 6-89a），靠中横脊的雨棚局部负压可达 –1.0，但面积较小；相反，由于雨棚的遮挡效应，雨棚下部气流速度大为减弱，站房背侧墙面的风压大大降低，C_{pa} 约为 – 0.2，远小于文献 [2] 中类似特征体的 C_{pa} 值（– 0.5）。不利影响体现在 90°～180° 风向时，以 180° 为例，由于雨棚和站房后侧墙面形成的 C 形空间（图 6-89b）产生强烈阻滞，逆向梯度风几乎影响了全部雨棚下表面，对应区域几乎均为正压，且较均匀，雨棚 N 侧上表面负压与下表面正压叠加后的 C_{pa} 达 –1.6（图 6-90a），即使在靠近站房后侧的墙面位置，由于气流受到阻滞，雨棚上表面负压减弱，但总的 C_{pa} 值也达到 – 0.8～– 1.2。图 6-90a 显示，150°、180° 风向时，不含挑檐的站房屋面正压约为 1.1，负压变化则正好相反；墙面峰值压力的变换较为平稳。

据图 6-89b 分析，挑檐及重檐在不同风向角时 C_{pa} 变化较大，当风向角为 0°～120° 时，挑檐 1～6 的 C_{pa} 经历了正负峰值变化，挑檐 2、4 的正压系数达到 1.2，由此产生的下压作用可以达到甚至超过正常使用活荷载，大挑檐变形控制极为困难。由此可以看出，风向角变化对本工程风荷载取值影响很大。

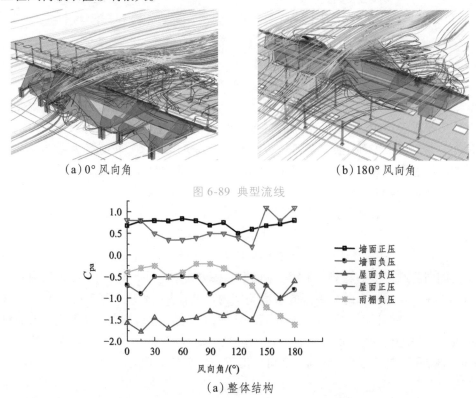

（a）0° 风向角   （b）180° 风向角

图 6-89　典型流线

（a）整体结构

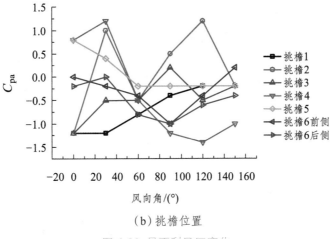

（b）挑檐位置

图 6-90 最不利风压变化

（6）特征体分析。

结合专著 [18] 的典型体型,按照特征体分解的方法,本工程可以分解为 4 个简单特征体:单面开敞式双坡屋面、封闭式带雨棚双坡屋面、四面开敞式双坡屋面、封闭式双坡屋面和重檐组合体(图 6-91)。随着风向角变化,各个特征体的角色也随之发生变化。比如 0° 风向角时,前侧挑檐与《建筑结构荷载规范》(GB 50009—2012)第 8.3.1 条第 16 款倾角为 0 的特征体相似,此时两翼挑檐则与四面开敞式的双坡屋面具有相似的风压特征。90° 风向角时,两者发生转换。90° 风向时,重檐位置的迎风侧上下表面气流表现为附着,竖向壁面的撞击作用不明显。据理论分析,随着重叠空间加大,竖向壁面的撞击效应将加大,由此可能导致出现驻涡,同时增大空间内上下表面的正风压作用,体现出和 0° 风向角单面开敞式双坡屋面相似的特征,因此,其风荷载体型系数可参照半开敞式屋面。图 6-92 显示,按照特征体分解后的体型系数与理论计算得到的风压包络值近似,但个别位置,计算结果越过了规范特征体系数的包络界限,如 0° 风向纵脊突起附近位置,分析原因除了实际建筑物几何形状复杂性导致的局部高压外,C_{pa} 曲线为风压等值线直接剖切所得,具有随意性,和加权平均值必然存在差异。

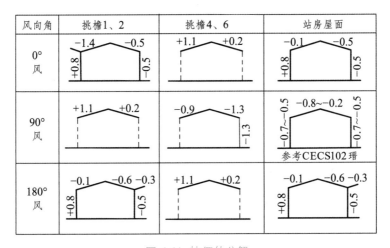

图 6-91 特征体分解

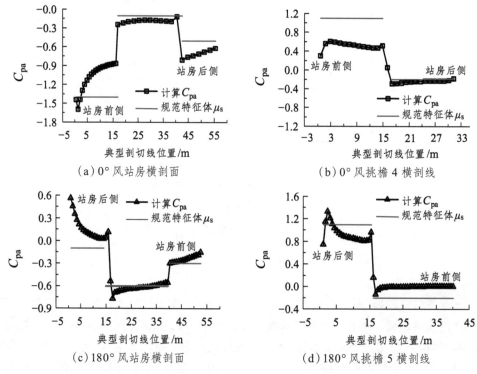

图 6-92 计算 C_{pa} 与特征体 μ_s 比较

6.3.4 小 结

本节对 12 组典型低矮建筑的风荷载、风场变化规律展开了研究,最后对实际铁路客站风荷载进行模拟预测,并与规范进行了对比。

6.4 流固耦合——以张弦结构为例

6.4.1 引 言

大型建筑往往采用了多种新型结构形式,是国家建筑技术水平的综合体现,社会意义重大。弦支结构(又称为张弦梁结构)因其具有轻盈、简洁、美观并富有张力感的优点而获得广泛使用。众多学者对张弦结构进行了卓有成效的研究。目前,张弦结构的跨度已经超过120m 且可能往更大跨度发展,风荷载对其影响巨大。本节将进一步研究大跨度弦支结构与风荷载的交互作用及其不利影响,即所谓流固耦合问题(FSI: Fluid-Solid Interaction 或者 Fluid-Structure Interaction)。

流固耦合研究最早源于航空气动弹性问题。1935 年,Theodorsen 根据前期近 30 年的各种机翼风毁问题和研究成果,建立了非定常气动弹性理论与飞行器结构颤振理论;20 世纪40 年代,大量的科学家和工程师投入飞机气动弹性问题的研究,由此奠定了独立的气动弹性力学分支;之后,Haskind、Feodsev 和 Moiseev 等人针对水坝、储液罐等各自建立起了系统的研究方法。至此,FSI 的理论构架逐步系统化。风与结构的耦合问题属于气弹力学的分支,在风与结构耦合作用过程中，风荷载作用使结构产生变形，而结构变形则反过来影响空气流动。Selvam 基于多重网格方法，结合 LES 对建筑复杂流场的耦合作用展开了研究；Cirak F.、Tezduyar T. 基于 ALE 方法，采用壳 - 流体耦合方式研究了降落伞的打开过程；Stein K. 则报道了流固耦合分析中的自适应网格技术；Loon 比较了 FSI 的多种分析方法，提出了解决脉动流态产生的大运动虚拟域耦合方法；Pedrizzetti G. 则研究了圆形管道流作用下的弹性膜流固耦合作用；Halfmann A. 和 Gluck M. 借助分离式流固耦合方法分析了轻型薄壁结构与自然风的耦合作用。国内学者沈世钊等人采用分离式求解方法，同时考虑几何非线性影响，对二维膜进行了流固耦合模拟，但其研究基本限于二维流场，忽略了建筑三维空间流场的复杂性；杨庆山探讨了弱耦合算法在索膜结构中的应用，其原理基于 MpCCI 界面数据跟踪。但是也有研究表明，MpCCI 为无收敛保证算法，其正确性尚需进一步研究。由于建筑流固耦合问题具有高度非线性，涉及 CSD 和 CFD 两大学科领域，具有相当的技术难度。

弦支结构往往属于风敏感结构，主要体现在结构与风场耦合作用既可能引发风致强迫振动，同时也可能导致弦索张拉刚度退化，影响结构整体刚度。其耦合作用及其机理可以概括分为两类：

（1）由于建筑的复杂造型，流场干扰非常显著，甚至可能产生突出的峰值风压作用，导致结构发生较大变形；弦支结构的弦索张力刚度对外荷载变化敏感，加之弦索本身也具有几何非线性特征，由此可能产生 FSI 效应（图 6-93）。

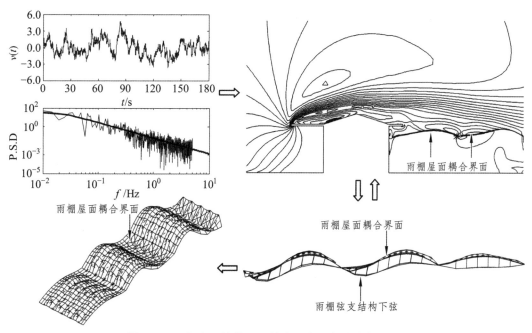

图 6-93 雨棚弦支结构 FSI 效应示意（变形放大显示）

（2）弦支结构一般具有大跨、轻质特征，自振周期较长，且频率相当密集，容易产生强迫风致振动问题。

传统的风振时域分析方法对结构与流场的非线性耦合效应采用了一系列简化手段加以考虑，而频域方法则基本只能局限于线性响应分析，同时这些方法无法从根本上直观揭示出 FSI 的互动影响，结果多从概率统计层面描述物理响应，甚至可能存在数值湮灭。基于 CFD

和 CSD 理论,通过构建包含全场物理介质的 FSI 模型再现其耦合作用是目前结构 FSI 研究的热点,无论是研究方法的技术细节还是具体的结构响应特征,需要深入研究的难题非常多。

6.4.2 FSI 分析的关键理论问题

不同的 FSI 问题涉及不同的求解理论。在建筑结构领域,目前比较粗略地将其分为强耦合与弱耦合问题,这种划分思路由于缺少对强弱的量化判别指标,导致研究方法的选用难免具有盲目性,甚至可能采用弱耦合方法进行强耦合问题的研究,从而得出错误的结论,相反,如果采用双向耦合方法模拟单向耦合问题,则会大大增加计算成本。建筑 FSI 问题的分类应根据物理介质特征与耦合边界的变形、运动强弱程度综合判断,作者据此将其分为两大类:纯边界耦合与物理介质属性耦合。纯边界耦合问题,往往只是通过耦合边界实现不同场变量的传递协调,因此,又可以细分为三个子类:

(1)变形耦合问题。如建筑在风场作用下,仅仅发生表面变形,表面变形信息通过耦合边界反馈回流场介质,典型的物理现象如建筑 - 温度场耦合作用(热 - 结构耦合问题)、结构 - 风耦合作用。

(2)运动耦合问题。如旋转机械、汽车、列车或者子弹等在空气中运动产生气动耦合,这类问题总是和动网格技术(Moving grid & Remeshing)相关,典型的物理现象如高速列车过站风可能导致建筑物的交变振动。

(3)第三类更为复杂,属于多场介质边界耦合。可能同时包括结构 - 流场 - 热场的多场耦合,如炸药爆炸既会导致结构产生热力耦合效应,伴随爆炸产生的空气压缩冲击波对建筑物也可能存在气弹耦合作用;再者,爆炸物在空气场中还会与建筑物产生接触、碰撞等不利作用,这类问题代表了建筑 FSI 领域中最为复杂的问题,其理论与研究方法都还处于发展完善之中。

上述三类代表了典型的边界 FSI 问题。除此之外,第二类 FSI 问题则是物理介质属性耦合,以多相颗粒流、渗流为主,与建筑相关的主要物理现象如基础渗水、雪粒与自然风耦合作用下在建筑物表面的漂移、堆积作用等。

FSI 算法目前主要有两大类,第一类是迭代耦合算法(Iterative Coupling Algorithm)。迭代耦合算法又细分为两个子类,一类是完全耦合迭代算法(Full Coupling Iterative Algorithm),适用于全部边界耦合问题;另外一类便是借助第三方数据传递平台实现结构和流场数据交换耦合的方法,也称为分离式迭代算法(Segregated Iterative Algorithm),这种算法能检验耦合界面上的收敛性,但不会检查物理场内部模型的完整收敛性,因此又被称为"收敛不保证方法",多适用于线性结构系统和稳态流场的耦合。文献报道了利用迭代耦合算法和分离式耦合算法分别进行核反应容器失水问题的耦合分析,并且和相关实测数据进行了对比,从结果来看,分离式迭代的结果精度很差,几乎不可用,而完全迭代耦合算法则取得了和实测较为一致的结果。这说明对于不同 FSI 问题,算法选择非常重要。与迭代耦合算法不同,另外一类便是直接耦合算法(Direct Coupling Algorithm),由于借助了压力自由度和位移自由度的等价性,这种算法将流场、结构、耦合界面数据追踪统一在一个方程组框架之下,求解适应能力非常宽泛。直接耦合算法代表了 FSI 的发展方向,但遗憾的是其内存消耗非常巨大。实践表明,一个约 50 万个网格的建筑 FSI 模型,在 120 s 时长的自然风作用下进行双向耦合模拟,利用 24G 内存 Xeon-E5550 双路工作站的计算时间长达 96 h,而迭代耦合算法的时间消耗不到其 1/8, 差距明显。研究单向耦合问题时, 迭代耦合算法的时间消耗进一步成倍数减小, 因此, 如无特殊说明, 本节的研究主要以迭代耦合算法为主。除了算法, 制约 FSI 分析的因素还有以下几个:

(1) 动网格、滑移网格处理能力。流固耦合问题同时涉及结构变形、流场速度与压力等变量的传递协调。对于大运动、大变形问题, 还涉及网格重构或者滑移边界等关键问题, 因此, 自适应网格 (Adaptive mesh) 技术、滑移网格技术 (Sliding mesh) 成为 FSI 研究的重要手段 (图 6-94)。以列车风为例, 在沿列车行驶方向, 将列车及其附近区域的网格做成独立域, 该域与外围流场的网格形成滑移界面, 滑移界面两侧的节点独立处理, 界面处的变量传递需要满足质量、动量和能量守恒定律。对 2D 问题 (图 6-94a), 点 M、S_1 和 S_2 分别位于滑移界面两侧, 当计算 M 点处控制体积的通量和作用力时, M 点处的控制体由上半部分和下半部分两个子控制体组成, 对下半部分, 容易利用节点 M 处的信息求出通量, 但对于上半部分, 由于滑移界面网格不连续, 所以信息无法直接传递, 因此, 上半部分控制体的通量可借助节点 S_1、S_2 计算, 可以通过对节点 M、S_1 和 S_2 处的控制体的相对位置做线性插值得到。

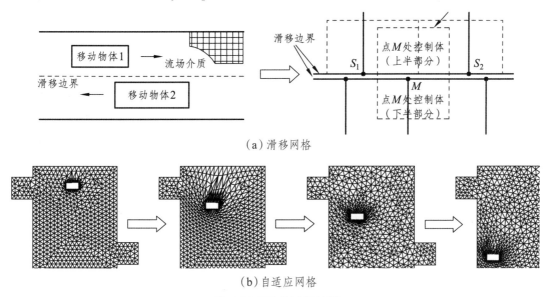

(a) 滑移网格

(b) 自适应网格

图 6-94 FSI 的网格处理

(2) 结构非线性求解难度也是制约复杂流固耦合问题求解能力的一个重要因素。显然, 索膜结构、弦支结构的风致振动问题, 还同时伴随一定程度的几何非线性效应, 因此, 流场与结构场同时存在非线性影响。更复杂的问题甚至需要考虑液体、风场、地震作用、接触非线性、大位移非线性等多个因素的共同影响 (图 6-95), 这就需要分析过程中, 能够同时提供多场耦合分析所需的数据无缝传递界面及协同的耦合求解能力, 这类 FSI 问题无疑对算法极具挑战性。

(3) 复杂的耦合场边界。比较而言, 结构场网格尺度较大, 而流场网格尤其是近壁区网格要求极为细密, 耦合作用要求两者在耦合边界位置进行有效的数据传递 (图 6-96a), 因此, 网格不匹配的问题必须通过高效的耦合边界来实现。对于风场绕流问题而言, 因远离建筑群的外围流场的湍流程度偏低, 为节省计算消耗, 可以采用无黏势流理论进行简化, 而核心区则可以采用基于 N-S 方程的湍流理论进行模拟, 因此涉及流 - 流耦合边界, 其他如建筑突然开孔还需要更复杂的特殊边界如阀门边界（图 6-96b）等。边界理论与前述其他关键理论问题共同构成了 FSI 理论的重要组成部分。下面对 FSI 分析的控制方程求解理论进行简单论述。

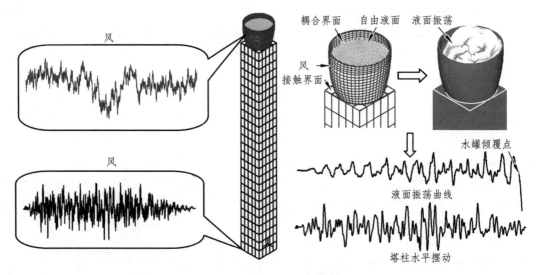

图 6-95　FSI 的非线性多场耦合

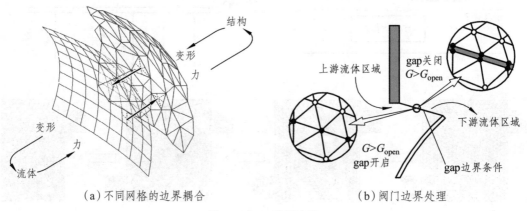

（a）不同网格的边界耦合　　　　　（b）阀门边界处理

图 6-96　FSI 常用边界

6.4.2.1　FSI 控制方程

在非定常 FSI 问题中，分别将结构与流场介质进行离散化，结构场的离散方程可以写作式（6-81）：

$$[M_s]\frac{\partial\{\mu_s\}}{\partial t}+[C]\{\mu_s\}+[K]\{D\}=\{f\} \tag{6-81}$$

上式中，$[M_s]$、$\{u_s\}$、$[C]$、$[K]$、$\{D\}$、$\{f\}$ 分别代表了结构质量矩阵、速度向量、阻尼矩阵、刚度矩阵、位移向量和荷载向量。下标 s 表示结构，方便和流场变量区分。

同时，对流场进行离散，其方程组可以写作如下矩阵形式：

$$\begin{pmatrix} M_f & 0 & 0 \\ 0 & M_f & 0 \\ 0 & 0 & M_f \end{pmatrix}\cdot\frac{\partial}{\partial t}\begin{pmatrix} \rho \\ p \\ u_f \end{pmatrix}=\begin{pmatrix} f_\rho \\ f_p \\ f_u \end{pmatrix} \tag{6-82}$$

上式中, ρ、u_f、p 分别代表了流体密度、速度和压力, M_f、f_ρ、f_u、f_p 分别代表流体质量矩阵、密度常数、速度向量和压力。易知, 式(6-82)实质上是流体本构方程、N-S 方程和连续方程的矩阵形式。

式(6-82)可以分解为不同物理场的域内自由度及耦合边界上的自由度, 若耦合边界上的结构场自由度脚标表示为 sf, 流场自由度脚标表示为 fs, 则结构和流体的离散方程可以分别表示为式(6-83)和式(6-84):

$$\begin{pmatrix} M_{sf} & 0 \\ 0 & M_s \end{pmatrix} \frac{\partial}{\partial t} \begin{pmatrix} u_{sf} \\ u_s \end{pmatrix} = \begin{pmatrix} f_{sf} \\ f_s \end{pmatrix} + \begin{pmatrix} L \cdot \sigma_{sf} \\ 0 \end{pmatrix} \tag{6-83}$$

$$\begin{pmatrix} M_f & 0 & 0 & 0 \\ 0 & M_f & 0 & 0 \\ 0 & 0 & M_f & 0 \\ 0 & 0 & 0 & M_{fs} \end{pmatrix} \cdot \frac{\partial}{\partial t} \begin{pmatrix} \rho \\ p \\ u_f \\ u_{fs} \end{pmatrix} = \begin{pmatrix} f_\rho \\ f_p \\ f_u \\ f_{ufs} \end{pmatrix} \tag{6-84}$$

式(6-83)中, L 代表荷载向量, σ_{fs} 代表界面上流场传递的作用。

在 FSI 边界上, 要求边界上同时满足运动学守恒、动力学守恒条件, 即满足方程式(6-85)的连续守恒条件:

运动守恒条件: $\qquad D_f = D_s$ $\hfill$ (6-85a)

动力守恒条件: $\qquad n \cdot \tau_f = n \cdot \tau_s$ $\hfill$ (6-85b)

上式中, D 表示耦合边界上的运动变形, n 表示耦合边界的法线方向, τ_s 和 τ_f 分别表示结构应力与流场压力。

建筑绕流问题中, 耦合壁面条件一般为建筑表面, 粗糙度较高, 可以视作无滑移边界, 由运动守恒条件在时间上微分, 容易导出:

$$n \cdot u_f = n \cdot u_s \tag{6-86}$$

上式中, $n \cdot u_s$、$n \cdot u_f$ 分别表示结构和流场在耦合边界上沿法线的速度。除了边界需要满足守恒条件外, 由于耦合边界上的流体节点由于与结构模型的节点一般不匹配(图 6-96a), 因此还需要进行插值计算, 以保证变量连续。通常的办法是将边界上结构节点的位移进行插值获得其附近流场节点的位移, 而结构节点上的压力则通过界面附近的流体应力积分得到(式(6-87)):

$$F(t) = \int h^\Delta \tau_f \mathrm{d}s \tag{6-87}$$

上式的物理意义表示耦合边界上流场压力对结构的做功与结构变形能相当。据此, 将流体方程和结构方程耦合在一个方程组框架之下求解, 形成直接耦合算法, 对应的耦合方程组可以写作如下形式:

$$\begin{pmatrix} M_f & 0 & 0 & 0 & 0 \\ 0 & M_f & 0 & 0 & 0 \\ 0 & 0 & M_f & 0 & 0 \\ 0 & 0 & 0 & M_{fs}+M_{sf} & 0 \\ 0 & 0 & 0 & 0 & M_s \end{pmatrix} \cdot \frac{\partial}{\partial t} \begin{pmatrix} p \\ p \\ u_f \\ u_{fs} \\ u_s \end{pmatrix} = \begin{pmatrix} f_p \\ f_p \\ f_u \\ f_{ufs}+f_{usf} \\ f_s \end{pmatrix} + \begin{pmatrix} 0 \\ 0 \\ 0 \\ L \cdot \sigma_{fs} \\ 0 \end{pmatrix} \tag{6-88}$$

由于流体方程的非线性本质决定了 FSI 求解的非线性特征, 因此, 方程求解的本质仍然是近似逼近的数学过程, 需要通过大量反复的迭代求解获得收敛解。除了流场和结构场需要满足各自域内的求解收敛性之外, 在 FSI 的耦合界面上同样也需要满足迭代收敛准则。迭代收敛准则主要为基于二范数算法的位移、力收敛判别准则:

$$r_\psi = \frac{\left\| \psi_f^k - \psi_f^{k-1} \right\|}{\max \left\{ \left\| \psi_f^k \right\|, \varepsilon_o \right\}} \leq \varepsilon_\psi \tag{6-89}$$

上式中, ε_ψ 代表变量的收敛残差, ψ 为位移变量或应力变量, ε_0 为预设常数, 一般 $\varepsilon_0 = 10^{-8}$。

6.4.2.2 耦合方程的算法

在连续介质力学中, 运动分量必须满足连续要求 [34], 对于 FSI 问题, 一般采用基于 Euler 坐标的向后时间积分方法 (Euler backward scheme):

$$\psi^{t+\alpha\Delta t} = \frac{\psi^{t+\Delta t} - \psi^t}{\Delta t} \tag{6-90}$$

式 (6-90) 为常用的一阶向后差分格式, ψ 为速度、加速度等运动变量, Δt 为时间增量。若令 $X = (X_f, X_s)$ 为 FSI 系统的求解变量, $F = (F_f, F_s) = 0$ 为离散方程组, 则在每一个迭代步中, 可以分别采用直接耦合求解方式或者迭代耦合求解方式进行求解。

(1) 直接求解法 (Direct coupling solution)。

当流体与结构的变量完全耦合在同一个方程框架系统之下时, 直接使用 Newton-Raphson 算法对方程组解耦, 这便是直接求解法。直接耦合求解法的迭代关系如式 (6-91) 所示:

$$X^{k+1} = X^k - \left[\frac{\partial F(X^k)}{\partial X} \right]^{-1} F(X^k) \tag{6-91a}$$

$$X^{k+1} = X^k + \Delta X^k \tag{6-91b}$$

$$\frac{\partial F(X)}{\partial X} = \begin{bmatrix} \dfrac{\partial F_f}{\partial X_f} & \dfrac{\partial F_f}{\partial X_s} \\ \dfrac{\partial F_s}{\partial X_f} & \dfrac{\partial F_s}{\partial X_s} \end{bmatrix} = \begin{bmatrix} A_{ff} & A_{fs} \\ A_{sf} & A_{ss} \end{bmatrix} \tag{6-91c}$$

上式中, k 为迭代次数, 对上式进行反复迭代, 直到满足式 (6-89) 的残差要求。求解上式时, 首先需要假定一个初始场量, 即所谓猜测解 $X^0 = X^t$, 反复进行 k 次迭代, 求解 $t+\Delta t$ 时刻的变量 $X^{t+\Delta t}$。具体步骤如下:

① 基于 ALE 算法求解耦合界面附近的流场节点位移变量。

② 与单一结构场求解类似, 组装结构的荷载向量和刚度矩阵, 在耦合界面上需要记入流场压力, 据此组装耦合矩阵 A_{fs} 和 A_{sf}, 从而求解结构场响应, 并根据运动协调原理, 将耦合界面的位移变量转换为速度变量;

③ 以结构场反馈的速度变量作为流场的壁面条件, 进入输运方程, 单独求解流场方程组。当对耦合界面的数据进行跟踪时, 要在界面处组装耦合矩阵 A_{fs}, 因为满足运动协调条件 (式 (6-85a)), 因此耦合界面上任意一个流域节点的对应方程可以表示为式 (6-92):

$$[F_f]_i = U_i - M_{fs} \left[\frac{D_s^{t+\Delta t} + D_s^t}{\Delta t} \right] \tag{6-92}$$

因此, 局部有效矩阵为:

$$[A_{\mathrm{ff}}]_i = I \tag{6-93}$$

$$[A_{\mathrm{fs}}]_i = \left[\frac{-M_{\mathrm{fs}}}{\Delta t}\right] \tag{6-94}$$

④ 根据式（6-95）可以计算流体应力的荷载贡献，组装进入 A_{sf}。以耦合界面位置的一个节点为例，可将流体的荷载贡献添加到 F_{s} 中（式 6-96），局部有效矩阵添加到整体矩阵中（式4-97）。

$$F_{\mathrm{s}} = \int_s H_S^T M_{\mathrm{sf}} \tau_{\mathrm{f}} \mathrm{d}S \tag{6-95}$$

$$-\int_s H_S^T M_{\mathrm{sf}} \tau_{\mathrm{f}} \mathrm{d}S \rightarrow F_{\mathrm{s}} \tag{6-96}$$

$$-\left[\int_s H_S^T M_{\mathrm{sf}} \frac{\partial \tau_f}{\partial X_f} dS\right]_j \rightarrow A_{\mathrm{sf}} \tag{6-97}$$

⑤ 采用 Sparse 求解器求解耦合系统的线性化方程（式（6-91））。

⑥ 检查各种残差是否达到设置要求，如若不满足，则返回①继续求解直到求解收敛或者达到最大设定求解步数自动放弃。

（2）分区迭代求解法（Partitioned Iterative coupling solution）。

双向耦合的迭代算法也被称为分区迭代算法（Partitioned Algorithm），迭代耦合算法由结构求解器、流场求解器和耦合界面数据传递方程共同构成，一般按照"流体→耦合界面→结构"这样的顺序双向循环求解。与直接耦合解法类似，求解开始的时候也同样需要提供一个猜测解，假定以 t 时刻为起点，当需要求解 $t+\Delta t$ 时刻的变量时，其具体的求解过程如下：

① 采用分离式或耦合式求解器对流场变量 X_{f}^k 单独解析，以分离式求解器为例，时刻 t 假定已经获得 $k-1$ 个迭代步的解答，则第 k 步具有如下关系：

$$F_{\mathrm{f}}[X_{\mathrm{f}}^k, \lambda_{\mathrm{d}} D_{\mathrm{s}}^{k-1} + (1-\lambda_{\mathrm{d}}) D_{\mathrm{s}}^{k-2}] = 0 \tag{6-98}$$

上式中，λ_{d} 为位移松弛因子（$0 < \lambda_{\mathrm{d}} < 1$），$\lambda_{\mathrm{d}}$ 对计算收敛具有较大作用。

② 检查流场的残差是否满足收敛要求，如果满足，则直接转入④。

③ 求解结构场变量，其平衡方程如式（6-99）：

$$F_{\mathrm{s}}[X_{\mathrm{s}}^k, \lambda_\tau \tau_{\mathrm{s}}^k + (1-\lambda_\tau) \tau_{\mathrm{s}}^{k-1}] = 0 \tag{6-99}$$

上式中，λ_τ 为应力松弛因子（$0 < \lambda_{\mathrm{d}} < 1$），其作用与 λ_{d} 相似。

④ 用初始边界条件求解耦合界面附近的流体节点位移（式 6-100）；

$$D_{\mathrm{f}}^k = \lambda_{\mathrm{d}} D_{\mathrm{s}}^k + (1-\lambda_{\mathrm{d}}) D_{\mathrm{s}}^{k-1} \tag{6-100}$$

⑤ 检查容差，如果满足要求，则进入下一个时间步，如果不满足，则返回第①步继续循环迭代，直至达到设定的最大迭代循环次数。

分别求解式（6-98）和式（6-99）组成的方程组，并通过界面数值跟踪，反复迭代，直到结构场和流场分别达到收敛平稳状态，这就形成了迭代耦合算法的基本流程。迭代算法的处理思想非常清晰，由于在结构场和流场的域内求解可以依托各自领域相对成熟的理论体系，所以理论难度大为降低，仅需提高耦合界面的数值跟踪精度便可以获得理想的解。同时，由于分别检验各自域内的收敛性，因此和 MpCCI 的无收敛保证迭代又有不同。理论上，只要耦合界面的运动变形不破坏数据跟踪，便可以采用迭代耦合求解，这为其提供了相当宽泛的触角。迭代耦合方法一般采用时间步进格式,每一个迭代步之内无须完全重组方程组,因此计算量小,在普通 PC 机上便可以实现中型规模的问题求解,实用性很强,结合分布式并行计算(DMP: Distributed-Memory Computation)还可以进一步提高其计算效率。

6.4.2.3 耦合边界的 ALE 技术

FSI 分析中,经常伴随动网格(Moving Grid)问题,如流 - 流边界、自由液面以及移动壁面。由于 FSI 问题在耦合边界同时涉及结构变形以及流场壁面变形,加之变形具有任意性,因此,即使单向耦合问题也需要对耦合边界进行专门处理,否则可能因为网格雅克比(Jacobi)阈值小于 0 导致计算失败(图 6-97),因此要求有效解决这个问题。但由于实际运动的复杂性,目前并没有统一的解决方案。比较而言,描述耦合界面运动较具影响力的方法便是最早由 Noh 提出的 ALE 方法(任意拉格朗日 - 欧拉方法:Arbitrary-Lagrangian-Eulerian),此后多位学者进一步发展了这种方法。在 Noh 的研究工作中,网格点可以随物质点运动,但也可以在空间中固定不动,甚至网格点可以在一个方向上固定,而在另一个方向上随物体一起运动,因此 ALE 描述也被称为耦合欧拉-拉格朗日描述。在 ALE 描述中,计算网格可以在空间中任意运动,即可以独立于物质坐标系和空间坐标系。这样通过规定合适的网格运动形式可以准确地描述物体的移动界面,并维持单元的合理形状。纯拉格朗日和纯欧拉描述实际上是 ALE 描述的特例,即当网格的运动速度等于物体的运动速度时就退化为拉格朗日描述,而当网格固定于空间不动时就退化为欧拉描述,这可以通过下面的简单推导加以证明。

CFD 计算控制方程的通用输运方程形式如下:

$$\frac{\partial(\rho\phi)}{\partial t}+\frac{\partial(\rho u_{j\phi})}{\partial x_j}=\frac{\partial}{\partial x_j}\left(\Gamma_\phi\frac{\partial\phi}{\partial x_j}\right)+S_\phi \tag{6-101}$$

方程中各物理量的含义按《计算机流体动力学》中相关章节对应给出了相应的文字说明,在有限体积内对通用输运方程进行积分得:

$$\frac{\partial}{\partial t}\int_V\rho\phi\mathrm{d}V+\int_A n\cdot(\rho u_j\phi)\mathrm{d}A=\int_A n\cdot\left(\Gamma_\phi\frac{\partial\phi}{\partial x_j}\right)\mathrm{d}A+\int_V S_\phi\mathrm{d}V \tag{6-102}$$

上式中,V 为任意一个有限体积,A 为包围该体积的封闭面面积,当有限体积的外表面 A 以某一速度 U_j 运动时,积分式为:

$$\frac{\partial}{\partial t}\int_V\rho\phi\mathrm{d}V+\int_A n\cdot(\rho(u_j-U_j)\phi)\mathrm{d}A=\int_A n\cdot\left(\Gamma_\phi\frac{\partial\phi}{\partial x_j}\right)\mathrm{d}A+\int_V S_\phi\mathrm{d}V \tag{6-103}$$

当有限体积表面的速度 $U_j=0$ 时,上述方程为纯欧拉法;$U_j=u_j$ 时,为纯拉格朗日法;而 U_j 为一般值时,即为任意拉格朗日 - 欧拉方法(ALE)。

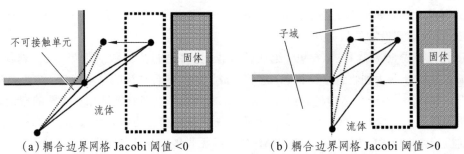

(a)耦合边界网格 Jacobi 阈值 <0　　　　(b)耦合边界网格 Jacobi 阈值 >0

图 6-97 耦合边界网格的变形示意

在 ALE 描述中，网格的运动是通过控制网格的运动速度 $\hat{v}$ 或控制质点的运动速度 w 来实现的。在对结构 - 风相互作用进行数值模拟时，初始时刻结构的空间位置可视作 0，当流场压力第一次作用于结构时，结构位移可直接求解，因此可将其作为新的耦合边界，这可能导致耦合界面附近网格扭曲。Benson 认为网格存在压缩和剪切扭曲两种形式，当某节点周围最小单元的面积和最大单元的面积之比小于某一给定值或当该节点周围网格的顶角小于某一给定值时，则认为该节点周围的网格发生畸形，需要移动该节点以调整网格的形状。而节点的移动方法可采用等势松弛法。Giuliani 提出了另外一种度量单元压缩扭曲和剪切扭曲的指标，并将这两个指标的平方和作为评价网格形状好坏的目标函数。最优的网格应该使得这个目标函数取最小值，因此可以利用最优化方法寻求最优的网格点位移，该算法已在 FSI 计算程序 EURDYN-1M 中实现。另外 Ponthos 和 Schreurs 等人也提出了相应的网格点运动算法。

在拉格朗日描述中，当网格出现扭曲后，通常需要重新对网格进行划分。因为方程是建立在网格点上的，因此当网格重新划分后，所有变量都要进行插值以求其在新网格点上的值，这种方法将产生额外误差。等效弹簧方法是一种可靠性较高的网格变形处理方法，本节使用弹簧近似原理实现流体域网格变形来适应边界运动。这种方法将整个流场的网格看作弹簧网络系统，每一条边都认为是一根具有一定刚度系数的弹簧，根据结构的运动位移，计算结构周围流场边界节点位移，此位移将在与对应节点相连的任意边上产生一个弹性力，弹性力与位移成正比，由此，边界节点的位移就被传递到整个流场网格。在平衡状态下，每个节点的弹性力之和为零。虽然 ALE 描述的每一个时间步上的网格都可以运动，但是网格的拓扑结构始终不变，因此无须对网格重构。边界移动后网格点的位置通过求解式（6-104）确定：

$$\sum_j K_{ij}(\vec{x}_j - \vec{x}_i) = 0 \tag{6-104}$$

其中，K_{ij} 为节点 i 与相邻节点 j 之间的刚度系数，研究表明，弹簧刚度系数按下式选取可以保持比较好的网格疏密特征：

$$K_{ij} = \frac{1}{\sqrt{|\vec{x}_i - \vec{x}_i|}} \tag{6-105}$$

当结构运动后，流场边界处的节点位移是已知的，对该弹簧系统的求解一般经过 3 至 4 次 Jacobi 迭代即可达到满意的精度。

6.4.2.4 脉动风速模拟

脉动风是 FSI 的入流条件外。根据随机振动理论，脉动风一般认为是零均值、各态历经的平稳随机过程，因此可以采用数学方法合成，据此进行 FSI 分析。目前典型的脉动风生成方法有 AR 法（线性滤波器法）和 WAWS 法（谐波叠加法），具体模拟过程可以参考其他相关专业文献。

理论上，入流边界上每一个位置的脉动风速均不同，因此，入流边界脉动风模拟的计算消耗将非常巨大，但是在一定范围内，风场可以认为是相关的，因此一般可采用简化的方法将入口区（图 6-98），在分区中心点位置生成脉动风速，分区中心距离视模型入口 B、H 尺寸而定。图 6-99 ~图 6-101 为典型的入口风速及其校验结果。

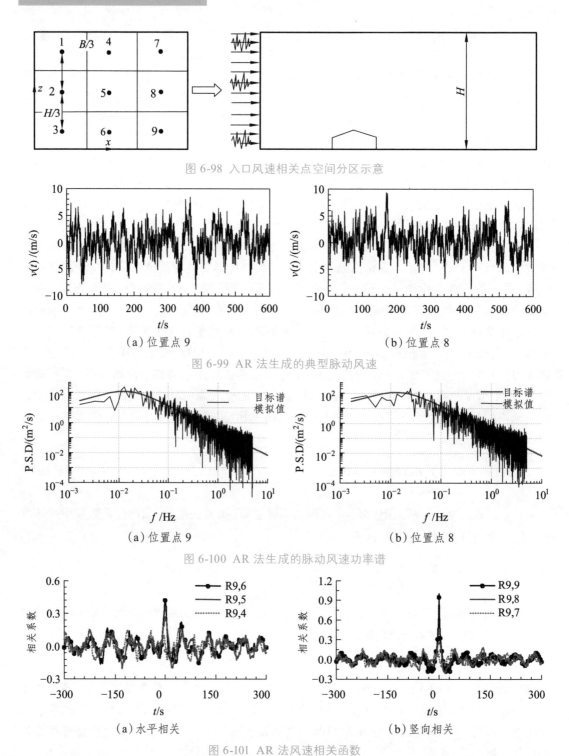

图 6-98　入口风速相关点空间分区示意

（a）位置点 9　　　　　　　　　　　（b）位置点 8

图 6-99　AR 法生成的典型脉动风速

（a）位置点 9　　　　　　　　　　　（b）位置点 8

图 6-100　AR 法生成的脉动风速功率谱

（a）水平相关　　　　　　　　　　　（b）竖向相关

图 6-101　AR 法风速相关函数

据图 6-98 ~ 图 6-101 易知，随点距加大，脉动风空间不同步特征愈加明显；与目标谱的比较来看，模拟风速与目标谱吻合良好。根据相关函数（图 6-101）分析容易知道，当点距大约为 30 m 时，其归一化值约为 0.5，风场表现出强相关性，点距大于 60 m 时，其归一化值普遍低于 0.3，相关性变弱；同时，在等距条件下，水平相关性略强于竖向相关性，这与

Davenport 相关函数中给出三向衰减系数规律一致。

6.4.3　弦支结构 FSI 模型的构建

6.4.3.1　脉动入流边界的无散度修正

当采用 Simple 系列方法进行 FSI 模型的流场部分分析时, 由于压力 - 速度的解耦需要经历"假设 – 迭代 – 修正"的过程, 因此, 脉动风速的不连续性有可能导致计算稳定性变差。针对此情况, Shirani 等人提出了 CFD 模型中入流脉动速度的无散度（Divergence-free）修正方法, 其原理是由泊松方程得到压力修正项 ΔP_n 继而得到修正速度 $u_i^{(s)n+1}$, 据此求解 N-S 方程从而提高计算稳定性。具体过程可参考 Kondo 和 Murakami 无散度处理方法的相关文献。

6.4.3.2　结构动力参数

（1）动力平衡方程的修正。

非定常 FSI 分析时, 常用结构振动速度 $\dot{u}(t)$ 来修正风速 $u(t)$, 借此进一步修正耦合界面上的压力传递, 即风压 $F(t)$ 是根据空气与结构之间的相对速度来计算的：

$$[M]\{\Delta U''(t)\}+[C]\{\Delta U''(t)\}+[K(t)]\{\Delta U(t)\}=\{\Delta F(t)\} \tag{6-106a}$$

$$\Delta F(t)=\frac{1}{2}C_p\rho A[u(t)-\dot{u}(t)] \tag{6-106b}$$

上式中, 未说明符号的意义可以参考一般动力学专著, 不再赘述。

结构发生振动时, 必然带动周围空气一起运动, 与结构伴随运动的空气质量称为附加质量。研究表明, 风场中结构的附加质量与结构形状（Geometry）、振动方向、振幅和风场雷诺数 $Re=U_0D/v$ 有关, 可表示成：

$$m_a=\rho F(Geo,U_0/fD,U_0D/\mu) \tag{6-107}$$

上式中, ρ 为流体密度, D 为特征尺度, f 为结构振动频率, U_0 为流体速度, μ 为流体动力黏性系数。文献给出了表面积为 A 的球面振动产生的空气附加质量计算公式：

$$m_a=\rho\sqrt{A/4\pi} \tag{6-108}$$

据文献报道, 按式（6-108）对 Montreal 奥林匹克体育馆计算, 得到的空气附加质量为 46.6 kg/m², 而该工程屋面自重仅为 2.2 kg/m², 可见, 附加质量对轻柔型屋面的影响十分显著。

（2）非定常积分时间和积分方法。

不合理的时间步长可能漏掉结构高阶模态响应, 也可能增加无谓的计算消耗, 因此, 时间步长的确定一般遵循如下原则：

① 通常, 时间增量 Δt 需要满足式（6-109）, T 为物理现象的主周期；同时, 时间步长应该小到能够捕捉到对结构整体响应有贡献的高阶模态, Δt 可能会取至 $T/180$。

$$T/100\leqslant\Delta t\leqslant T/10 \tag{6-109}$$

② 不考虑双向耦合作用时, Δt 取值可放松, 一般满足 $\Delta t\leqslant\Delta t_i$ 即可, Δt_i 为脉动风记录的时距。当采用实测脉动风记录, 则与采样频率相关, 风速样本序列的采样点可以减少, 但不能破坏样本的能谱特征。

③ 需要保证时步精细到能够捕捉涡流在钝体特征尺度 L 上的运动特征（图 6-102）。在非隐式瞬态问题中，一般要求数值模型时间步进速度大于物理传播速度，即满足方程稳定性的 CFL 数要求，因此，Δt 需满足式（6-110），式中，W 和 Δx 分别为风速以及流动传播距离，Δx 可取为网格尺度：

$$\Delta x / w \leqslant \Delta t \quad L/10w \tag{6-110}$$

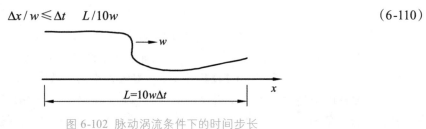

图 6-102 脉动涡流条件下的时间步长

根据上述 3 个原则，单向耦合模型或者非定常刚性模型，时步可取 0.1 s，双向耦合模型的时步可取 0.005 ~ 0.02 s。

有研究表明，当耦合界面的压力成为非定常 FSI 分析的主导影响时，Euler 积分格式可能导致过大脉冲响应，从而高估结构动力响应，并产生求解稳定性问题。为此可采用 Bathe-Composite 积分法解决这一问题，这种方法的积分原理简述如下：假定已经获得 t 时刻的结果，需要求解 $t+\Delta t$ 时刻的解，Δt 为积分时间步长，初始条件在 $t=0$ 时刻已经确定，Bathe-Composite 积分法根据连续的两个时间子步求解变量：

$$\begin{cases} u^{t+\gamma\Delta t} = u^t + \gamma\Delta t f u^{t+0.5\gamma\Delta t} \\ u^{t+\Delta t} = u^{t+\beta\gamma\Delta t} + (1-\alpha)\Delta t f u^{t+0.5\Delta t} \end{cases} \tag{6-111}$$

上式中，$u^{t+\beta\gamma\Delta t} = (1-\beta)u^t + \beta u^{t+\gamma\Delta t}$，$\gamma = 2 - 1/\alpha$，$\beta = \alpha^2/(2\alpha-1)$。当 $0.5 < \alpha < 1$ 时，这种格式为二阶精度，且无条件稳定；当 $\alpha = 1/\sqrt{2}$ 时，截断误差将达到最小。由于联系了两个时步的变量，因此，Bathe-Composite 积分法精度更高。

（3）初始结构刚度修正。

弦支结构由于弦索具有单张拉特征，求解时必须保证具有初始刚度，否则可能因为初始状态不稳定导致计算失败或者产生错误的机构运动，破坏耦合界面。一般引入几何刚度矩阵对其总刚矩阵进行修正，如式（6-112）所示：

$$([K_E]+[K_S])\{\Delta U\} = \{f^{n+1}\} - \{f_R\}^n \tag{6-112}$$

上式中：$[K_E]$ 为弹性刚度矩阵；$[I]$ 为几何刚度矩阵；$\{f_R\}^{(II)}$ 为节点不平衡力。显然，当 $[K_E]$ 接近为 0 时，$[K_S]$ 能保证方程不至于出现奇异。

（4）气动阻尼与结构固有阻尼。

结构发生风致振动时，阻尼是保证结构不断耗散外部输入能量的决定因素，但实际结构的阻尼由气动阻尼和结构固有阻尼两部分组成，总的阻尼决定了结构振动衰减或发散。Davenport 给出了气动阻尼的一般表达形式：

$$\zeta_a = (\rho_{air}/\rho_s)C_a(U^*) \tag{6-113}$$

式中：ρ_{air}/ρ_s 是空气与结构质量的比值；$U^*=U_0/fD$ 为约简风速（re-duced velocities）；C_a 是与 U^* 相关的气动系数，通常认为 $U^*>10$ 时，C_a 值可以趋于稳定，可仅由平均压力系数来确定。此外，气动阻尼还与结构形状有关。相关文献应用准定常理论给出了封闭的平坦薄膜结构的声致阻尼比近似计算公式为：

$$\varsigma_a = k\rho f A / C m_v \tag{6-114}$$

上式中，C 为声速，k 为与结构振型有关的常数，f 为结构的振动频率，m_v 为结构自身质量与空气附加质量之和。据文献报道，按照式（6-34）对 Montreal 奥林匹克体育馆的薄膜屋面计算，当屋面振动频率在 0.1 ~ 1.0 Hz 变化时，气动阻尼比 ζ_a 从 0.06 变化到 0.60，影响很明显。FSI 分析中，结构固有阻尼可继续沿用 Rayleigh 阻尼公式：

$$\left.\begin{aligned} \alpha &= \frac{2\zeta}{\omega_j + \omega_i}\omega_i\omega_j \\ \beta &= \frac{2\zeta}{\omega_j + \omega_i} \end{aligned}\right\} \tag{6-115}$$

上式中，ω_i、ω_j 分别为第 i、j 阶振型的自振频率，ζ 是恒定阻尼比，参考相关文献，弦支结构的阻尼比可取 $\zeta = 0.006 \sim 0.02$。

（5）初始重力场的处理。

不适当地将重力加速度引入结构场将使得模型一开始便被幅值为 g 的重力加速度强制激振，使得平稳白噪声过程转变为衰减过程，甚至因为耦合边界变形过大而导致 FSI 分析失败，因此，流场不考虑浮力效应时，一般不计入重力影响。

6.4.3.3 耦合边界

首先，由于弦支结构的初始位形，需通过找形确定，从而导致 FSI 界面具有不确定性；其次，找形结果一般存在不平衡位移残差，可能致使 FSI 界面发生初始扰动，导致计算失败，实际应用时建议位移残差尽量控制到 10^{-3}m 以下；最后，流场对雨棚结构总输入能量的决定因素仍然是屋面围护，因此杆系构件的绕流面可以忽略，但已有针对斜拉桥与悬索桥的研究表明索段可能存在特殊的风致动力效应，弦支结构是否也存在类似影响需要进一步研究。考虑到拉索与流场耦合可能导致计算变得异常困难，因此，本书忽略了这种影响。

FSI 分析中一般常用 O 型耦合边界与 C 型耦合边界（图 6-103）。C 型边界一般适用于结构半浸入流场的 FSI 模型，耦合边界可以为薄壳，也可以为实体。O 型边界型则用于结构全浸入流场模型。开敞建筑屋面一般可将其处理为薄壳(shell)，但壳单元仅仅具备物理厚度，几何厚度为 0，因此建立 FSI 边界时，需要在对应位置的流场耦合界面产生同位节点，沿结构薄壳表面形成上下两层 FSI 耦合界面（图 6-103b、d），在专业的网格处理程序中一般将其设置为 inner wall，并通过 split 方式劈分而成。

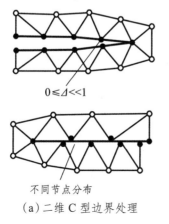

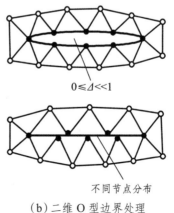

（a）二维 C 型边界处理　　　　（b）二维 O 型边界处理

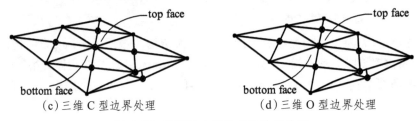

（c）三维 C 型边界处理　　　　　　　　　（d）三维 O 型边界处理

图 6-103 雨棚弦支结构 FSI 边界处理

6.4.3.4 弦支结构的 FSI 分析流程

综上所述,本章给出了铁路客站弦支结构寸棚脉动流场条件下进行 FSI 一般流程(图 6-104)。从图中容易看出,当不考虑弦支结构初始计算形态需要通过找形确定这一特殊因素时,图 6-104 所示流程代表了一般建筑 FSI 分析的基本过程。

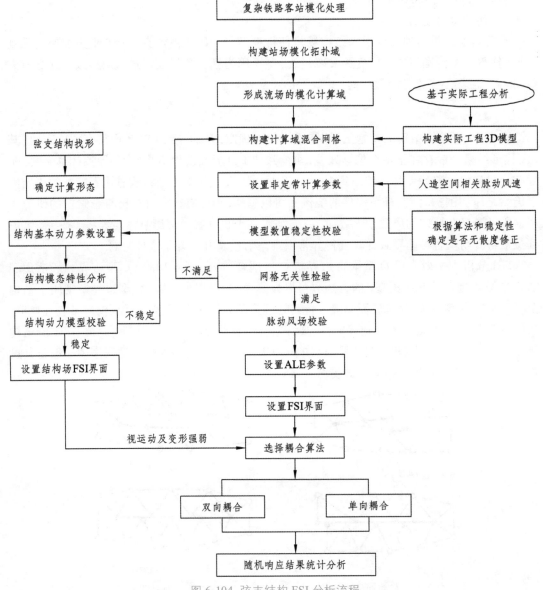

图 6-104 弦支结构 FSI 分析流程

6.4.4 分析案例

本节以呼和浩特火车东站的无柱雨棚张弦结构为计算按理。由于本节主要针对实际建筑风场的一般特性,因此对实际建筑进行了模化处理,模化时只考虑了影响风场主要特性的因素。同时结合实际建筑以及风洞试验报告的试验模型,依据其拓扑关系及造型特征完成模型设计(图 6-105)。尺寸参照实际建筑物,最终计算域尺度为 $1000\text{ m}(B) \times 250\text{ m}(H) \times 1150\text{ m}$ (L),阻塞率 $\approx 5\%$。

弦支雨棚的计算位形将直接作为 FSI 模型的 S 界面。主站房外表面按刚性壁面处理,作为流场壁面的一部分,仅考虑其流场干扰作用;雨棚屋面采用壳单元模拟,与弦支结构及檩条为点式铰接连接;薄壳单元几何意义上为 0 厚度,因此,需通过对该位置流场网格劈分形成分别隶属上下表面的 F 界面,据此再分别与 S 界面进行耦合(图 6-105),形成 FSI 界面。

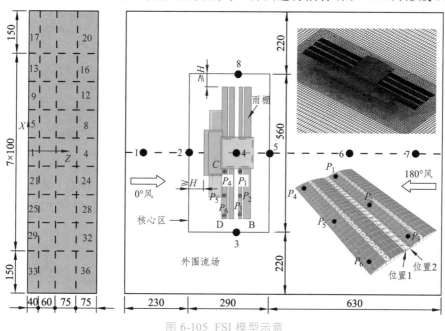

图 6-105 FSI 模型示意

采用混合网格方案,将流域分成核心区与外围流场,核心区为站场外包轮廓外延 H 后的包围空间,H 为建筑高度,空间内为 Tetra 网格,沿建筑表面外法线方向按 1:1.2 疏密过渡,近壁区沿法线方向劈分 10 层 O-Grid,边界层最小体网格尺度 0.05 m,与外围区域交界位置处最大体网格尺寸 5 m;雨棚的最大壁面网格尺寸 1 m,主站房 2 m,由程序对网格疏密过渡自动处理,最终全场网格总数约 60 万,节点数约 35 万,Tetra 网格约占总数的 70%。

6.4.4.1 流场特征

图 6-106 分别为 0° 风向角下,离地高度 45 m 处 1~6 点(图 6-105)计算得到的脉动风速,图 6-107 为脉动流场的典型流线图。分析后可得如下结论:

(1)屋面顶部(4 点)气流剥离非常明显,大涡破碎后向小涡转换,因此高频湍动较强,表现为风速曲线的振荡明显且非常密集,可能致使风场具有非高斯特征。

(2)监测点脉动风速与输入波形差异明显,这证明风场获得了充分的湍动发展,但入流脉动风速的简单叠加是否会导致输入湍动能互相衰减则还需要进一步研究。

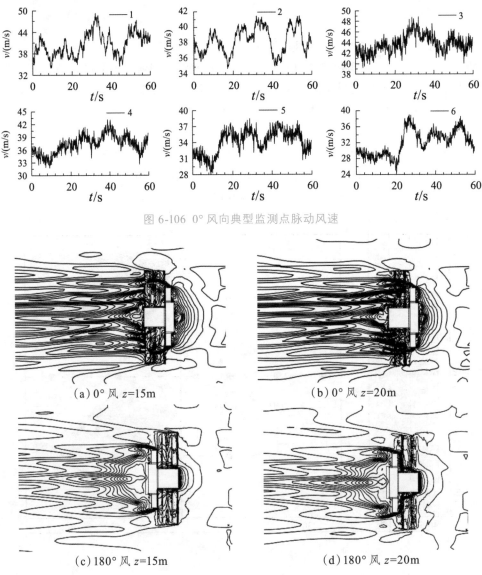

图 6-106 0°风向典型监测点脉动风速

（a）0°风 z=15m

（b）0°风 z=20m

（c）180°风 z=15m

（d）180°风 z=20m

图 6-107 典型流线剖面

（3）各对称布置的监测点其脉动风速差异明显，这是流场掺混和钝体绕流致使涡流结构改变所致，对形成充分发展的脉动流场较为有利。

（4）由于网格尺度较大，导致流场存在一定滤波效应，脉动风速高频分量过滤较为明显，尤其是下游靠近出口的位置更加明显，实际模拟应该加强网格无关性检验。

图 6-108 和图 6-109 分别为上述监测点的风速相关性检验以及与目标风速功率谱的比较结果。易知，湍流场的监测点脉动风速随着间距加大，相关性减弱，这是符合一般认知的。从功率谱校验结果来看，建筑前侧来流测点和目标功率谱吻合很好，这说明随着流场推进，脉动速度场能够保形；监测点 4 ~ 6 分别位于建筑上方的气流剥离位置及尾流区，湍动剧烈，由于大涡破碎转换为小涡，对应监测位置的脉动风速高频分量显著增加，但由于站房的阻滞，4、5 点平均流速有所下降，功率谱反而偏低；随着流场向下游推进，脉动高频分量逐渐减弱，拟合功率谱和目标谱趋于一致。

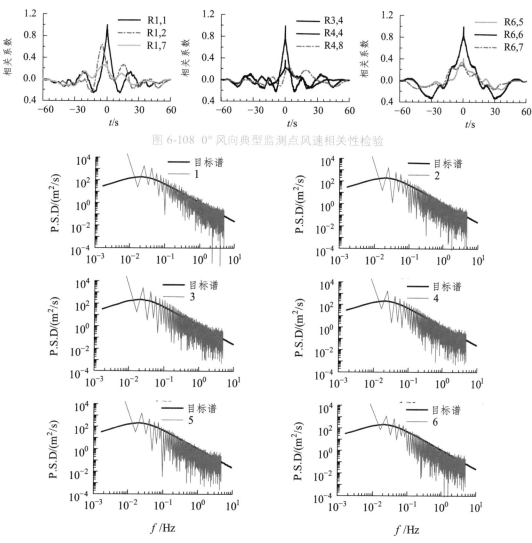

图 6-108 0° 风向典型监测点风速相关性检验

图 6-109 0° 风向典型监测点风速功率谱

6.4.4.2 弦支结构基本动力特性

结构的基本动力特性是保证 FSI 分析结果准确性的决定因素之一。为此首先分析了弦支结构模型的基本模态特性,分析方法采用 Lancozos 算法。Lancozos 法具有两大公认的优点:一为计算速度快,特别适合于求解频率密集、分散的空间结构;二为 Lancozos 法不会产生漏根问题,但正因为如此,基本模态特性判断时,往往需要对某些模态参与质量低于某一阈值的无效模态进行过滤,本节的阈值为模态质量参与系数 $C_{mp} \approx 1\%$,低于阈值的模态解不作为有效解。和普通刚性结构体系不同,弦支结构的整体刚度受弦索拉力的影响,而常规模态解为线性方程组的特征值,因此弦支结构的模态特性计算尚需通过合理方式考虑弦张力这一非线性影响因素。本节采用考虑预应力的模态求解方法,即先进行考虑预张力作用的结构非线性静载分析,据此得到结构的初应力场,并利用该应力场形成应力矩阵,并将其叠加在结构初始刚度矩阵上,模态求解时,直接求解叠加后的刚度矩阵特征值。据此,计算得到前 6 阶有效模态(图 6-110),以及前 100 阶计算模态的频率和参与质量分布曲线(图 6-111)。经分析后可得如下两个结论:

（1）弦支雨棚以竖向模态为主，水平倒置"C"型和水平倒置"S"型模态是典型的模态形状特征，这说明其风致动力响应以竖向模态贡献为主。

（2）弦支雨棚的频率较为密集，且成阶梯型分布，在每一个阶梯形分布区间内频率差异很小，且阶梯形区间内的模态质量相对分散，需要较多的模态数才能保证其总体模态质量参与系数 C_{mp} 不低于 90%，这导致风速激励需要非常密集的频率采样点；其次，由于网格尺度影响，LES 的高频滤波效应甚至可能导致 FSI 求解时漏掉高频响应分量，从而低估结构风致动力响应；再者，阶梯形区间内往往有 1～2 个模态的质量参与系数相对较高，实际应用时，可以质量参与系数大于阈值的模态作为主模态，并据此确定 Rayleigh 阻尼。本节的主模态采用第 1 阶模态（f=4.386 Hz）和第 53 阶模态的对应频率（f=6.372 Hz）。

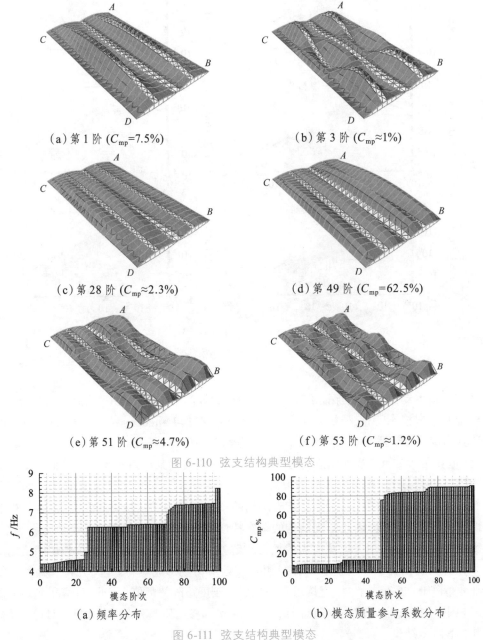

（a）第 1 阶（C_{mp}=7.5%）　　　　　　　（b）第 3 阶（C_{mp}≈1%）

（c）第 28 阶（C_{mp}≈2.3%）　　　　　　（d）第 49 阶（C_{mp}=62.5%）

（e）第 51 阶（C_{mp}≈4.7%）　　　　　　（f）第 53 阶（C_{mp}≈1.2%）

图 6-110　弦支结构典型模态

（a）频率分布　　　　　　　　　　　（b）模态质量参与系数分布

图 6-111　弦支结构典型模态

6.4.4.3 风压

对脉动压力场的定性判断及基于 RANS 的平均压力场比较进行了校准。为此,提取了部分监测点的脉动风压(图 6-112),对其进行了时均处理,并且与 $k\text{-}\varepsilon$ EARSM 模型的稳态分析结果进行了比较。容易看出监测风压具有相当的随机性,同时还伴随较强的脉冲效应;从工程角度来说,脉冲压力可能导致雨棚出现振动噪声、损毁等一系列问题;雨棚区的平均风压普遍较小,但脉动风压相对较大,且脉动风压在 0 轴附近振荡,这也说明雨棚结构设计风荷载如果仅考虑平均风效应可能导致安全隐患。

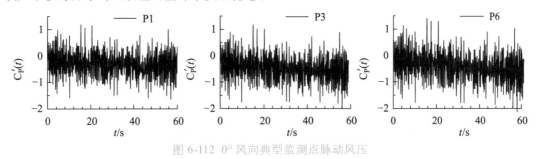

图 6-112 0° 风向典型监测点脉动风压

据图 6-113 和图 6-114 的压力时均结果分析,可知:LES 的时均压力结果与 $k\text{-}\varepsilon$ EARSM 时均模型极为接近,这在一定程度上说明脉动流场计算结果的准确性。

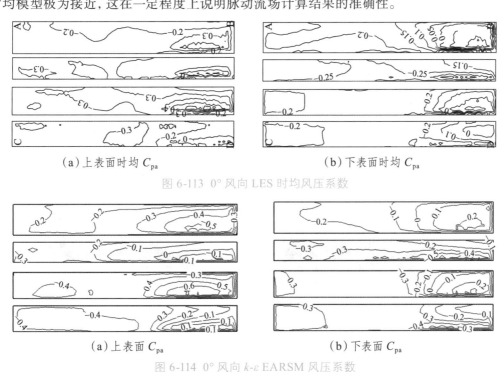

(a)上表面时均 C_{pa} (b)下表面时均 C_{pa}

图 6-113 0° 风向 LES 时均风压系数

(a)上表面 C_{pa} (b)下表面 C_{pa}

图 6-114 0° 风向 $k\text{-}\varepsilon$ EARSM 风压系数

6.4.4.4 结构风致动力响应

据图 6-115 ~图 6-117 风致动力响应计算结果分析,可得如下结论:

(1)弦支结构的风致振动主要表现为脉动风作用下的强迫振动,以背景响应为主(图 6-115)。雨棚两翼变形最为明显,并且对应的加速度幅值降低(图 6-116),靠近中轴位置背景响应受风压分布影响,相对较低,但加速度响应较高,总的来说结构响应为非窄带过程。

(2)弦支结构的风致振动变形以竖向为主(图 6-117)。结合平均风压分析结果(图 6-113、图 6-114)易知,FSI 分析的平均变形与平均风压系数具有相似规律,而位移历程的振动曲线则表现出明显的背景响应特征。

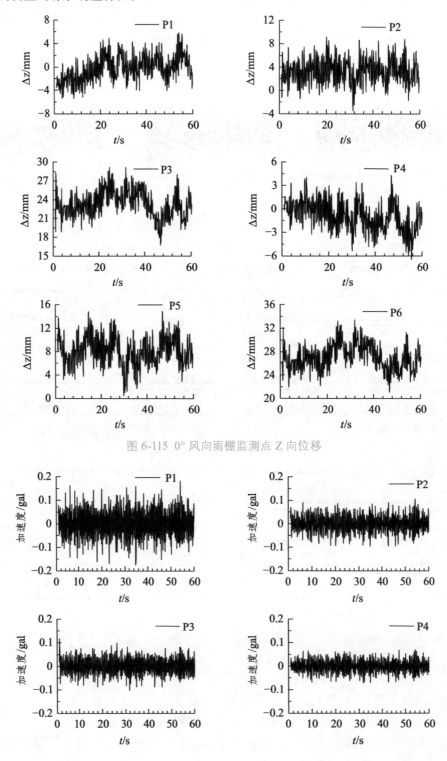

图 6-115 0° 风向雨棚监测点 Z 向位移

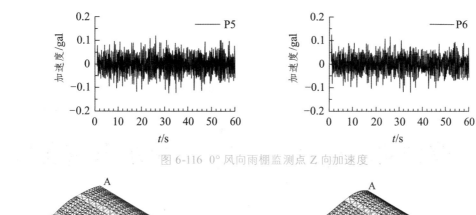

图 6-116　0° 风向雨棚监测点 Z 向加速度

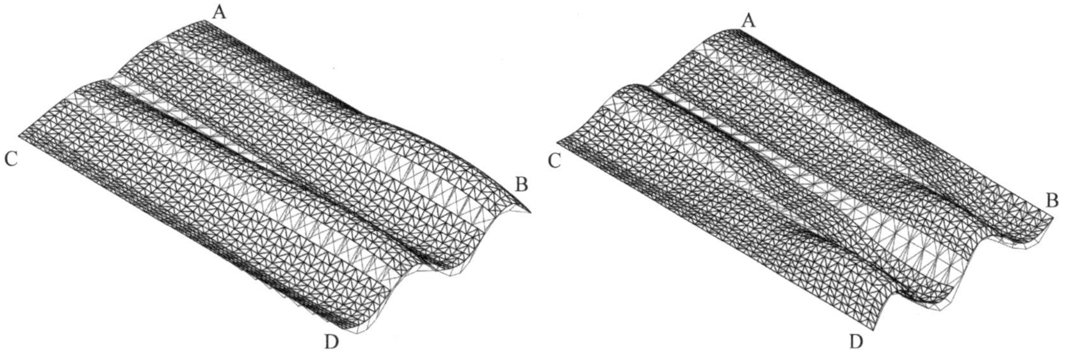

（a）0° 风向雨棚变形（放大显示）　　　　（b）180° 风向雨棚变形（放大显示）

图 6-117　弦支结构变形示意

6.4.4.5　双向耦合与单向耦合的影响比较

多数情况下，建筑物与风的相互作用可视作弱耦合问题，包括膜结构、大跨度管桁架结构等均是如此，但对结构风致动力响应这种弱耦合问题是否能进一步采用单向耦合方式进行研究则有必要进行验证，为此进行了两种方法分析结果的对比。

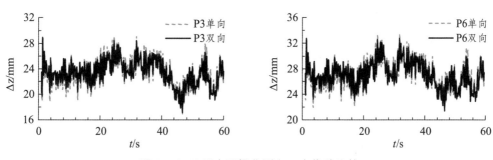

图 6-118　0° 风向雨棚监测点 Z 向位移比较

图 6-118、图 6-119 为结构的位移及加速度响应比较，经分析后可得如下结论：

（1）两种分析方法得到的结果存在差异，但并不显著。虽然双向耦合充分考虑了惯性力作用，但结果表明风致振动对弦支结构雨棚产生的惯性力几乎可以忽略不计；同时，双向耦合作用并没有改变结构的频响特性。

（2）单向耦合的位移及加速度响应均略高于双向耦合，但差异不大，分析原因在于双向耦合分析中，气动阻尼一定程度上减小了结构动力响应，但这种作用对弦支结构雨棚影响很小。

（3）弦支结构耦合作用更弱，从工程应用角度来说，可以采用单向耦合方法进行其风致动力响应研究。目前的主流中小型工作站及 PC 机上，单向耦合的 CPU 时间及内存消耗可以节约 10 倍以上，可操作性更强。

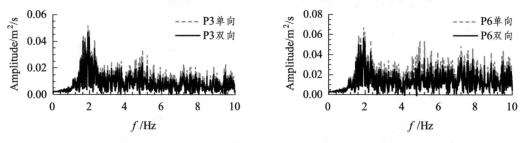

图 6-119　0° 风向雨棚监测点 Z 向加速度频响比较

6.4.5　小　结

本节对流固耦合前沿理论进行了论述和总结，基于 ALE 方法和非定常 FSI 理论，研究了客站雨棚大跨度弦支结构的流固耦合问题，小结如下：

（1）分别采用 WAWS 方法和 AR 方法，编制了考虑多点三维相关性的脉动风速生成程序，构建了 FSI 分析的脉动入流边界；编制了入流风速的无散度修正程序，研究了无散度修正风速与原始风速序列的差异。研究表明：无散度修正风速适合于半隐式算法，全隐式耦合算法无须修正；与无修正风速相比，修正风速样本功率谱幅值降低约 10%；为了保证修正前后的风速序列在统计意义上一致，需要足够的风速样本，建议样本数不低于 1000 个。

（2）采用 LES 模拟了 TTU 模型的脉动风场，结果与实测数据进行了比较分析，吻合较好。研究表明：除了保证脉动风压平均值与均方差在统计意义上达到平稳，建议增加流动转捩作为湍动充分发展的判断条件，否则可能低估气流的流动分离作用；非定常流动的分析时间对统计结果的影响很大，为了保证数值结果在统计意义上趋于平稳，建议分析时长至少不低于 60s，样本数不少于 600 个。

（3）基于模化特征体分析方法，构建了跨线式客站的模化特征体模型，结合 ALE 方法和 LES，构建了弦支结构在自然风作用下的流固耦合动力学模型。研究表明：雨棚的风致振动为强迫振动，具有非窄带特征；0° 和 180° 来流的模拟结果表明，雨棚平均风压受风向角影响明显，但脉动风压相对平稳，受风向角影响较小。

（4）研究表明弦支结构雨棚风致振动产生的惯性力可以忽略不计，且双向耦合比单向耦合的计算结果略小，对结构的频响特性影响不大。总的来说，两者的模拟结果接近。因此，客站弦支结构雨棚可以采用单向耦合方法进一步展开风致振动研究，这样可以大大降低计算消耗，提高可操作性。

（5）弦索与整体结构具有伴随振动特性，表现出非窄带频响特征；在正常使用状态下，风致振动影响可能导致弦索张拉刚度产生一定退化，但影响不大；风向角对弦索的张力振荡幅差影响明显，雨棚区湍动强度是决定弦索张力振荡幅差的主要因素。

参考文献

[1] 贺德馨. 风工程与工业空气动力学 [M]. 北京：国防工业出版社，2006.

[2] SIMIU E, SCANLAN R H. Wind effects on structures: an introduction to wind engineering[M]. New York:Wiley, 1986.

[3] KAREEM A. Recent Advances in Wind Engineering[J]. J Wind Eng Ind Aerodyn, 1990, 36:1-15.

[4] BITSUAMLAK D G. Computational blockage assessment for a new full-scale testing facility[A]//Third National Conference in Wind Engineering[C]. India, Kolkata, 2006.

[5] MURAKAMI S. Overview of turbulence models applied in CWE-1997[A]// 2nd European&African Conference on Wind Engineering[C]. 1997.

[6] MURAKAMI S, MOCHIDA A. Past, present and future of CWE the view from 1999[A]. Rotterdam, Balkema, 1999:91-104.

[7] BITSUAMLAK D G. Application of computational wind engineering: A practical perspective[A].Third National Conference in Wind Engineering, India, Kolkata, 2006.

[8] GOSMAN A D. Developments in CFD for industrial and environmental applications in wind engineering[J]. J Wind Eng Ind Aerodyn, 1999, 81: 21-39.

[9] ORSZAG S A, STAROSELSKY I. CFD: Progress and problems[J]. Computer Physics Communications, 2000, 127: 165-171.

[10] FRANKE J, HIRSCH C, JENSEN A G, et al. Recommendations on the use of CFD in wind engineering[A]// Proceedings of the International Conference Urban Wind Engineering and Building Aerodynamics, In: Van Beeck, J.P.A.J. (Ed.),Von Karman Institute, 2004.

[11] TAMURA T, NOZAWA K, KONDO K. AIJ guide for numerical prediction of wind loads on buildings[J] J. Wind Eng Ind Aerodyn, 2008, 96:1974-1984.

[12] 黄本才. 结构抗风分析原理及应用 [M]. 上海：同济大学出版社，2001.

[13] 项海帆. 结构风工程研究的现状和展望 [J]. 振动工程学报, 1997,10(3):258-263.

[14] 沈世钊. 大跨度空间结构的发展 — 回顾与展望 [J]. 土木工程学报, 1998,31(3):5-14.

[15] DAVENPORT A G. How can we simplify and generalize wind loads[J]. J Wind Eng Ind Aerodyn, 1995,54-55:657-669.

[16] GB 50009—2001 建筑结构荷载规范 [S]. 北京：中国建筑工业出版社，2002.

[17] 张相庭. 工程抗风设计计算手册 [M]. 北京：中国建筑工业出版社，1998.

[18] 张相庭. 结构风工程理论·规范·实践 [M]. 北京：中国建筑工业出版社，2006.

[19] 郑健. 创新建设理念 —— 建造一批百年不朽的铁路客站 [R]. 南通：2007 中国铁路客站技术国际交流会.

[20] HOLMES J D. Effective static load distributions in wind engineering[J]. J Wind Eng Ind Aerodyn, 2002, 90: 91–109.

[21] TAMURA Y, KAWAI H, UEMATSU Y, et al. Wind load and wind-induced response estimations in the Recommendations for Loads on Buildings, AIJ 1993[J]. Engineering Structures, 1996, 18(6):399-411.

[22] 郑健，沈中伟，蔡申夫．中国当代铁路客站设计理论探索 [M]．北京：人民交通出版社，2009．

[23] LUN Y F, MOCHIDA A, YOSHINO H, et al. Applicability of linear type revised k-ε models to flow over topographic features[J]. J Wind Eng Ind Aerodyn, 2007, 95:371-384.

[24] TSUCHIYA M, MURAKAMI S, MOCHIDA A, et al. Development of a new k-ε model for flow and pressure fields around bluff body[J]. J Wind Eng Ind Aerodyn, 1997, 67-68:169-182.

[25] MURAKAMI S. CFD 与建筑环境设计 [M]．朱清宇，译．北京：中国建筑工业出版社，2007．

[26] NAHMKEON H, KIM S R, WON C S, et al. Wind load simulation for high-speed train stations[J]. J Wind Eng Ind Aerodyn, 2008, 96: 2042-2053.

[27] 黄鹏，顾明．一大跨度悬挑雨篷的风荷载及开洞比较 [J]．结构工程师，2004, 20(4):51-55．

[28] 顾明，等．上海铁路南站平均风荷载的风洞试验和数值模拟 [J]．建筑结构学报，2004, 25(5):43-54．

[29] OKUDA Y, TAMURA Y, NISHIMURA H, et al. High Wind Damage to Buildings Caused by Typhoon in 2004[R]. 2004.

[30] UNANWA C O, MCDONALD J R, MEHTA KC, et al. The development of wind damage bands for buildings[J]. J Wind Eng Ind Aerodyn, 2000, 84:119-149.

[31] 弓晓芸．台风灾害中轻钢结构建筑的破坏及分析 [J]．工业建筑，1997, 27(10):51-55．

[32] KASPERSKI M. Design wind loads for a low-rise building taking into account directional effects[J]. J Wind Eng Ind Aerodyn, 2007, 95:1125-1144.

[33] GINGERA J D, HOLMES J D. Effect of building length on wind loads on low-rise buildings with a steep roof pitch[J]. J Wind Eng Ind Aerodyn, 2003, 91:1377-1400.

[34] CHENG-HSIN CHANG, ROBERT N MERONEY. The effect of surroundings with different separation distances on surface pressures on low-rise buildings[J]. J Wind Eng Ind Aerodyn, 2003, 91:1039-1050.

[35] PEARCE W, SYKES D M. Wind tunnel measurements of cavity pressure dynamics in a low-rise flexible roofed building[J]. J Wind Eng Ind Aerodyn, 1999, 82:27-48.

[36] MARIGHETTI J, WITTWER A, BORTOLI M D, et al. Fluctuating and mean pressure measurements on a stadium covering in wind tunnel[J]. J Wind Eng Ind Aerodyn, 2000, 84: 321-328.

[37] 楼文娟，李恒，余世策，等．突然开孔对平屋盖结构静动力风荷载的影响 [J]．同济大学学报：自然科学版，2007, 35(10):1316-1321．

[38] 余世策，楼文娟，等．开孔结构内部风效应的风洞试验研究 [J]．建筑结构学报，2007, 28(4):76-82．

[39] 田红旗．列车空气动力学 [M]．北京：中国铁道出版社，2007．

[40] 林家浩，张亚辉．随机振动的虚拟激励法 [M]．北京：科学出版社，2004．

[41] 李明水．连续大气湍流中大跨度桥梁的抖振响应 [D]．成都：西南交通大学，1993．

[42] 张兆顺，崔桂香，许春晓．湍流理论与模拟 [M]．北京：清华大学出版社，2005．

[43] Adina Theory and Modeling Guide[M]. ADINA R&D, Inc., 2005.

[44] NAKAMURA O, TAMURA Y, MIYASHITA K, et al. A case study of wind pressure and wind-induced vibration of a large span open-type roof[J]. J Wind Eng Ind Aerodyn, 1994, 52: 237-

248.

[45] NAKAYAMA M, SASAKI Y, MASUDA K, et al. An efficient method for selection of vibration Modes contributory to wind response on dome-like roofs[J]. J Wind Eng Ind Aerodyn, 1998, 73: 31-44.

[46] 王国砚, 黄本才, 林颖儒, 等. 基于 CQC 方法的大跨度屋盖结构随机风振响应计算 [A]// 第六届全国风工程及工业空气动力学学术会议论文集 [C]. 2002: 113-119.

[47] 黄开明, 倪振华, 谢壮宁. 里兹向量直接叠加法在圆拱顶屋盖风致响应分析中的应用 [A]//. 第十一届全国结构风工程学术会议论文集 [C]. 2003: 321-326.

[48] 向阳. 薄膜结构的初始形态设计、风振响应分析及风洞试验研究 [D]. 哈尔滨: 哈尔滨建筑大学, 1998.

[49] UEMATSU Y, ISYUMOV N. Wind pressures acting on low-rise buildings [J]. J Wind Eng Ind Aerodyn, 1992, 82(1-3): 1-25.

[50] UEMATSU Y, YAMADA M, KARASU A. Design wind loads for structural frames of flat long-span roofs: Gust loading factor for the beams supporting roofs[J]. J Wind Eng Ind Aerodyn, 1997, 66: 35-50.

[51] UEMATSU Y, YAMADA M, INOUE A, et al. Wind loads and wind-induced dynamic behavior of a single-layer latticed dome[J]. J Wind Eng Ind Aerodyn, 1997, 66: 227-248.

[52] THOMPSON JOE F, SONI BHARAT K, WEATHERILL NIGEL P. Handbook of Grid Generation[M]. Boca Raton: CRC Press, 1999.

[53] RODI W. Comparison of LES and RANS calculations of the flow around bluff bodies[J]. J Wind Eng Ind Aerodyn, 1997, 69-71: 55-75.

[54] ANDERSON J D, DEGROOTE J, DEGREZ G, et al. Computational fluid Dynamics (the Basics with Applications) [M]. 北京: 清华大学出版社, 2002.

[55] VERSTEEG H K, MALALASEKERA W. An introduction to computational fluid dynamics[M]. 北京: 世界图书出版社, 1995.

[56] DEARDORFF J W. A three-dimensional numerical study of channel flow at large Reynolds numbers[J]. Journal of Fluid Mechanics, 1970, 41: 453-480.

[57] GERMANO M, PIOMELLI U, MOIN P, et al. A dynamic subgrid scale eddy viscosity model[J]. Physics Fluids, 1991, A3(7): 1760-1765.

[58] LILLY, D K. A proposed modification of Germano subgrid scale closure method[J]. Physics Fluids.1992, A 4(3): 633-635.

[59] PIOMELLI U, LU J. Large eddy simulation of rotating channel flows using a localized dynamic mode[J]. Physics Fluids, 1995, A6(7): 839-848.

[60] GHOSAL S, MOIN P. The basic equations for the large eddy simulation of turbulent flows in complex geometry[J]. Journal of Computational Physics, 1995, 118: 24-37.

[61] MENEVEAU C, LUND T S, CABOT W H A. Lagrangian dynamic subgrid scale model of turbulence[J]. Journal of Fluid Mechanics, 1996, 39: 353-385.

[62] AHLBORNA B, SETOB M L, NOACK B R NOACK. On drag Strouhal number and vortex-street structure[J]. Fluid Dynamics Research, 2002, 30: 379-399.

[63] KOGAKIA T, KOBAYASHI T, TANIGUCHIB N. Large eddy simulation of flow around a rectangular cylinder[J]. Fluid Dynamics Research, 1997, 20: 11-24.

[64] BOURIS D, BERGELES G. 2D LES of vortex shedding from a square cylinder[J]. J Wind Eng Ind Aerodyn, 1999, 80: 31-46.

[65] SELVAM R P, TARINI M J, LARSEN A. Computer modelling of flow around bridges using LES and FEM[J]. J Wind Eng Ind Aerodyn, 1998, 77-78: 643-651.

[66] SELVAM R P. Computation of pressures on Texas Tech University building using large eddy simulation[J]. J Wind Eng Ind Aerodyn, 1997, 67-68: 647-657.

[67] SELVAM R P. Finite element modelling of flow around a circular cylinder using LES[J]. J Wind Eng Ind Aerodyn, 1997, 67-68: 129-139.

[68] TAMURA T. Towards practical use of LES in wind engineering[J]. J Wind Eng Ind Aerodyn, 2008, 96: 1451-1471.

[69] KATO M, LAUNDER B E. The modeling of turbulent flow around stationary and vibrating square cylinders[R]. Prep of 9th Symp, On turbulent shear flow, 1993: 4-16.

[70] SELVAM R P. Computation of flow around texas tech building using k-ε and kata-launder k-ε turbulence model[J]. Engineering Structures, 1996, 18: 856-860.

[71] MURAKAMI S, MOCHIDA A, HIBI K. Comparison of various turbulence modules applied to a bluff body[A]. First international symposium on computational wind engineering, Tokyo, 1992.

[72] KAWAMOTO S. Improved turbulence models for estimation of wind loading[J]. J Wind Eng Ind Aerodyn, 1997, 67-68: 589-599.

[73] MEECHAM D, SURRY D, DAVENPORT A G. The magnitude and distribution of wind-induced pressures on hip and gable roofs[J].Journal of Wind Engineering and Industrial Aerodynamics, 1991, 38: 257-272.

[74] UEMATSU Y, YAMADA M, SASAKI A. Wind-induced dynamic response and resultant load estimation for a flat long-span roof[J]. Journal of Wind Engineering and Industrial Aerodynamics, 1996, 65:155-166.

[75] 陆锋. 大跨度平屋面结构的风振响应和风振系数研究 [D]. 杭州: 浙江大学, 2001.

[76] NOH W F. CEL A time-dependent two-space dimensional coupled Eulerian-Lagrangian code[J]. Methods in Computational Physics, 1964, 3: 123-144.

[77] 王福军. 计算流体动力学分析: CFD 软件原理与应用 [M]. 北京: 清华大学出版社, 2004.

[78] BENSON D J. An efficient, accurate, simple ALE method for nonlinear finite element programs[J]. Computer Methods in Applied Mechanics and Engineering, 1986, 72: 305-350.

[79] KONDO K, MURAKAMIB S, MOCHIDA A. Generation of velocity fluctuations for inflow boundary condition of LES[J]. Journal of Wind Engineering and Industrial Aerodynamics, 1997, 67&68: 51-64.